新工科·新商科·统计与数据科学系列教材

应用回归分析

（R 语言版）（第 2 版）

何晓群　刘赛可　编著

电子工业出版社
Publishing House of Electronics Industry
北京·BEIJING

内 容 简 介

回归分析是统计学中一个非常重要的分支，在自然科学、管理及社会经济等领域有着非常广泛的应用。本书是针对统计学专业和财经管理类专业教学的需要而编写的。

本书写作的指导思想是在不失严谨的前提下，明显不同于纯数理类教材，努力突出实际案例的应用和统计思想的渗透。由于 R 语言已风靡全球，在统计方法的应用中运用 R 语言也被越来越多的中国学者所追捧，因此本书结合 R 软件全面系统地介绍回归分析的实用方法，尽量结合中国社会经济、自然科学等领域的研究实例，把回归分析的方法与实际应用结合起来，注重定性分析与定量分析的紧密结合，努力把同行以及我们在实践中应用回归分析的经验和体会融入其中。

本书既可作为统计学、应用统计学和经济统计学等本科专业的回归分析课程教材，也可作为非统计专业研究生现代统计分析方法与应用、定量分析与建模等课程的教材，同时还适合有意学习 R 语言和回归建模技术的实际工作者阅读和参考。

图书在版编目 (CIP) 数据

应用回归分析：R 语言版 / 何晓群，刘赛可编著. —2 版. —北京：电子工业出版社，2023.9
ISBN 978-7-121-46440-9

Ⅰ．①应… Ⅱ．①何… ②刘… Ⅲ．①回归分析—高等学校—教材 Ⅳ．①O212.1

中国国家版本馆 CIP 数据核字(2023)第 178313 号

责任编辑：王志宇
印　　刷：三河市鑫金马印装有限公司
装　　订：三河市鑫金马印装有限公司
出版发行：电子工业出版社
　　　　　北京市海淀区万寿路 173 信箱　　邮编：100036
开　　本：787×1 092　1/16　印张：18　字数：460.8 千字
版　　次：2017 年 5 月第 1 版
　　　　　2023 年 9 月第 2 版
印　　次：2024 年 12 月第 4 次印刷
定　　价：49.00 元

凡所购买电子工业出版社图书有缺损问题，请向购买书店调换。若书店售缺，请与本社发行部联系，联系及邮购电话：(010) 88254888，88258888。
质量投诉请发邮件至 zlts@phei.com.cn，盗版侵权举报请发邮件至 dbqq@phei.com.cn。
本书咨询联系方式：(010) 88254523，wangzy@phei.com.cn。

　　回归分析是统计学中一个非常重要的分支，在自然科学、管理科学和社会经济等领域有着非常广泛的应用。本书是针对统计学专业和财经管理类专业教学的需要而编写的。

　　本书写作的指导思想是在不失严谨的前提下，明显不同于纯数理类教材，努力突出实际案例的应用和统计思想的渗透，结合 R 软件全面系统地介绍回归分析的使用方法，尽量结合中国社会经济、自然科学等领域的研究实例，把回归分析的方法与实际应用结合起来，注重定性分析与定量分析的紧密结合，努力把同行以及我们在实践中应用回归分析的经验和体会融入其中。

　　全书分为 10 章。第 1 章对回归分析的研究内容和建模过程给出综述性介绍；第 2、3 章详细介绍了一元和多元线性回归的参数估计、显著性检验及其应用；第 4 章对违背回归模型基本假设的异方差、自相关和异常值等问题给出了诊断和处理方法；第 5 章介绍了回归变量选择与逐步回归方法；第 6 章就多重共线性的产生背景、诊断方法、处理方法等方面结合实际经济问题进行了讨论；第 7 章岭回归估计是解决共线性问题的一种非常实用的方法；第 8 章介绍了主成分回归与偏最小二乘；第 9 章介绍了可化为线性回归的曲线回归、多项式回归，以及不能线性化的非线性回归模型的计算；第 10 章分别介绍了自变量中含定性变量和因变量是定性变量的回归问题，以及因变量是多类别和有序变量的回归问题。

　　本书作为回归分析的应用性教材，讲述的重点是结合 R 软件实现回归分析中的各种方法，比较各种方法的适用条件，并解释分析结果。为了保持教材的完整性，对一些基本的公式和定理给出了推导和证明，对有些基本的理论及性质也做了必要的说明。为了巩固所学，每章后均设置了思考与练习，请用 R 语言来完成，本书还给出了部分练习题答案供参考。

　　对于统计学专业的本科生，可以全面系统地讲述本教材的内容；对于非统计学专业的本科生，可以舍弃其中的一些理论性质的内容；对于非统计学专业的研究生，可以根据具体情况选择讲授其中的内容。根据我们的教学实践，本书讲授 51 课时较为合适，若有多媒体设备的配合，教学将会更为方便和有效。

　　本次再版的修订工作主要由浙江大学宁波理工学院刘赛可老师完成。本书的大部

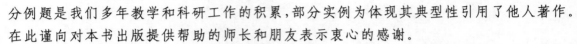
分例题是我们多年教学和科研工作的积累,部分实例为体现其典型性引用了他人著作。在此谨向对本书出版提供帮助的师长和朋友表示衷心的感谢。

由于水平所限,书中难免仍有不足之处,尤其是在一些应用研究的体会性讨论中,恐有偏颇之处,恳切希望读者批评指正。

何晓群

于中国人民大学统计学院

中国人民大学应用统计科学研究中心

▶▶▶▶▶▶ 目 录
Contents

第 1 章

回归分析概述

为了在系统学习回归分析之前对该课程的思想方法、主要内容、发展现状等有个概括的了解，本章将由变量间的统计关系引申出社会经济与自然科学等现象中的相关与回归问题，并扼要介绍"回归"名称的由来及近代回归分析的发展、回归分析研究的主要内容，以及建立回归模型的步骤与建模过程中应注意的问题。

1.1　变量间的相关关系

社会经济与自然科学等现象之间的相互联系和制约是一个普遍规律。例如，社会经济的发展总是与一定的经济变量的数量变化紧密联系着。社会经济现象不仅同和它有关的现象构成一个普遍联系的整体，而且在它的内部存在着许多彼此关联的因素，在一定的社会环境、地理条件、政府决策的影响下，一些因素推动或制约另外一些与之联系的因素发生变化。这种状况表明，在经济现象的内部和外部联系中存在着一定的相关性，人们往往利用这种相关关系来制定有关的经济政策，以指导、控制社会经济活动的发展。要认识和掌握客观经济规律就必须探求经济现象中经济变量的变化规律，变量间的统计关系是经济变量变化规律的重要特征。

互有联系的经济现象及经济变量间关系的紧密程度各不相同。一种极端的情况是一个变量的变化能完全决定另一个变量的变化。例如，一家保险公司承保汽车 5 万辆，每辆保费收入为 1 000 元，则该保险公司汽车承保总收入为 5 000 万元。如果把承保总收入记为 y 万元，承保汽车辆数记为 x 万辆，则 $y=1\,000x$。x 与 y 两个变量间完全表现为一种确定性关系，即函数关系，如图 1-1 所示。

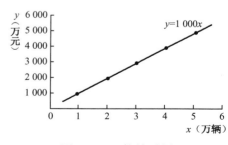

图 1-1　函数关系图

又如，银行的一年期存款利率为 2.55%，存入的本金用 x 表示，到期的本息用 y 表示，则 $y = x+2.55\%x$。这里 y 与 x 仍表现为一种函数关系。对于任意两个变量间的函数关系，可以表述为下面的数学形式

$$y = f(x)$$

再如，工业企业的原材料消耗总额用 y 表示，生产量用 x_1 表示，单位产量消耗用 x_2 表示，原材料价格用 x_3 表示，则

$$y = x_1 x_2 x_3$$

这里的 y 与 x_1，x_2，x_3 仍是一种确定性的函数关系，但它们显然不是线性函数关系。我们可以将变量 y 与 p 个变量 $x_1, x_2, \cdots, x_p$ 之间存在的某种函数关系用下面的形式表示

$$y = f(x_1, x_2, \cdots, x_p)$$

经济问题中还有很多函数关系的例子。物理学中的自由落体距离公式、初等数学中的许多计算公式等表示的都是变量间的函数关系。

然而，现实世界中还有不少情况是两事物之间有着密切的联系，但它们密切的程度并没有到由一个可以完全确定另一个的地步，下面举几个例子。

（1）我们都知道某种高档消费品的销售量与城镇居民的收入密切相关，居民收入高，这种消费品的销售量就大。但是由居民收入 x 并不能完全确定某种高档消费品的销售量 y，因为这种高档消费品的销售量还受人们的消费习惯、心理因素、其他商品的吸引程度及价格的高低等诸多因素的影响。这样变量 y 与变量 x 就是一种非确定的关系，如图 1-2 所示。

（2）粮食产量 y 与施肥量 x 之间有密切的关系，在一定的范围内，施肥量越多，粮食产量就越高。但是，施肥量并不能完全确定粮食产量，因为粮食产量还与其他因素有关，如降雨量、田间管理水平等。因此粮食产量 y 与施肥量 x 之间不存在确定的函数关系。

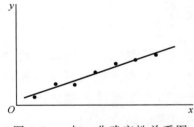

图 1-2　y 与 x 非确定性关系图

（3）储蓄额与居民的收入密切相关，但是由居民收入并不能完全确定储蓄额。因为影响储蓄额的因素很多，如通货膨胀、股票价格指数、利率、消费观念、投资意识等，所以尽管储蓄额与居民收入有密切的关系，但它们之间并不存在一种确定性关系。

再如，广告费支出与商品销售额、保险利润与保费收入、工业产值与用电量等。这方面的例子不胜枚举。

以上变量间关系的一个共同特征是尽管密切，却是一种非确定性关系。由于经济问题的复杂性，有许多因素因为我们的认识以及其他客观原因的局限，并没有包含在内，或者由于试验误差、测量误差以及其他种种偶然因素的影响，使得另外一个或一些变量的取值带有一定的随机性。因此当一个或一些变量取定值后，不能以确定值与之对应。

从图 1-1 看到确定性的函数关系，各对应点完全落在一条直线上。而由图 1-2 可

以看到，各对应点并不完全落在一条直线上，即有的点在直线上，有的点在直线的两侧。这种对应点不能分布在一条直线上的变量间的关系，也就是变量 x 与 y 之间有一定的关系，但是又没有密切到可以通过 x 唯一确定 y 的程度，这种关系正是统计学研究的重要内容。在推断统计中，我们把上述变量间具有密切关联而又不能由某一个或某一些变量唯一确定另外一个变量的关系称为变量间的统计关系或相关关系。这种统计关系的规律性是统计学中研究的主要对象，现代统计学中关于统计关系的研究已形成两个重要的分支，它们叫回归分析和相关分析。

回归分析和相关分析都是研究变量间关系的统计学课题。在应用中，两种分析方法经常相互结合和渗透，但它们研究的侧重点和应用面不同。它们的差别主要有以下几点：一是在回归分析中，变量 y 称为因变量，处在被解释的特殊地位。在相关分析中，变量 y 与变量 x 处于平等的地位，即研究变量 y 与变量 x 的密切程度与研究变量 x 与变量 y 的密切程度是一回事。二是相关分析中所涉及的变量 y 与 x 全是随机变量。而回归分析中，因变量 y 是随机变量，自变量 x 可以是随机变量，也可以是非随机的确定变量。通常的回归模型中，我们总是假定 x 是非随机的确定变量。三是相关分析的研究主要是为刻画两类变量间线性相关的密切程度。而回归分析不仅可以揭示变量 x 对变量 y 的影响大小，还可以通过回归方程进行预测和控制。

由于回归分析与相关分析研究的侧重点不同，它们的研究方法也大不相同。回归分析已成为现代统计学中应用最广泛、研究最活跃的一个独立分支。

1.2 "回归"思想及名称的由来

回归分析是处理变量 x 与 y 之间的关系的一种统计方法和技术。这里所研究的变量之间的关系就是上述的统计关系，即当给定 x 的值，y 的值不能确定时，只能通过一定的概率分布来描述。于是，我们称给定 x 时 y 的条件数学期望

$$f(x) = E(y \mid x) \tag{1.1}$$

为随机变量 y 对 x 的回归函数，或称为随机变量 y 对 x 的均值回归函数。式（1.1）从平均意义上刻画了变量 x 与 y 之间的统计规律。

在实际问题中，我们把 x 称为自变量，y 称为因变量。如果要由 x 预测 y，就是要利用 x，y 的观察值，即样本观测值

$$(x_1, y_1), (x_2, y_2), \cdots, (x_n, y_n) \tag{1.2}$$

来建立一个函数，当给定 x 值后，代入此函数中算出一个 y 值，这个值就称为 y 的预测值。如何建立这个函数？这就要从样本观测值 (x_i, y_i) 出发，观察 (x_i, y_i) 在平面直角坐标系上的分布情况，图 1-2 就是居民收入与商品销售量的散点图。由图 1-2 可看出样本点基本上分布在一条直线的周围，因而要确定商品销售量 y 与居民收入 x 的关系，

可考虑用一个线性函数来描述。图 1-2 中的直线即线性方程

$$E(y|x) = \alpha + \beta x \qquad (1.3)$$

方程式 (1.3) 中的参数 α, β 尚不知道，这就需要由样本数据 (1.2) 去进行估计。具体如何估计参数 α, β，我们将在第 2 章中详细介绍。

当我们由样本数据 (1.2) 估计出 α, β 的值后，用估计值 $\hat{\alpha}, \hat{\beta}$ 分别代替式 (1.3) 中的 α, β，得方程

$$\hat{y} = \hat{\alpha} + \hat{\beta} x \qquad (1.4)$$

方程式 (1.4) 就称为回归方程。这里因为因变量 y 与自变量 x 呈线性关系，故称式 (1.4) 为 y 对 x 的线性回归方程。又因式 (1.4) 的建立依赖于观察或试验积累的数据 (1.2)，所以又称式 (1.4) 为经验回归方程。相对这种叫法，我们把式 (1.3) 称为理论回归方程。理论回归方程是设想把所研究问题的总体中每一个体的 (x, y) 值都测量了，利用其全部测量结果而建立的回归方程，这在实际中是做不到的。理论回归方程中的 α 是方程式 (1.3) 所画出的直线在 y 轴上的截距，β 为直线的斜率，它们分别称为回归常数和回归系数。而方程式 (1.4) 中的参数 $\hat{\alpha}, \hat{\beta}$ 称为经验回归常数和经验回归系数。

回归分析的基本思想和方法以及"回归"（regression）名称的由来归功于英国统计学家 F.高尔顿（F.Galton，1822—1911）。高尔顿和他的学生、现代统计学的奠基者之一 K.皮尔逊（K.Pearson，1856—1936）在研究父母身高与其子女身高的遗传问题时，观察了 1 078 对夫妇，以每对夫妇的平均身高作为 x，而取他们的一个成年儿子的身高作为 y，将结果在平面直角坐标系上绘成散点图，发现趋势近乎一条直线。计算出的回归直线方程为

$$\hat{y} = 33.73 + 0.516x \qquad (1.5)$$

这种趋势及回归方程总的表明父母平均身高 x 每增加一个单位，其成年儿子的身高 y 平均增加 0.516 个单位。这个结果表明，虽然高个子父辈的确有生高个子儿子的趋势，但父辈身高增加一个单位，儿子身高仅增加半个单位左右。反之，矮个子父辈的确有生矮个子儿子的趋势，但父辈身高减少一个单位，儿子身高仅减少半个单位左右。通俗地说，一群特高个子父辈（例如排球运动员）的儿子们在同龄人中平均仅为高个子，一群高个子父辈的儿子们在同龄人中平均仅为略高个子；一群特矮个子父辈的儿子们在同龄人中平均仅为矮个子，一群矮个子父辈的儿子们在同龄人中平均仅为略矮个子，即子代的平均高度向中心回归了。正是因为子代的身高有回到同龄人平均身高的这种趋势，才使人类的身高在一定时间内相对稳定，没有出现父辈个子高其子女更高，父辈个子矮其子女更矮的两极分化现象。这个例子生动地说明了生物学中"种"的概念的稳定性。正是为了描述这种有趣的现象，高尔顿引进了"回归"这个名词来描述父辈身高 x 与子辈身高 y 的关系。尽管"回归"这个名称的由来具有其特定的含义，而在人们研究的大量问题中，其变量 x 与 y 之间的关系并不总是具有这种"回归"的含义，但仍借用这个名词

把研究变量 x 与 y 间统计关系的量化方法称为"回归"分析，也算是对高尔顿这位伟大的统计学家的纪念。

1.3　回归分析的主要内容及其一般模型

1.3.1　回归分析研究的主要内容

回归分析研究的主要对象是客观事物变量间的统计关系，它是建立在对客观事物进行大量试验和观察的基础上，用来寻找隐藏在那些看上去是不确定的现象中的统计规律性的统计方法。回归分析方法是通过建立统计模型研究变量间相互关系的密切程度、结构状态及进行模型预测的一种有效的工具。

回归分析方法在生产实践中的广泛应用是其发展和完善的根本动力。如果从 19 世纪初 (1809) 高斯 (Gauss) 提出最小二乘法算起，回归分析的历史已有 200 多年。从经典的回归分析方法到近代的回归分析方法，它们所研究的内容已非常丰富。如果按研究的方法来划分，回归分析研究的范围大致如下：

回归分析
- 线性回归
  - 一元线性回归
  - 多元线性回归
  - 多个因变量与多个自变量的回归
- 回归诊断
  - 讨论如何从数据推断回归模型基本假设的合理性
  - 当基本假设不成立时如何对模型进行修正
  - 判定回归方程拟合的效果
  - 选择回归函数的形式
- 回归变量的选择
  - 自变量选择的准则
  - 逐步回归分析方法
- 参数估计方法的改进
  - 岭回归
  - 主成分回归
  - 偏最小二乘法
- 非线性回归
  - 一元非线性回归
  - 分段回归
  - 多元非线性回归
- 含有定性变量的回归
  - 自变量含定性变量的情况
  - 因变量是定性变量的情况

1.3.2　回归模型的一般形式

如果变量 x_1, x_2, $\cdots$, x_p 与随机变量 y 之间存在着相关关系，通常就意味着每当 x_1,

$x_2, \cdots, x_p$ 取值确定后，y 便有相应的概率分布与之对应。随机变量 y 与相关变量 $x_1, x_2, \cdots,$ x_p 之间的模型为

$$y = f(x_1, x_2, \cdots, x_p) + \varepsilon \tag{1.6}$$

式 (1.6) 中，随机变量 y 称为被解释变量（因变量）；$x_1, x_2, \cdots, x_p$ 称为解释变量（自变量）。在计量经济学中，也称因变量为内生变量，自变量为外生变量。$f(x_1, x_2, \cdots, x_p)$ 为一般变量 $x_1, x_2, \cdots, x_p$ 的确定性关系；ε 为随机误差。正是因为随机误差项 ε 的引入，才将变量之间的关系描述为一个随机方程，使得我们可以借助随机数学方法研究 y 与 $x_1,$ $x_2, \cdots, x_p$ 的关系。由于客观经济现象是错综复杂的，一种经济现象很难用有限个因素来准确说明，随机误差项可以概括表示由于人们的认识以及其他客观原因的局限而没有考虑的种种偶然因素。随机误差项主要包括下列因素的影响：

(1) 由于人们认识的局限或时间、费用、数据质量等的制约未引入回归模型但又对回归被解释变量 y 有影响的因素。

(2) 样本数据的采集过程中变量观测值的观测误差。

(3) 理论模型设定的误差。

(4) 其他随机因素。

模型式 (1.6) 清楚地表达了变量 $x_1, x_2, \cdots, x_p$ 与随机变量 y 的相关关系，它由两部分组成：一部分是确定性函数关系，由回归函数 $f(x_1, x_2, \cdots, x_p)$ 给出；另一部分是随机误差项 ε。由此可见模型式 (1.6) 准确地表达了相关关系既有联系又不确定的特点。

当模型式 (1.6) 中回归函数为线性函数时，即有

$$y = \beta_0 + \beta_1 x_1 + \beta_2 x_2 + \cdots + \beta_p x_p + \varepsilon \tag{1.7}$$

式 (1.7) 中，$\beta_0, \beta_1, \beta_2, \cdots, \beta_p$ 为未知参数，常称为回归系数。线性回归模型的"线性"是针对未知参数 $\beta_i (i = 0, 1, 2, \cdots, p)$ 而言的。回归解释变量的线性是非本质的，因为当解释变量为非线性时，常可以通过变量的替换把它转化成线性的。

如果 $(x_{i1}, x_{i2}, \cdots, x_{ip}; y_i) (i = 1, 2, \cdots, n)$ 是式 (1.7) 中变量 $(x_1, x_2, \cdots, x_p; y)$ 的一组观测值，则线性回归模型可表示为

$$y_i = \beta_0 + \beta_1 x_{i1} + \beta_2 x_{i2} + \cdots + \beta_p x_{ip} + \varepsilon_i, \qquad i = 1, 2, \cdots, n \tag{1.8}$$

为了估计模型参数的需要，古典线性回归模型通常应满足以下几个基本假设。

(1) 解释变量 $x_1, x_2, \cdots, x_p$ 是非随机变量，观测值 $x_{i1}, x_{i2}, \cdots, x_{ip}$ 是常数。

(2) 等方差及不相关的假定条件为

$$\begin{cases} E(\varepsilon_i) = 0, & i = 1, 2, \cdots, n \\ \operatorname{cov}(\varepsilon_i, \varepsilon_j) = \begin{cases} \sigma^2, & i = j \\ 0, & i \neq j \end{cases} & i, j = 1, 2, \cdots, n \end{cases}$$

这个条件称为高斯–马尔柯夫 (Gauss-Markov) 条件，简称 G-M 条件。在此条件下，便可以得到关于回归系数的最小二乘估计及误差项方差 σ^2 估计的一些重要性质，如回归系数的最小二乘估计是回归系数的最小方差线性无偏估计等。

（3）正态分布的假定条件为

$$\begin{cases} \varepsilon_i \sim N(0, \sigma^2), & i = 1, 2, \cdots, n \\ \varepsilon_1, \varepsilon_2, \cdots, \varepsilon_n \text{相互独立} \end{cases}$$

在此条件下便可得到关于回归系数的最小二乘估计及 σ^2 估计的进一步结果，并且可以进行回归的显著性检验及区间估计。

（4）通常为了便于数学上的处理，还要求 $n>p$，即样本量的个数要多于解释变量的个数。

在整个回归分析中，线性回归的统计模型最为重要。一方面是因为线性回归的应用最广泛；另一方面是只有在回归模型为线性的假定下，才能得到比较深入和一般的结果；此外，有许多非线性的回归模型可以通过适当的变换转化为线性回归问题处理。因此，线性回归模型的理论和应用是本书研究的重点。

对线性回归模型通常要研究的问题如下。

（1）如何根据样本 $(x_{i1}, x_{i2}, \cdots, x_{ip}; y_i)\ (i = 1, 2, \cdots, n)$ 求出 $\beta_0, \beta_1, \beta_2, \cdots, \beta_p$ 及方差 σ^2 的估计。

（2）对回归方程及回归系数的种种假设进行检验。

（3）如何根据回归方程进行预测和控制，以及如何进行实际问题的结构分析。

1.4　回归模型的建立过程

在实际问题的回归分析模型的建立和分析中有几个重要的阶段，为了给读者一个整体印象，我们以经济模型的建立为例，先用逻辑框图表示回归模型的建立过程（见图 1-3）。

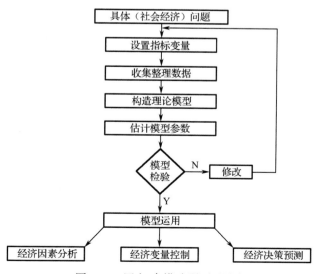

图 1-3　回归建模步骤流程图

下面按逻辑框图顺序叙述每个阶段要做的工作以及应注意的问题。

1.4.1 根据目的设置指标变量

回归分析模型主要是揭示事物间相关变量的数量联系。首先要根据所研究问题的目的设置因变量 y，然后再选取与因变量 y 有统计关系的一些变量作为自变量。

通常情况下，我们希望因变量与自变量之间具有因果关系。尤其是在研究某种经济活动或经济现象时，必须根据具体的经济现象的研究目的，利用经济学理论，从定性角度来确定某种经济问题中各因素之间的因果关系。当把某一经济变量作为"果"之后，接着更重要的是正确选择作为"因"的变量。在经济问题回归模型中，前者被称为"内生变量"或"被解释变量"，后者被称为"外生变量"或"解释变量"。正确选择变量的关键在于能否正确把握所研究的经济活动的经济学内涵。这就要求研究者对所研究的经济问题及其背景有足够的了解。例如，要研究中国通货膨胀问题，必须懂得一些金融理论。通常把全国零售物价总指数作为衡量通货膨胀的重要指标，那么，全国零售物价总指数作为被解释变量，影响全国零售物价总指数的有关因素就作为解释变量。

对一个具体的经济问题，当研究目的确定之后，被解释变量就容易确定下来，被解释变量一般直接表达研究的目的。而对被解释变量有影响的解释变量的确定就不太容易：一是由于我们的认识有限，可能并不知道对被解释变量有重要影响的因素；二是为了保证模型参数估计的有效性，设置的解释变量之间应该是不相关的，而我们很难确定哪些变量是相关的，哪些是不相关的，因为在经济问题中很难找到影响同一结果的相互独立的因素。这就看我们如何在多个变量中确定几个重要且不相关的变量；三是从经济关系角度考虑，非常重要的变量应该引进，但是在实际中并没有这样的统计数据。这一点，在我国建立经济模型时经常会遇到。这时，可以考虑用相近的变量代替，或者由其他几个指标复合成一个新的指标。

在选择变量时要注意与一些专门领域的专家合作。研究金融模型，就要与金融专家和具体业务人员合作；研究粮食生产问题，就要与农业部门的专家合作；研究医学问题，就要与医学专家密切合作。这样做可以帮助我们更好地确定模型变量。

另外，不要认为一个回归模型所涉及的解释变量越多越好。一个经济模型，如果把一些主要变量漏掉肯定会影响模型的应用效果，但如果影响细枝末节的变量一起进入模型也未必就好。当引入的变量太多时，可能选择了一些与问题无关的变量，还可能由于一些变量的相关性很强，它们所反映的信息有较大的重叠，从而出现共线性问题。当变量太多时，计算工作量太大，计算误差也大，估计出的模型参数精度自然不高。

总之，回归变量的确定是一个非常重要的问题，是建立回归模型最基本的工作。一般并不能一次完全确定，通常要经过反复试算，最终找出最适合的一些变量。这在计算机和相关的统计软件的帮助下，已变得不太困难。

1.4.2　收集、整理数据

回归模型的建立基于回归变量的样本统计数据。当确定好回归模型的变量之后，就要对这些变量收集、整理统计数据。数据的收集是建立经济问题回归模型的重要一环，是一项基础性工作。样本数据的质量如何，对回归模型的水平有至关重要的影响。

常用的样本数据分为时间序列数据和横截面数据。

顾名思义，时间序列数据就是按时间顺序排列的统计数据。如中华人民共和国成立以来历年的工农业总产值、国民收入、发电量、钢产量、粮食产量等都是每年有一个对应的数据，那么到2024年每种指标就有74个按时间顺序排列的数据，它们都是时间序列数据。研究宏观经济问题，这方面的时间序列数据来自国家统计局或专业部委的统计年鉴。如果研究微观经济现象，如研究某企业的产值与能耗，数据就要在这个企业的数据管理或分析部门获取。

对于收集到的时间序列资料，要特别注意数据的可比性和数据的统计口径问题。如历年的国民收入数据，是否按可比价格计算。中国在改革开放前，几十年物价不变，而从20世纪80年代初开始，物价几乎是直线上升。那么你所获得的数据是否具有可比性？这就需要认真考虑。例如，在宏观经济研究中，国内生产总值（GDP）与国民生产总值（GNP）二者在内容上是一致的，但在计算口径上不同。国民生产总值按国民原则计算，反映一国常住居民当期在国内外所从事的生产活动；国内生产总值则以国土为计算原则，反映一国国土范围内所发生的生产活动量。对于没有可比性和统计口径不一致的统计数据要做认真调整，这个调整过程就属于数据整理过程。

时间序列数据容易产生模型中随机误差项的序列相关，这是因为许多经济变量的前后期之间总是有关联的。例如，在建立需求模型时，人们的消费习惯、商品短缺程度等具有一定的延续性，它们对相当一段时间的需求量有影响，这样就产生随机误差项的序列相关。对于具有随机误差项序列相关的情况，就要通过对数据的某种计算整理来消除序列相关性。最常用的处理方法是差分法，我们将在后面的章节中详细介绍。

横截面数据即在同一时间截面上的统计数据。例如，同一年在不同地块上测得的施肥量与小麦产量试验的统计数据就是截面数据。又如，某一年的全国人口普查数据、工业普查数据、同一年份全国35个大中城市的物价指数等都是截面数据。当用横截面数据作样本时，容易产生异方差性。这是因为一个回归模型往往涉及众多解释变量，如果其中某一因素或一些因素随着解释变量观测值的变化而对被解释变量产生不同影响，就会产生异方差性。例如，在研究城镇居民收入与购买消费品的关系时，用 x_i 表示第 i 户的收入量，用 y_i 表示第 i 户的购买量，购买回归模型为

$$y_i = \beta_0 + \beta_1 x_i + \varepsilon_i, \qquad i = 1, 2, \cdots, n \tag{1.9}$$

在此模型中，随机项 ε_i 就具有不同的方差。因为在购买行为中，低收入的家庭购买的差异性比较小，大多购买生活必需品；高收入的家庭购买行为差异很大，高档消费品很多，他们的选择余地很大，这样购买物品所花费用的差异就较大。因而，用随机获取的样本数据来建立回归模型，它的随机项 ε_i 就具有异方差性。

对于具有异方差性的建模问题，数据整理就要注意消除异方差性，这常与模型参数估计方法结合起来考虑。我们将在后面的章节中详细介绍。

不论是时间序列数据，还是横截面数据的收集，样本量的多少一般要与设置的解释变量数目相匹配。为了使模型的参数估计更有效，通常要求样本量 n 大于解释变量个数 p。当样本量的个数小于解释变量数目时，普通的最小二乘估计方法就会失效。样本量 n 与解释变量个数 p 到底应该有怎样一个比例？英国统计学家 M.肯德尔（M.Kendall）在他的《多元分析》一书中指出，样本量 n 应是解释变量个数 p 的 10 倍。如果 p 较大，按肯德尔的说法样本量 n 就很大，这在许多经济问题中是办不到的，尤其中华人民共和国才成立 70 多年，统计数据不全是普遍现象。但由肯德尔的观点我们看到，样本量应比解释变量个数大一些才好，这告诉我们在收集数据时应尽可能多地收集一些样本数据。

统计数据的整理中不仅要把一些变量数据进行折算、差分，甚至要把数据对数化、标准化等，有时还需注意剔除个别特别大或特别小的"野值"。在统计数据质量不高时，经常会碰到这种情况。当然，有时还需利用插值的方法把空缺的数据补齐。

1.4.3　确定理论回归模型

当收集到所设置的变量的数据之后，就要确定适当的数学形式来描述这些变量之间的关系。绘制变量 y_i 与 $x_i (i = 1, 2, \cdots, n)$ 的样本散点图是选择数学模型形式的重要一环。一般我们把 (x_i, y_i) 所对应的点在平面直角坐标系上画出来，看看散点图的分布状况。如果 n 个样本点大致分布在带状区域，可考虑用线性回归模型去拟合这 n 个样本点，即选择线性回归模型。如果 n 个样本点的分布大致在一条指数曲线的周围，就可选择指数形式的理论回归模型去描述它。

经济回归模型的建立，通常要依据经济理论和一些数理经济学结果。数理经济学中已对投资函数、生产函数、需求函数、消费函数给出了严格的定义，并把它们分别用公式表示出来。借用这些理论，我们在它们的公式中增加随机误差项，就可把问题转化为用随机数学工具处理的回归模型。如数理经济学中最有名的生产函数 C-D 生产函数是 20 世纪 30 年代初美国经济学家查尔斯·W.柯布（Charles W.Cobb）和保罗·H.道格拉斯（Paul H.Douglas）根据历史统计数据建立的，资本 K 和劳动 L 与产出 y 被确切地表达为

$$y = AK^{\alpha}L^{\beta} \tag{1.10}$$

式 (1.10) 中，α, β 分别为 K 和 L 对产出 y 的弹性。C-D 生产函数指出了厂商行为的一种模式，在函数中变量之间的关系是准确实现的。但是根据计量经济学的观点，变量之间的关系并不符合数理经济学所拟定的准确关系模式，而是有随机偏差的。因而给 C-D 生产函数增加一个随机项 U，将变量之间的关系描述为一个随机模型，然后用随机数学方法加以研究，以得出非确定的概率性结论，这更能反映出经济问题的特点。随机模型为

$$y = AK^{\alpha}L^{\beta}U \tag{1.11}$$

或

$$\ln y = \ln A + \alpha \ln K + \beta \ln L + \ln U \tag{1.12}$$

式 (1.11) 是一个非线性的回归模型；式 (1.12) 是一个对数线性回归模型。我们在研究工业生产和农业生产问题时就可考虑用上述理论模型。

有时候，我们无法根据所获信息确定模型的形式，这时可以采用不同的形式进行计算机模拟，对于不同的模拟结果，选择较好的一个作为理论模型。

尽管模型中待估的未知参数要到参数估计、检验之后才能确定，但在很多情况下可以根据所研究的经济问题对未知参数的符号以及大小范围事先给予确定。如 C-D 生产函数式 (1.11) 中的待估参数 A, α, β 都应为正数。

1.4.4　模型参数的估计

回归理论模型确定之后，利用收集、整理的样本数据对模型的未知参数给出估计是回归分析的重要内容。未知参数的估计方法中最常用的是普通最小二乘法，它是经典的估计方法。对于不满足模型基本假设的回归问题，人们给出了种种新方法，如岭回归、主成分回归、偏最小二乘估计等。但它们都是以普通最小二乘法为基础的，这些具体方法是我们后边一些章节研究的重点。这里要说明的是，当变量及样本较多时，参数估计的计算量很大，只有依靠计算机才能得到可靠的准确结果。现在这方面的计算机软件很多，如 MINITAB，SPSS，SAS，R 等都是计算参数估计结果的基本软件。本书的计算实现主要运用 R 软件。

1.4.5　模型的检验与改进

当模型的未知参数估计出来后，就初步建立了一个回归模型。建立回归模型的目的是应用它来研究经济问题，但如果马上就用这个模型去做预测、控制和分析，显然是不够慎重的。因为这个模型是否真正揭示了被解释变量与解释变量之间的关系，必须通过对模型的检验才能确定。一般需要进行统计检验和模型经济意义的检验。

统计检验通常是对回归方程的显著性检验，以及回归系数的显著性检验，还有拟

合优度的检验、随机误差项的序列相关检验、异方差性检验、解释变量的多重共线性检验等。这些内容都将在后边的章节中详细讨论。

在经济问题回归模型中，往往还会碰到回归模型通过了一系列统计检验，可就是得不到合理的经济解释的情形。例如，国民收入与工农业总产值之间应该是正相关关系，回归模型中工农业总产值变量前的系数应该为正，但有时候由于样本量的限制或数据质量的问题，可能估计出的系数是负的。如此这般，这个回归模型就没有意义，也就谈不上进一步应用了。可见，回归方程经济意义的检验同样是非常重要的。

如果一个回归模型没有通过某种统计检验，或者通过了统计检验而没有合理的经济意义，就需要对其进行修改。模型的修改有时要从设置变量是否合理开始，是不是把某些重要的变量忘记了，变量间是否具有很强的依赖性，样本量是不是太少，理论模型是否合适。譬如某个问题本应用曲线方程去拟合，而我们误用直线方程去拟合，当然通不过检验。这就要重新构造理论模型。

模型的建立往往要反复修改几次，特别是建立一个实际经济问题的回归模型，要反复修正才能得到一个理想模型。

1.4.6 回归模型的应用

当一个经济问题的回归模型通过了各种统计检验，且模型具有合理的经济意义时，就可以运用这个模型来进一步研究经济问题了。

经济变量的因素分析是回归模型的一个重要应用。应用回归模型对经济变量之间的关系做出度量，从模型的回归系数可发现经济变量的结构关系，给出政策评价的一些量化依据。

既然回归模型揭示经济变量间的因果关系，那么可以考虑给定被解释变量值来控制解释变量值。比如，把某年的通货膨胀指标定为全国零售物价指数增长5%以下，那么，根据通货膨胀的回归模型可以确定货币的发行量、银行的存款利率等。这就是对经济变量的一种控制。

进行经济预测是回归模型的另一个重要应用。比如，我国2030年的国民收入是多少？通过建立国民经济的宏观经济模型就可以对未来做出预测。用回归模型进行经济预测在我国已有不少成功的例子。

在回归模型的运用中，我们还强调定性分析和定量分析的有机结合。这是因为数理统计方法只是从事物的数量表面去研究问题，不涉及事物质的规定性。单纯的表面上的数量关系是否反映事物的本质？这本质究竟如何？必须依靠专门学科的研究才能下定论。所以，在经济问题的研究中，我们不能仅凭样本数据估计的结果就不加分析地说长道短，必须把参数估计的结果和具体经济问题以及现实情况紧密结合，这样才能保证回归模型在经济问题研究中的正确运用。

1.5　回归分析应用与发展简评

从高斯提出最小二乘法算起，回归分析已有 200 多年的历史。回归分析的应用非常广泛，我们大概很难找到不用它的领域，这也正是 200 多年来其经久不衰、生命力强大的根本原因。

这里仅介绍回归分析在经济领域的广泛应用。我们知道计量经济学是现代经济学中影响最大的一门独立学科，诺贝尔经济学奖获得者萨缪尔森曾经说过，第二次世界大战后的经济学是计量经济学的时代。然而，计量经济学中的基本计量方法就是回归分析，计量经济学的一个重要理论支柱是回归分析理论。

自 1969 年设立诺贝尔经济学奖以来，已有近百位学者获奖，其中绝大部分获奖者是统计学家、计量经济学家、数学家。从大多数获奖者的论著看，他们对统计学及回归分析方法的应用都有娴熟的技巧，这足以说明统计学方法在现代经济研究中的重要作用。

矩阵理论和计算机技术的发展为回归分析模型在经济研究中的应用提供了极大的方便。国民经济是一个错综复杂的系统，一个宏观经济问题常常需要涉及几十个甚至几千个变量和方程，如果没有先进的计算机和求解线性方程组的矩阵计算理论，要研究复杂的经济问题是不可想象的。比如，一个20阶的线性方程组要用克莱姆法则去求解，就需要 10^{22} 次乘法运算，这可是一个天文数字。然而，用矩阵变换的方法只需 6 000 次乘法运算。也正是由于计算方法的改进和现代计算机的发展，过去不可想象的事情变成了现实。计量经济学研究中涉及的变量和方程也越来越多，例如，多年前英国剑桥大学的多部门动态模型已涉及 2 759 个方程、7 484 个变量；由诺贝尔经济学奖获得者克莱因当年发起的国际连接系统，使用了 7 447 个方程和 3 368 个外生变量。

模型技术在经济问题研究中的应用在我国也盛行起来。自 20 世纪 80 年代初期以来，每年都有许多国家级和省部级鉴定的计量经济应用成果诞生。特别是在一些省级以上的重点经济课题和经济学学位论文中，如果没有模型技术的应用，给人的印象总是分量不足。这些足以说明模型技术的应用在我国备受重视。这里要强调的是，回归分析方法是模型技术中最基本的内容，众多的计量经济模型都是在回归模型基础上衍生的。

回归分析的理论和方法研究 200 多年来也得到不断发展，统计学中的许多重要方法都与回归分析有着密切的联系，如时间序列分析、判别分析、主成分分析、因子分析、典型相关分析等。这些都极大地丰富了统计学方法的宝库。

回归分析方法自身的完善和发展至今是统计学家研究的热点课题。例如，自变量的选择、稳健回归、回归诊断、投影寻踪、分位回归、非参数回归模型等近年仍有大量研究文献出现。

在回归模型中，当自变量代表时间、因变量不独立并且构成平稳序列时，这种回归模型的研究就是统计学中的另一个重要分支——时间序列分析。它提供了一系列动态数据的处理方法，帮助人们科学地研究分析所获得的动态数据，从而建立描述动态数据的统计模型，以达到预测、控制的目的。

在前面的回归模型式(1.7)中，当因变量 y 和自变量 x 都是一维时，称它为一元回归模型；当自变量 x 是多维，因变量 y 是一维时，则它为多元回归模型；若自变量 x 是多维，因变量 y 也是多维，则称它为多重回归模型。特别是当因变量观察矩阵 Y 的诸行向量假定是独立的，而列向量假定是相关的，就称为半相依回归方程系统。

对于满足基本假设的回归模型，它的理论已经成熟，但对于违背基本假设的回归模型的参数估计问题近年仍有较多研究。

在实际问题的研究应用中，人们发现经典的最小二乘估计的结果并不总是令人满意，统计学家从多方面进行努力，试图克服经典方法的不足。例如，为了克服设计矩阵的病态性，提出了以岭估计为代表的多种有偏估计。斯泰因(Stein)于 1955 年证明了当维数 p 大于 2 时，正态均值向量最小二乘估计的不可容性，即能够找到另一个估计在某种意义上一致优于最小二乘估计。从此之后，人们提出了许多新的估计，其中主要有岭估计、压缩估计、主成分估计、Stein 估计，以及特征根估计。这些估计的共同点是有偏，即它们的均值并不等于待估参数，于是人们把这些估计称为有偏估计。当设计矩阵 X 呈病态时，这些估计都改进了最小二乘估计。

为了解决自变量个数较多的大型回归模型的自变量的选择问题，人们提出了许多关于回归自变量选择的准则和算法；为了克服最小二乘估计对异常值的敏感性，人们提出了各种稳健回归；为了研究模型假设条件的合理性及样本数据对统计推断影响的大小，产生了回归诊断；为了研究回归模型式(1.7)中未知参数非线性的问题，人们提出了许多非线性回归方法，其中有利用数学规划理论提出的非线性回归参数估计方法、样条回归方法、微分几何方法等；为了分析和处理高维数据，特别是高维非正态数据，产生了投影寻踪回归、切片回归等。

近年来，新的研究方法不断出现，如非参数统计、自助法、刀切法、经验贝叶斯估计等方法都对回归分析起着渗透和促进作用。

由此看来，回归模型技术随着它自身的不断完善和发展以及应用领域的不断扩大，必将在统计学中占有更重要的位置，也必将为人类社会的发展发挥它独到的作用。

思考与练习

1.1 变量间统计关系和函数关系的区别是什么？

1.2 回归分析与相关分析的区别与联系是什么？

1.3 回归模型中随机误差项 ε 的意义是什么？

1.4 线性回归模型的基本假设是什么？

1.5 回归变量设置的理论根据是什么？在设置回归变量时应注意哪些问题？

1.6　收集、整理数据包括哪些内容？

1.7　构造回归理论模型的基本根据是什么？

1.8　为什么要对回归模型进行检验？

1.9　回归模型有哪几个方面的应用？

1.10　为什么强调运用回归分析研究经济问题要定性分析和定量分析相结合？

第 2 章

一元线性回归

一元线性回归是描述两个变量之间统计关系的最简单的回归模型。一元线性回归虽然简单，但通过一元线性回归模型的建立过程，我们可以了解回归分析方法的基本统计思想以及它在实际问题研究中的应用原理。本章将详细讨论一元线性回归的建模思想、最小二乘估计及其性质、回归方程的有关检验、预测和控制的理论及其应用。

 ## 2.1 一元线性回归模型

2.1.1 一元线性回归模型的产生背景

在实际问题的研究中，经常需要研究某一现象与影响它的某一最主要因素的关系。如影响粮食产量的因素非常多，但在众多因素中，施肥量是一个最重要的因素，我们往往需要研究施肥量这一因素与粮食产量之间的关系；在消费问题的研究中，影响消费的因素很多，但我们可以只研究国民收入与消费额之间的关系，因为国民收入是影响消费的最主要因素；保险公司在研究火灾损失的规律时，把火灾发生地与最近的消防站的距离作为最主要因素，研究火灾损失与火灾发生地和最近的消防站的距离之间的关系。

上述几个例子都是研究两个变量之间的关系，它们的一个共同点是：两个变量之间有着密切的关系，但它们之间密切的程度达不到由一个变量唯一确定另一个变量，即它们间的关系是一种非确定性的关系。那么它们之间到底有什么样的关系呢？这就是下面要进一步研究的问题。

通常我们首先要收集与所研究的问题有关的 n 组样本数据 (x_i, y_i) $(i = 1, 2, \cdots, n)$。为了直观地发现样本数据的分布规律，我们需要把 (x_i, y_i) 看成平面直角坐标系中的点，并画出这 n 个样本点的散点图。

例 2-1

假定一保险公司希望确定居民住宅区火灾造成的损失数额与该住户到最近的消防站的距离之间的相关关系，以便准确地定出保险金额。表 2-1 列出了 15 起火灾事故的损失及火灾发生地与最近的消防站的距离。图 2-1 给出了 15 个样本点的分布状况。

表 2-1　火灾损失表

距消防站距离 x(千米)	3.4	1.8	4.6	2.3	3.1	5.5	0.7	3.0
火灾损失 y(千元)①	26.2	17.8	31.3	23.1	27.5	36.0	14.1	22.3
距消防站距离 x(千米)	2.6	4.3	2.1	1.1	6.1	4.8	3.8	
火灾损失 y(千元)	19.6	31.3	24.0	17.3	43.2	36.4	26.1	

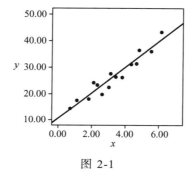

图 2-1

例 2-2

在研究我国城镇居民人均支出和人均收入之间关系的问题中，把城镇居民年人均消费性支出记作 y(元)；把城镇居民年人均可支配收入记作 x(元)。我们收集到 1990—2019 年 30 年的样本数据 $(x_i, y_i)(i = 1, 2, \cdots, n)$。具体数据见表 2-2；样本分布情况见图 2-2。

表 2-2　城镇居民年人均收支表

年份	人均支出 y(元)	人均收入 x(元)	年份	人均支出 y(元)	人均收入 x(元)	年份	人均支出 y(元)	人均收入 x(元)
1990	1 278.89	1 510.16	2000	4 998	6 279.98	2010	13 471.45	19 109.4
1991	1 453.8	1 700.6	2001	5 309.01	6 859.6	2011	15 160.89	21 809.8
1992	1 671.7	2 026.6	2002	6 029.92	7 702.8	2012	16 674.32	24 564.7
1993	2 110.8	2 577.4	2003	6 510.94	8 472.2	2013	18 487.5	26 467
1994	2 851.3	3 496.2	2004	7 182.1	9 421.6	2014	19 968.1	28 843.9
1995	3 537.57	4 282.95	2005	7 942.88	10 493	2015	21 392.4	31 194.8

---

① 本书中使用了一些不规范的单位如千、百万等。因原统计数据如此，书中所作回归分析亦使用了这些数据，无法更改，故保持原貌。

续表

年份	人均支出 y(元)	人均收入 x(元)	年份	人均支出 y(元)	人均收入 x(元)	年份	人均支出 y(元)	人均收入 x(元)
1996	3 919.5	4 838.9	2006	8 696.55	11 759.5	2016	23 078.9	33 616.2
1997	4 185.6	5 160.3	2007	9 997.47	13 785.8	2017	24 445	36 396.2
1998	4 331.6	5 425.1	2008	11 242.85	15 780.76	2018	26 112.3	39 250.8
1999	4 615.9	5 854	2009	12 264.55	17 174.65	2019	28 063.4	42 358.8

从图 2-1 和图 2-2 看到，上面两个例子的样本数据点 (x_i, y_i) 大致分别落在一条直线附近。这说明变量 x 与变量 y 之间具有明显的线性关系。从图 2-1 和图 2-2 还可以看到，这些样本点又不都在一条直线上，这表明 x 与 y 的关系并没有确切到给定 x 就可以唯一确定 y 的程度。事实上，对人均消费性支出 y 产生影响的因素还有许多，如上年收入、消费习惯、银行利率、物价指数等，它们对 y 的取值都有随机影响。每个样本点与直线的偏差就可看作其他随机因素的影响。

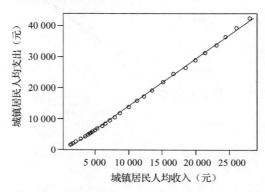

图 2-2　城镇居民人均收入和支出散点图

2.1.2　一元线性回归模型的数学形式

上面两个例子都是只考虑两个变量间的关系，描述上述 x 与 y 间线性关系的数学结构式可看作上章中回归模型式(1.7)的特例，即式(1.7)中 $p = 1$ 的情况，亦即

$$y = \beta_0 + \beta_1 x + \varepsilon \tag{2.1}$$

式(2.1)将实际问题中变量 y 与 x 之间的关系用两个部分描述：一部分是由于 x 的变化引起的 y 的线性变化，即 $\beta_0 + \beta_1 x$；另一部分是由其他一切随机因素引起的，记为 ε。式(2.1)确切地表达了变量 x 与 y 之间密切相关，但并没有到由 x 唯一确定 y 的程度。

式(2.1)称为变量 y 对 x 的一元线性理论回归模型。一般我们称 y 为被解释变量（因变量），x 为解释变量（自变量）。式(2.1)中，β_0 和 β_1 是未知参数，称 β_0 为回归常数，β_1 为回归系数；ε 表示其他随机因素的影响。在式(2.1)中一般假定 ε 是不可观测的随机误差，它是一个随机变量，通常假定 ε 满足

$$\begin{cases} E(\varepsilon) = 0 \\ \mathrm{var}(\varepsilon) = \sigma^2 \end{cases} \tag{2.2}$$

式 (2.2) 中, $E(\varepsilon)$ 表示 ε 的数学期望; $\mathrm{var}(\varepsilon)$ 表示 ε 的方差。对式 (2.1) 两端求条件期望, 得

$$E(y \,|\, x) = \beta_0 + \beta_1 x \tag{2.3}$$

称式 (2.3) 为回归方程。以下把条件期望 $E(y \,|\, x)$ 简记为 $E(y)$。

一般情况下, 对我们所研究的某个实际问题, 如果获得的 n 组样本观测值 (x_1, y_1), $(x_2, y_2), \cdots, (x_n, y_n)$ 符合模型式 (2.1), 则

$$y_i = \beta_0 + \beta_1 x_i + \varepsilon_i, \quad i = 1, 2, \cdots, n \tag{2.4}$$

由式 (2.2), 有

$$\begin{cases} E(\varepsilon_i) = 0 \\ \mathrm{var}(\varepsilon_i) = \sigma^2 \end{cases} \quad i = 1, 2, \cdots, n \tag{2.5}$$

通常我们还假定 n 组数据是独立观测的, 因而 $y_1, y_2, \cdots, y_n$ 与 $\varepsilon_1, \varepsilon_2, \cdots, \varepsilon_n$ 都是相互独立的随机变量。而 $x_i (i = 1, 2, \cdots, n)$ 是确定性变量, 其值是可以精确测量和控制的。我们称式 (2.4) 为一元线性样本回归模型。

式 (2.1) 的理论回归模型与式 (2.4) 的样本回归模型是等价的, 因而我们常不加区分地将两者统称为一元线性回归模型。

对式 (2.4) 两边分别求数学期望和方差, 得

$$E(y_i) = \beta_0 + \beta_1 x_i, \quad \mathrm{var}(y_i) = \sigma^2, \quad i = 1, 2, \cdots, n \tag{2.6}$$

式 (2.6) 表明随机变量 $y_1, y_2, \cdots, y_n$ 的期望不等, 方差相等, 因而 $y_1, y_2, \cdots, y_n$ 是独立的随机变量, 但并不是同分布的, 而 $\varepsilon_1, \varepsilon_2, \cdots, \varepsilon_n$ 是独立同分布的随机变量。

$E(y_i) = \beta_0 + \beta_1 x_i$ 从平均意义上表达了变量 y 与 x 的统计规律性。关于这一点, 在应用上非常重要, 因为我们经常关心的是这个平均值。例如, 在消费 y 与收入 x 的研究中, 我们所关心的正是当国民收入达到某个水平时, 人均消费能达到多少; 在小麦亩产量 y 与施肥量 x 的关系中, 我们所关心的也正是当施肥量 x 确定后, 小麦的平均亩产量是多少。

回归分析的主要任务就是通过 n 组样本观测值 $(x_i, y_i) (i = 1, 2, \cdots, n)$, 对 β_0, β_1 进行估计。一般用 $\hat{\beta}_0, \hat{\beta}_1$ 分别表示 β_0, β_1 的估计值, 则称

$$\hat{y} = \hat{\beta}_0 + \hat{\beta}_1 x \tag{2.7}$$

为 y 关于 x 的一元线性经验回归方程。

通常 $\hat{\beta}_0$ 表示经验回归直线在纵轴上的截距。如果模型范围里包括 $x = 0$, 则 $\hat{\beta}_0$ 是 $x = 0$ 时 y 概率分布的均值; 如果不包括 $x = 0$, $\hat{\beta}_0$ 只是作为回归方程中的分开项, 没有别的具体意义。$\hat{\beta}_1$ 表示经验回归直线的斜率, $\hat{\beta}_1$ 在实际应用中表示自变量 x 每增加一个单位时因变量 y 的平均增加数量。

在实际问题的研究中，为了方便地对参数做区间估计和假设检验，我们还假定模型式 (2.1) 中误差项 ε 服从正态分布，即

$$\varepsilon \sim N(0, \sigma^2) \tag{2.8}$$

由于 $\varepsilon_1, \varepsilon_2, \cdots, \varepsilon_n$ 是 ε 的独立同分布的样本，因而有

$$\varepsilon_i \sim N(0, \sigma^2), \qquad i = 1, 2, \cdots, n \tag{2.9}$$

在 ε_i 服从正态分布的假定下，进一步有随机变量 y_i 也服从正态分布

$$y_i \sim N(\beta_0 + \beta_1 x_i, \sigma^2), \qquad i = 1, 2, \cdots, n \tag{2.10}$$

为了在今后的讨论中充分利用矩阵这个处理线性关系的有力工具，这里将一元线性回归的一般形式式 (2.1) 用矩阵表示。令

$$\boldsymbol{y} = \begin{bmatrix} y_1 \\ y_2 \\ \vdots \\ y_n \end{bmatrix} \quad \boldsymbol{x} = \begin{bmatrix} 1 & x_1 \\ 1 & x_2 \\ \vdots & \vdots \\ 1 & x_n \end{bmatrix}$$

$$\boldsymbol{\varepsilon} = \begin{bmatrix} \varepsilon_1 \\ \varepsilon_2 \\ \vdots \\ \varepsilon_n \end{bmatrix} \quad \boldsymbol{\beta} = \begin{bmatrix} \beta_0 \\ \beta_1 \end{bmatrix} \tag{2.11}$$

于是模型式 (2.1) 表示为

$$\begin{cases} \boldsymbol{y} = \boldsymbol{x}\boldsymbol{\beta} + \boldsymbol{\varepsilon} \\ E(\boldsymbol{\varepsilon}) = 0 \\ \mathrm{var}(\boldsymbol{\varepsilon}) = \sigma^2 \boldsymbol{I}_n \end{cases} \tag{2.12}$$

式 (2.12) 中，$\boldsymbol{I}_n$ 为 n 阶单位矩阵。

2.2　参数 β_0, β_1 的估计

2.2.1　普通最小二乘法

为了由样本数据得到回归参数 β_0 和 β_1 的理想估计值，我们将使用普通最小二乘估计（Ordinary Least Square Estimation，OLSE）。对每一个样本观测值 (x_i, y_i)，最小二乘法考虑观测值 y_i 与其回归值 $E(y_i) = \beta_0 + \beta_1 x_i$ 的离差越小越好，综合考虑 n 个离差值，定义离差平方和为

$$Q(\beta_0, \beta_1) = \sum_{i=1}^{n} [y_i - E(y_i)]^2 = \sum_{i=1}^{n} (y_i - \beta_0 - \beta_1 x_i)^2 \tag{2.13}$$

所谓最小二乘法，就是寻找参数 β_0, β_1 的估计值 $\hat{\beta}_0, \hat{\beta}_1$，使式 (2.13) 定义的离差平方和达到极小，即寻找 $\hat{\beta}_0, \hat{\beta}_1$，满足

$$Q(\hat{\beta}_0, \hat{\beta}_1) = \sum_{i=1}^{n}(y_i - \hat{\beta}_0 - \hat{\beta}_1 x_i)^2 = \min_{\beta_0, \beta_1} \sum_{i=1}^{n}(y_i - \beta_0 - \beta_1 x_i)^2 \tag{2.14}$$

依照式 (2.14) 求出的 $\hat{\beta}_0, \hat{\beta}_1$ 就称为回归参数 β_0, β_1 的最小二乘估计。称

$$\hat{y}_i = \hat{\beta}_0 + \hat{\beta}_1 x_i \tag{2.15}$$

为 $y_i(i = 1, 2, \cdots, n)$ 的回归拟合值，简称回归值或拟合值。称

$$e_i = y_i - \hat{y}_i \tag{2.16}$$

为 $y_i(i = 1, 2, \cdots, n)$ 的残差。

从几何关系上看，用一元线性回归方程拟合 n 个样本观测点 $(x_i, y_i)(i = 1, 2, \cdots, n)$，就是要求回归直线 $\hat{y} = \hat{\beta}_0 + \hat{\beta}_1 x$ 位于这 n 个样本点中间，或者说这 n 个样本点最靠近这条回归直线。由图 2-3 可以直观地理解这种思想。

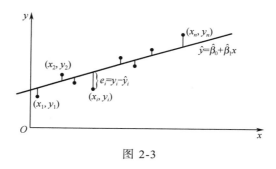

图 2-3

残差平方和

$$\sum_{i=1}^{n} e_i^2 = \sum_{i=1}^{n}(y_i - \hat{\beta}_0 - \hat{\beta}_1 x_i)^2 \tag{2.17}$$

从整体上刻画了 n 个样本观测值 y_i 与拟合值 $\hat{y}_i$ 之差的大小。

从式 (2.14) 中求出 $\hat{\beta}_0$ 和 $\hat{\beta}_1$ 是一个求极值问题。由于 Q 是关于 $\hat{\beta}_0, \hat{\beta}_1$ 的非负二次函数，因而它的最小值总是存在的。根据微积分中求极值的原理，$\hat{\beta}_0, \hat{\beta}_1$ 应满足下列方程组

$$\begin{cases} \left.\dfrac{\partial Q}{\partial \beta_0}\right|_{\beta_0 = \hat{\beta}_0} = -2\sum_{i=1}^{n}(y_i - \hat{\beta}_0 - \hat{\beta}_1 x_i) = 0 \\[2mm] \left.\dfrac{\partial Q}{\partial \beta_1}\right|_{\beta_1 = \hat{\beta}_1} = -2\sum_{i=1}^{n}(y_i - \hat{\beta}_0 - \hat{\beta}_1 x_i)x_i = 0 \end{cases} \tag{2.18}$$

经整理后，得正规方程组

$$\begin{cases} n\hat{\beta}_0 + \left(\sum_{i=1}^{n} x_i\right)\hat{\beta}_1 = \sum_{i=1}^{n} y_i \\ \left(\sum_{i=1}^{n} x_i\right)\hat{\beta}_0 + \left(\sum_{i=1}^{n} x_i^2\right)\hat{\beta}_1 = \sum_{i=1}^{n} x_i y_i \end{cases} \tag{2.19}$$

求解以上正规方程组得 β_0，β_1 的最小二乘估计为

$$\begin{cases} \hat{\beta}_0 = \overline{y} - \hat{\beta}_1 \overline{x} \\ \hat{\beta}_1 = \dfrac{\sum_{i=1}^{n} (x_i - \overline{x})(y_i - \overline{y})}{\sum_{i=1}^{n} (x_i - \overline{x})^2} \end{cases} \tag{2.20}$$

式（2.20）中

$$\overline{x} = \frac{1}{n}\sum_{i=1}^{n} x_i, \quad \overline{y} = \frac{1}{n}\sum_{i=1}^{n} y_i$$

记

$$L_{xx} = \sum_{i=1}^{n} (x_i - \overline{x})^2 = \sum_{i=1}^{n} x_i^2 - n(\overline{x})^2 \tag{2.21}$$

$$L_{xy} = \sum_{i=1}^{n} (x_i - \overline{x})(y_i - \overline{y}) = \sum_{i=1}^{n} x_i y_i - n\overline{x}\,\overline{y} \tag{2.22}$$

则式（2.20）可简写为

$$\begin{cases} \hat{\beta}_0 = \overline{y} - \hat{\beta}_1 \overline{x} \\ \hat{\beta}_1 = L_{xy} / L_{xx} \end{cases} \tag{2.23}$$

易知，$\hat{\beta}_1$ 可以等价地表示为

$$\hat{\beta}_1 = \frac{\sum_{i=1}^{n} (x_i - \overline{x}) y_i}{\sum_{i=1}^{n} (x_i - \overline{x})^2} \tag{2.24}$$

或

$$\hat{\beta}_1 = \frac{\sum_{i=1}^{n} x_i y_i - n\overline{xy}}{\sum_{i=1}^{n} x_i^2 - n(\overline{x})^2} \tag{2.25}$$

由 $\hat{\beta}_0 = \overline{y} - \hat{\beta}_1 \overline{x}$ 可知

$$\overline{y} = \hat{\beta}_0 + \hat{\beta}_1 \overline{x} \tag{2.26}$$

说明回归直线 $\overline{y} = \hat{\beta}_0 + \hat{\beta}_1 \overline{x}$ 是通过点 $(\overline{x}, \overline{y})$ 的，这对回归直线的作图很有帮助。从物理学的

角度看，$(\bar{x}, \bar{y})$ 是 n 个样本点 (x_i, y_i) 的重心，也就是说，回归直线通过样本的重心。

利用上述公式就可以具体计算回归方程的参数。下面以例 2-1 的数据为例，建立火灾损失与距消防站距离之间的回归方程。根据表 2-1 的数据计算得

$$\bar{x} = \frac{49.2}{15} = 3.28, \qquad \bar{y} = \frac{396.2}{15} = 26.413$$

$$L_{xx} = \sum_{i=1}^{n} x_i^2 - n(\bar{x})^2$$

$$= 196.16 - 15 \times (3.28)^2 = 34.784$$

$$L_{xy} = \sum_{i=1}^{n} x_i y_i - n\bar{x}\bar{y}$$

$$= 1470.65 - 1299.536 = 171.114$$

代入式 (2.23) 得

$$\begin{cases} \hat{\beta}_0 = \bar{y} - \hat{\beta}_1 \bar{x} = 26.413 - 4.919 \times 3.28 = 10.279 \\ \hat{\beta}_1 = L_{xy} / L_{xx} = 171.114 / 34.784 = 4.919 \end{cases}$$

于是回归方程为

$$\hat{y} = 10.279 + 4.919x$$

由图 2-1 看出，回归直线与 15 个样本数据点都很接近，这从直观上说明回归直线对数据的拟合效果很好。

由式 (2.18) 可以得到由式 (2.16) 定义的残差的一个有用的性质

$$\begin{cases} \sum_{i=1}^{n} e_i = 0 \\ \sum_{i=1}^{n} x_i e_i = 0 \end{cases} \tag{2.27}$$

即残差的平均值为 0，残差以自变量 x 为权重的加权平均值为 0。

我们要确定的回归直线就是使它与所有样本数据点都比较靠近，为了刻画这种靠近程度，人们曾设想用绝对残差和，即

$$\sum_{i=1}^{n} |e_i| = \sum_{i=1}^{n} |y_i - \hat{y}_i| \tag{2.28}$$

来度量观测值与回归直线的接近程度。显然，绝对残差和越小，回归直线就与所有数据点越近。然而，绝对残差和 $\sum |e_i|$ 在数学处理上比较麻烦，所以在经典的回归分析中，都用残差平方和式 (2.17) 来描述因变量观测值 $y_i (i = 1, 2, \cdots, n)$ 与回归直线的偏离程度。

2.2.2　最大似然法

除了上述最小二乘估计，最大似然估计（Maximum Likelihood Estimation，MLE）

也可以作为回归参数的估计方法。最大似然估计是利用总体的分布密度或概率分布的表达式及其样本所提供的信息求未知参数估计量的一种方法。

最大似然估计的直观想法可用下面的例子说明：设有一事件 A，已知其发生的概率 p 只可能是 0.01 或 0.1。若在一次试验中事件 A 发生了，自然应当认为事件 A 发生的概率 p 是 0.1 而不是 0.01。把这种考虑问题的方法一般化，就得到最大似然准则。

当总体 X 为连续型分布时，设其分布密度族为 $\{f(x,\theta), \theta \in \Theta\}$，假设总体 X 的一个独立同分布的样本为 $x_1, x_2, \cdots, x_n$，其似然函数为

$$L(\theta; x_1, x_2, \cdots, x_n) = \prod_{i=1}^{n} f(x_i; \theta) \tag{2.29}$$

最大似然估计应在一切 θ 中选取使随机样本 $(X_1, X_2, \cdots, X_n)$ 落在点 $(x_1, x_2, \cdots, x_n)$ 附近的概率最大的 $\hat{\theta}$ 为未知参数 θ 真值的估计值，即选取 $\hat{\theta}$ 满足

$$L(\hat{\theta}; x_1, x_2, \cdots, x_n) = \max_{\theta} L(\theta; x_1, x_2, \cdots, x_n) \tag{2.30}$$

对连续型随机变量，似然函数就是样本的联合分布密度函数；对离散型随机变量，似然函数就是样本的联合概率函数。似然函数的概念并不局限于独立同分布的样本，只要样本的联合密度形式是已知的，就可以应用最大似然估计。

对于一元线性回归模型参数的最大似然估计，如果已经得到样本观测值 (x_i, y_i)（$i = 1, 2, \cdots, n$），其中，x_i 为非随机样本，$y_1, y_2, \cdots, y_n$ 为随机样本，那么在假设 $\varepsilon_i \sim N(0, \sigma^2)$ 时，由式 (2.10) 知 y_i 服从如下正态分布

$$y_i \sim N(\beta_0 + \beta_1 x_i, \sigma^2) \tag{2.31}$$

y_i 的分布密度为

$$f_i(y_i) = \frac{1}{\sqrt{2\pi}\sigma} \exp\left\{-\frac{1}{2\sigma^2}[y_i - (\beta_0 + \beta_1 x_i)]^2\right\}, \quad i = 1, 2, \cdots, n \tag{2.32}$$

于是 $y_1, y_2, \cdots, y_n$ 的似然函数为

$$L(\beta_0, \beta_1, \sigma^2) = \prod_{i=1}^{n} f_i(y_i)$$

$$= (2\pi\sigma^2)^{-\frac{n}{2}} \exp\left\{-\frac{1}{2\sigma^2} \sum_{i=1}^{n}[y_i - (\beta_0 + \beta_1 x_i)]^2\right\} \tag{2.33}$$

由于 L 的极大化与 $\ln(L)$ 的极大化是等价的，所以取对数似然函数为

$$\ln(L) = -\frac{n}{2}\ln(2\pi\sigma^2) - \frac{1}{2\sigma^2} \sum_{i=1}^{n}[y_i - (\beta_0 + \beta_1 x_i)]^2 \tag{2.34}$$

求式 (2.34) 的极大值，等价于对 $\sum_{i=1}^{n}[y_i - (\beta_0 + \beta_1 x_i)]^2$ 求极小值，到此又与最小二乘原理完全相同。因而 $\hat{\beta}_0$，$\hat{\beta}_1$ 的最大似然估计就是式 (2.20) 的最小二乘估计。另外，由最大似然估计还可以得到 σ^2 的估计值为

$$\hat{\sigma}^2 = \frac{1}{n}\sum_{i=1}^{n}(y_i - \hat{y}_i)^2$$

$$= \frac{1}{n}\sum_{i=1}^{n}[y_i - (\hat{\beta}_0 + \hat{\beta}_1 x_i)]^2 \tag{2.35}$$

这个估计量是 σ^2 的有偏估计。在实际应用中，常用无偏估计量

$$\hat{\sigma}^2 = \frac{1}{n-2}\sum_{i=1}^{n}(y_i - \hat{y}_i)^2$$

$$= \frac{1}{n-2}\sum_{i=1}^{n}[y_i - (\hat{\beta}_0 + \hat{\beta}_1 x_i)]^2 \tag{2.36}$$

作为 σ^2 的估计量。

在此需要注意的是，以上最大似然估计是在 $\varepsilon_i \sim N(0, \sigma^2)$ 的正态分布假设下求得的，而最小二乘估计则对分布假设没有要求。另外，$y_1, y_2, \cdots, y_n$ 是独立的正态分布样本，但并不是同分布的。期望值 $E(y_i) = \beta_0 + \beta_1 x_i$ 不相等，但这并不妨碍最大似然方法的应用。

2.3　最小二乘估计的性质

2.3.1　线性

所谓线性就是估计 $\hat{\beta}_0, \hat{\beta}_1$ 为随机变量 y_i 的线性函数。由式 (2.24) 得

$$\hat{\beta}_1 = \frac{\sum_{i=1}^{n}(x_i - \bar{x})y_i}{\sum_{i=1}^{n}(x_i - \bar{x})^2} = \sum_{i=1}^{n}\frac{x_i - \bar{x}}{\sum_{j=1}^{n}(x_j - \bar{x})^2}y_i \tag{2.37}$$

式 (2.37) 中，$\dfrac{x_i - \bar{x}}{\sum_{j=1}^{n}(x_j - \bar{x})^2}$ 是常数，所以 $\hat{\beta}_1$ 是 y_i 的线性组合。同理可以证明 $\hat{\beta}_0$ 是 y_i 的线性组合，证明过程请读者自己完成。

因为 y_i 为随机变量，所以作为 y_i 的线性组合，$\hat{\beta}_0, \hat{\beta}_1$ 亦为随机变量，因此各有其概率分布、均值、方差、标准差及两者的协方差。

2.3.2　无偏性

下面我们讨论 $\hat{\beta}_0, \hat{\beta}_1$ 的无偏性。由于 x_i 是非随机变量，$y_i = \beta_0 + \beta_1 x_i + \varepsilon_i$，$E(\varepsilon_i) = 0$，

因而有

$$E(y_i) = \beta_0 + \beta_1 x_i \tag{2.38}$$

再由式（2.37）可得

$$E(\hat{\beta}_1) = \sum_{i=1}^{n} \frac{x_i - \overline{x}}{\sum\limits_{j=1}^{n}(x_j - \overline{x})^2} E(y_i)$$

$$\tag{2.39}$$

$$= \sum_{i=1}^{n} \frac{x_i - \overline{x}}{\sum\limits_{j=1}^{n}(x_j - \overline{x})^2} (\beta_0 + \beta_1 x_i) = \beta_1$$

证得 $\hat{\beta}_1$ 是 β_1 的无偏估计，其中用到 $\sum(x_i - \overline{x}) = 0$，$\sum(x_i - \overline{x})x_i = \sum(x_i - \overline{x})^2$。同理可证 $\hat{\beta}_0$ 是 β_0 的无偏估计，证明过程请读者自己完成。

无偏估计的意义是，如果屡次变更数据，反复求 β_0, β_1 的估计值，则这两个估计量没有高估或低估的系统趋向，它们的平均值将趋于 β_0, β_1。

进一步有

$$\begin{aligned} E(\hat{y}) &= E(\hat{\beta}_0 + \hat{\beta}_1 x) \\ &= \beta_0 + \beta_1 x \\ &= E(y) \end{aligned} \tag{2.40}$$

这表明回归值 $\hat{y}$ 是 $E(y)$ 的无偏估计，也说明 $\hat{y}$ 与真实值 y 的平均值是相同的。

2.3.3 $\hat{\beta}_0, \hat{\beta}_1$ 的方差

一个估计量是无偏的，只揭示了估计量优良性的一个方面。我们通常还关心估计量本身的波动状况，这就需要进一步研究它的方差。

由 $y_1, y_2, \cdots, y_n$ 相互独立，$\text{var}(y_i) = \sigma^2$ 及式（2.37），得

$$\text{var}(\hat{\beta}_1) = \sum_{i=1}^{n} \left[\frac{x_i - \overline{x}}{\sum\limits_{j=1}^{n}(x_j - \overline{x})^2} \right]^2 \text{var}(y_i) = \frac{\sigma^2}{\sum\limits_{j=1}^{n}(x_j - \overline{x})^2} \tag{2.41}$$

我们知道，方差表示随机变量取值波动的大小，因而 $\text{var}(\hat{\beta}_1)$ 反映了估计量 $\hat{\beta}_1$ 的波动大小。假设我们反复抽取容量为 n 的样本建立回归方程，每次计算的 $\hat{\beta}_1$ 的值是不相同的，$\text{var}(\hat{\beta}_1)$ 正是反映了这些 $\hat{\beta}_1$ 的差异程度。

由 $\text{var}(\hat{\beta}_1)$ 的表达式我们能得到对实际应用有指导意义的思想。从式（2.41）中看到，回归系数 $\hat{\beta}_1$ 不仅与随机误差的方差 σ^2 有关，而且与自变量 x 的取值离散程度有关。如果 x 的取值比较分散，即 x 的波动较大，则 $\hat{\beta}_1$ 的波动就小，β_1 的估计值 $\hat{\beta}_1$ 就比较稳定；反之，如果原始数据 x 是在一个较小的范围内取值，则 β_1 的估计值稳定性就差，当然也

就很难说精确了。这一点显然对我们收集原始数据有重要的指导意义。类似有

$$\text{var}(\hat{\beta}_0) = \left[\frac{1}{n} + \frac{(\overline{x})^2}{\sum(x_i - \overline{x})^2}\right]\sigma^2 \qquad (2.42)$$

由式（2.42）可知，回归常数 $\hat{\beta}_0$ 的方差不仅与随机误差的方差 σ^2 和自变量 x 的取值离散程度有关，而且同样本数据的个数 n 有关。显然 n 越大，$\text{var}(\hat{\beta}_0)$ 越小。

总之，由式（2.41）和式（2.42）可以看到，要想使 β_0, β_1 的估计值 $\hat{\beta}_0, \hat{\beta}_1$ 更稳定，在收集数据时，就应该考虑 x 的取值尽可能分散一些，不要挤在一块，样本量也应尽可能大一些，样本量 n 太小时，估计量的稳定性肯定不会太好。

由前面 $\hat{\beta}_0, \hat{\beta}_1$ 线性的讨论我们知道，$\hat{\beta}_0, \hat{\beta}_1$ 都是 n 个独立正态随机变量 $y_1, y_2, \cdots, y_n$ 的线性组合，因而 $\hat{\beta}_0, \hat{\beta}_1$ 也服从正态分布。由上面 $\hat{\beta}_0, \hat{\beta}_1$ 的均值和方差的结果，得出

$$\hat{\beta}_0 \sim N\left(\beta_0, \left(\frac{1}{n} + \frac{(\overline{x})^2}{L_{xx}}\right)\sigma^2\right) \qquad (2.43)$$

$$\hat{\beta}_1 \sim N\left(\beta_1, \frac{\sigma^2}{L_{xx}}\right) \qquad (2.44)$$

另外，还可得到 $\hat{\beta}_0, \hat{\beta}_1$ 的协方差

$$\text{cov}(\hat{\beta}_0, \hat{\beta}_1) = -\frac{\overline{x}}{L_{xx}}\sigma^2 \qquad (2.45)$$

式（2.45）说明，在 $\overline{x} = 0$ 时，$\hat{\beta}_0$ 与 $\hat{\beta}_1$ 不相关，在正态假定下两者相应独立；在 $\overline{x} \neq 0$ 时，不独立。它揭示了回归系数之间的关系状况。

在前面我们曾给出回归模型随机误差项 ε_i 等方差及不相关的假定条件，这个条件称为高斯-马尔柯夫条件，即

$$\begin{cases} E(\varepsilon_i) = 0, & i = 1, 2, \cdots, n \\ \text{cov}(\varepsilon_i, \varepsilon_j) = \begin{cases} \sigma^2, & i = j \\ 0, & i \neq j \end{cases} & i, j = 1, 2, \cdots, n \end{cases} \qquad (2.46)$$

在此条件下可以证明，$\hat{\beta}_0$ 与 $\hat{\beta}_1$ 分别是 β_0 与 β_1 的最佳线性无偏估计（Best Linear Unbiased Estimator，BLUE），也称为最小方差线性无偏估计。BLUE 即指在 β_0 和 β_1 的一切线性无偏估计中，它们的方差最小。此结论本书不予证明，在第 3 章的多元线性回归中也有这个重要结论，其证明请参见参考文献[2]。

进一步可知，对固定的 x_0 来讲

$$\hat{y}_0 = \hat{\beta}_0 + \hat{\beta}_1 x_0 \qquad (2.47)$$

也是 $y_1, y_2, \cdots, y_n$ 的线性组合，且

$$\hat{y}_0 \sim N\left(\beta_0 + \beta_1 x_0, \left(\frac{1}{n} + \frac{(x_0 - \overline{x})^2}{L_{xx}}\right)\sigma^2\right) \qquad (2.48)$$

由此可见，$\hat{y}_0$ 是 $E(y_0)$ 的无偏估计，且 $\hat{y}_0$ 的方差随给定的 x_0 值与 $\bar{x}$ 的距离 $|x_0 - \bar{x}|$ 的增大而增大。即当给定的 x_0 与 x 的样本平均值 $\bar{x}$ 相差较大时，$\hat{y}_0$ 的估计值波动就增大。这说明在实际应用回归方程进行控制和预测时，给定的 x_0 值不能偏离样本均值太多，否则，无论用回归方程做因素分析还是做预测，效果都不会理想。

2.4 回归方程的显著性检验

当我们得到一个实际问题的经验回归方程 $\hat{y} = \hat{\beta}_0 + \hat{\beta}_1 x$ 后，还不能马上就用它去做分析和预测，因为 $\hat{y} = \hat{\beta}_0 + \hat{\beta}_1 x$ 是否真正描述了变量 y 与 x 之间的统计规律性，还需运用统计方法对回归方程进行检验。在对回归方程进行检验时，通常需要做正态性假设 $\varepsilon_i \sim N(0, \sigma^2)$，以下的检验内容若无特别声明，都是在此正态性假设下进行的。下面我们介绍几种检验方法。

2.4.1 t 检验

t 检验是统计推断中一种常用的检验方法，在回归分析中，t 检验用于检验回归系数的显著性。检验的原假设是

$$H_0: \beta_1 = 0 \tag{2.49}$$

对立假设是

$$H_1: \beta_1 \neq 0 \tag{2.50}$$

回归系数的显著性检验就是要检验自变量 x 对因变量 y 的影响程度是否显著。如果原假设 H_0 成立，则因变量 y 与自变量 x 之间并没有真正的线性关系。也就是说，自变量 x 的变化对因变量 y 并没有影响。由式 (2.44) 知，$\hat{\beta}_1 \sim N\left(\beta_1, \dfrac{\sigma^2}{L_{xx}}\right)$，因而当原假设 $H_0: \beta_1 = 0$ 成立时，有

$$\hat{\beta}_1 \sim N\left(0, \frac{\sigma^2}{L_{xx}}\right) \tag{2.51}$$

此时 $\hat{\beta}_1$ 在零附近波动，构造 t 统计量

$$t = \frac{\hat{\beta}_1}{\sqrt{\hat{\sigma}^2 / L_{xx}}} = \frac{\hat{\beta}_1 \sqrt{L_{xx}}}{\hat{\sigma}} \tag{2.52}$$

式 (2.51) 和式 (2.52) 中

$$\hat{\sigma}^2 = \frac{1}{n-2} \sum_{i=1}^{n} e_i^2 = \frac{1}{n-2} \sum_{i=1}^{n} (y_i - \hat{y}_i)^2 \tag{2.53}$$

是 σ^2 的无偏估计，称 $\hat{\sigma}$ 为回归标准差。由式(2.51)和式(2.52)可以看出，t 统计量就是回归系数的最小二乘估计值除以其标准差的样本估计值。

当原假设 $H_0: \beta_1 = 0$ 成立时，式(2.52)构造的 t 统计量服从自由度为 $n-2$ 的 t 分布。给定显著性水平 α，双侧检验的临界值为 $t_{\alpha/2}$。当 $|t| \geq t_{\alpha/2}$ 时，拒绝原假设 $H_0: \beta_1 = 0$，认为 β_1 显著不为零，因变量 y 对自变量 x 的一元线性回归成立；当 $|t| < t_{\alpha/2}$ 时，不拒绝原假设 $H_0: \beta_1 = 0$，认为 β_1 为零，因变量 y 对自变量 x 的一元线性回归不成立。

另外，对于判断是否拒绝原假设，也可以利用 t 分布和式(2.52) t 统计量的值，计算概率 $P(|t| > |t$ 值$|)$，这一概率值又被称为 P 值，即

$$P(|t| > |t \text{ 值} |) = P \text{ 值} \tag{2.54}$$

根据 t 分布的性质易知：$|t$ 值$|$ 越大，P 值越小；$|t$ 值$|$ 越小，P 值越大。因此，对于给定的显著性水平 α，当 P 值 $< \alpha$ 时，拒绝原假设；当 P 值 $> \alpha$ 时，不拒绝原假设。在给定显著性水平的情况下，使用 P 值不需要查分布表可以直接判断是否拒绝原假设。

2.4.2　F 检验

对线性回归方程显著性的另外一种检验是 F 检验，F 检验是根据平方和分解式，直接从回归效果检验回归方程的显著性。平方和分解式是

$$\sum_{i=1}^{n}(y_i - \overline{y})^2 = \sum_{i=1}^{n}(\hat{y}_i - \overline{y})^2 + \sum_{i=1}^{n}(y_i - \hat{y}_i)^2 \tag{2.55}$$

式(2.55)中，$\sum_{i=1}^{n}(y_i - \overline{y})^2$ 称为总离差平方和，简记为 SST 或 $S_{总}$ 或 L_{yy}，SST 表示 Sum of Squares for Total；$\sum_{i=1}^{n}(\hat{y}_i - \overline{y})^2$ 称为回归平方和，简记为 SSR 或 $S_{回}$，R 表示 Regression；$\sum_{i=1}^{n}(y_i - \hat{y}_i)^2$ 称为残差平方和，简记为 SSE 或 $S_{残}$，E 表示 Error。

因而平方和分解式可以简写为

$$SST = SSR + SSE$$

请读者根据式(2.27)自己证明平方和分解式。

SST 反映因变量 y 的波动程度或称不确定性，在建立了 y 对 x 的线性回归方程后，SST 就分解成 SSR 与 SSE 这两个组成部分，其中 SSR 是由回归方程确定的，也就是由自变量 x 的波动引起的，SSE 是不能由自变量解释的波动，是由 x 之外的未加控制的因素引起的。这样，在 SST 中，能够由自变量解释的部分为 SSR，不能由自变量解释的部分为 SSE。因此，SSR 越大，回归的效果就越好，可以据此构造 F 检验统计量如下

$$F = \frac{SSR / 1}{SSE / (n-2)} \tag{2.56}$$

在正态假设下，当原假设 H_0：$\beta_1 = 0$ 成立时，F 服从自由度为 $(1, n-2)$ 的 F 分布。当 F 值大于临界值 $F_\alpha(1, n-2)$ 时，拒绝 H_0，说明回归方程显著，x 与 y 有显著的线性关系。也可以根据 P 值做检验，具体检验过程可以放在方差分析表中进行，见表 2-3。

表 2-3 一元线性回归方差分析表

方差来源	自 由 度	平 方 和	均 方	F 值	P 值
回归	1	SSR	SSR/1	$\dfrac{SSR / 1}{SSE / (n-2)}$	$P(F > F\,值) = P\,值$
残差	$n-2$	SSE	$SSE / (n-2)$		
总和	$n-1$	SST			

2.4.3 相关系数的显著性检验

由于一元线性回归方程讨论的是变量 x 与变量 y 之间的线性关系，所以可以用变量 x 与 y 之间的相关系数来检验回归方程的显著性。设 (x_i, y_i) $(i = 1, 2, \cdots, n)$ 是 (x, y) 的 n 组样本观测值，我们称

$$r = \frac{\sum\limits_{i=1}^{n}(x_i - \overline{x})(y_i - \overline{y})}{\sqrt{\sum\limits_{i=1}^{n}(x_i - \overline{x})^2 \sum\limits_{i=1}^{n}(y_i - \overline{y})^2}} = \frac{L_{xy}}{\sqrt{L_{xx}L_{yy}}} \tag{2.57}$$

为 x 与 y 的简单相关系数，简称相关系数。其中，L_{xy}, L_{xx}, L_{yy} 与前面的定义相同。相关系数 r 表示 x 和 y 的线性关系的密切程度。相关系数的取值范围为 $|r| \leqslant 1$。相关系数的直观意义如图 2-4 所示。

图 2-4 中的 (a)、(b) 和 (c)、(d) 是四种极端情况，即当 x 与 y 有精确的线性关系时，$r = 1$ 或 $r = -1$。$r = 1$ 表示 x 与 y 之间完全正相关，所有的对应点都在一条直线上；$r = -1$ 表示 x 与 y 之间完全负相关，对应点也都在一条直线上。这实际上就是一种确定的线性函数关系，它并不是统计学中研究的主要内容。图中 (c) 这种极端情况，说明所有样本点的分布杂乱无章，变量 x 与 y 之间没有相关关系，即 $r = 0$。在实际中 $r = 0$ 的情况很少，往往我们拿来毫不相干的两个变量序列计算相关系数，绝对值都会大于零。图中 (d) 这种情况，表明 x 与 y 有确定的非线性函数关系，或称曲线函数关系。此时 $|r| < 1$，并不等于 1，这是因为简单相关系数只反映两个变量间的线性关系，并不能反映变量间的非线性关系。因而，即使 $r = 0$，也不能说明 x 与 y 无任何关系。

当变量 x 与 y 之间有线性统计关系时，$0 < |r| < 1$，如图 2-4 中 (e)、(f) 所示。统计学中主要研究这种非确定性的统计关系。图 (e) 表示 x 与 y 正线性相关，图 (f) 表示 x 与 y 负线性相关。我们在实际问题中经常遇到的是这两种情况。

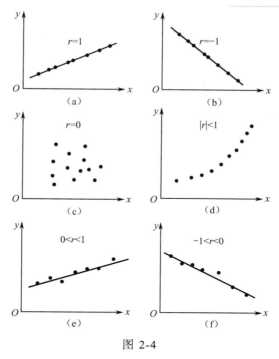

图 2-4

由式（2.57）和回归系数 $\hat{\beta}_1$ 的表达式可得

$$r = \frac{L_{xy}}{\sqrt{L_{xx}L_{yy}}} = \hat{\beta}_1 \sqrt{\frac{L_{xx}}{L_{yy}}} \tag{2.58}$$

由式（2.58）可以得到一个很有用的结论，即一元线性回归的回归系数 $\hat{\beta}_1$ 的符号与相关系数 r 的符号相同。

这里需要指出的是，相关系数有个明显的缺点，就是它接近 1 的程度与数据组数 n 有关，这样容易给人一种假象。因为当 n 较小时，相关系数的绝对值容易接近 1；当 n 较大时，相关系数的绝对值容易偏小。特别是当 $n = 2$ 时，相关系数的绝对值总为 1。因此在样本量 n 较小时，我们仅凭相关系数较大就说变量 x 与 y 之间有密切的线性关系，就显得过于草率。在第 3 章多元线性回归中还将进一步讨论这个问题。

本书附录中有相关系数的检验表，表中是相关系数绝对值的临界值。当我们计算的变量 x 与 y 的相关系数的绝对值大于表中之值时，才可以认为 x 与 y 有线性关系。通常如果 $|r|$ 大于表中 $\alpha = 5\%$ 对应的值，但小于表中 $\alpha = 1\%$ 对应的值，称 x 与 y 有显著的线性关系；如果 $|r|$ 大于表中 $\alpha = 1\%$ 对应的值，称 x 与 y 有高度显著的线性关系；如果 $|r|$ 小于表中 $\alpha = 5\%$ 对应的值，就认为 x 与 y 没有明显的线性关系。

另外，相关系数的检验也可以利用统计量

$$t = \frac{\sqrt{n-2}r}{\sqrt{1-r^2}} \tag{2.59}$$

该统计量服从自由度为 n-2 的 t 分布，因此当 $|t| > t_{\alpha/2}(n-2)$ 时，拒绝原假设，认为 y 与 x 的简单相关系数显著不为零。另外，也可以计算 t 统计量对应的 P 值做检验，P 值的计算公式见式(2.54)。

式(2.57)的相关系数 r 是用样本计算的，也称为样本相关系数。假设我们观测了变量对 (x, y) 的所有取值，此时计算出的相关系数称为总体相关系数，记作 ρ，它反映两变量之间的真实相关程度。样本相关系数 r 是总体相关系数 ρ 的估计值，这个估计值是有误差的。

一般来说，可以将两变量间相关程度的强弱分为以下几个等级：当 $|\rho| \geqslant 0.8$ 时，视为高度相关；当 $0.5 \leqslant |\rho| < 0.8$ 时，视为中度相关；当 $0.3 \leqslant |\rho| < 0.5$ 时，视为低度相关；当 $0 < |\rho| < 0.3$ 时，表明两个变量之间的相关程度极弱，在实际应用中可视为不相关；当 $\rho = 0$ 时，两个变量不相关。

以上三种检验均有明确的计算公式，可以进行手工计算，但在计算机高速发展的今天，许多手工工作都已经被计算机所取代，并且很多有关多元回归的复杂计算不可能手工完成，因此本书的计算工作都是用统计软件 R 来完成的。我们会结合例题对相关的统计软件的使用方法做简要介绍。

2.4.4 用 R 软件进行计算

目前，可以进行统计计算的软件种类非常多，其中被广泛使用的有 SPSS、SAS、R 软件等。SPSS 软件操作界面友好，输出结果美观，它将几乎所有的功能都以统一、规范的界面展示出来，虽然便于掌握，但其所能实现的功能不够齐全。SAS 软件功能较齐全，但价格比较贵，且其帮助系统差，查询不太容易，需要一定的编程语言学习，对于基础统计课程的学习使用不够方便。R 软件是一款开源免费的统计计算软件，它有UNIX、LINUX、MacOS 和 WINDOWS 版本，都可以免费下载和使用，在 R 软件的主页可以下载到 R 软件的安装程序、各种外挂程序包和文档。该软件功能非常齐全，而且资源公开，有许多使用方便的函数包，几乎涵盖了全部的统计分析方法，因此该软件获得越来越多的青睐。

R 是一套集数据处理、计算和绘图于一体的完整的软件系统。由于 R 语言是一种解释性的编程语言，即不需要编译即可执行代码，而且 R 软件有完善的帮助系统，通过 help 命令可以随时了解各函数的使用方法。因此，对初学者来说 R 语言极为容易实现快速入门。另外，R 软件具有强大的绘图系统，使得数据的可视化和图形文件的存储极为便捷。本书所涉及的计算主要使用基于 Windows 系统的 R 软件(R4.3.0 版本)，下面利用例 2-1 来简要介绍 R 软件的使用方法。

1. R 软件读取数据

以例 2-1 火灾损失数据的例子来介绍一下 R 软件是如何读取数据的。

方法一：打开 R 软件，在主窗口中直接输入命令，如下所示：

```
x<-c(3.4,1.8,4.6,2.3,3.1,5.5,0.7,3.0,2.6,4.3,2.1,1.1,6.1,4.8,3.8)
#生成数值向量 x 并赋予距消防站距离的数据
y<-c(26.2,17.8,31.3,23.1,27.5,36.0,14.1,22.3,19.6,31.3,24.0,17.3,
43.2,36.4,26.1)            #生成数值向量 y 并赋予火灾损失的数据
> mean(x)                   #计算变量 x 的均值
[1] 3.28
> sd(x)                     #计算变量 x 的标准差
[1] 1.576252
```

其中，#号代表注释语句字符，它后面的语句为注释语句，主要是为了增强代码的可读性。<-是赋值号，也可用=代替。c()为用来创建向量的函数，其中向量是用于存储数值型、字符型等数据的一维数组；矩阵为二维数组，可通过函数 matrix()来创建，而多维数组使用 array()函数创建。mean()和 sd()分别为计算变量均值和标准差的函数。

使用直接输入数据的方法在数据量小时很方便，但当数据量较大时，一般先通过其他方式存储数据，例如记事本或 Excel 文件等。R 软件可以读取多种格式的数据文件，其中最常用的是使用函数read.table()读取表格形式的数据文件并将其创建成数据框(可以包含不同类型数据的数据结构)。

方法二：使用 read.table(file,head= ,sep="delimiter")函数读取数据。其中，file 是一个带分隔符的文本文件，如.txt 文件和.csv 文件；head 的取值为 TURE 或 FALSE，sep 用来指定分隔符的类型，默认为 sep=" "，表示分隔符为一个或多个空格、制表符、换行符或回车符。另外，.csv 的文件也可用函数 read.csv()函数来读取。

```
      x      y
01   3.4   26.2
02   1.8   17.8
03   4.6   31.3
04   2.3   23.1
05   3.1   27.5
```

若例 2-1 火灾损失的数据以上述格式输入 fire.txt 文件中并存储在 D 盘，则读取该数据的代码为：

```
fire<-read.table("D:/fire.txt",head=TRUE)
```

其中，head=TRUE 表示所读数据的第一行为变量名，否则将第一行视为数据。当数据中没有变量名时，直接使用 read.table("文件存储目录")即可，此时 head 的默认取值为 FALSE。

另外，也可选择使用命令 read.table(file.choose(),head=TRUE)，通过弹出的对话框来选择文件的位置，以免去记忆和书写路径的麻烦，而且可以避免因数据文件移动带来的错误。

对于 excel 文件，R 软件是无法直接读取的，通常可把文件转为文本文件(制表符分隔)或转为 CSV(逗号分隔)文件，然后使用上述方法读入数据，或者也可以加载 xlsx 等包来读取 xls、xlsx 文件，但是相比其他形式可能不太方便。

除此之外，R 软件还可以读入 Minitab、S-PLUS、SAS、SPSS、Stata 等数据文件，但必须先加载 foreign 包，相应代码为：library(foreign)。

对于上述的代码，如果希望将其保存在文件中方便以后调用，可以创建一个脚本文件。脚本文件的创建方法为，单击 File→ New Script，在创建的新脚本文件中输入计算代码，最后退出 R 软件时保存脚本文件即可，下次需要使用此脚本文件时，单击 File→ Open Script。

2．使用 R 软件对例 2-1 做回归分析

（1）建立线性回归方程

在 R 软件中建立线性回归方程使用的是 lm() 函数，代码如下：

```
lm2.1<-lm(y~x)        #以 y 为因变量 x 为自变量建立回归方程,并将结果赋给 lm2.1,
其中默认回归方程是包含截距项的，如果是 lm(y~x-1)，则不包含截距项
summary(lm2.1)        #输出回归分析的结果
```

summary() 函数用于显示 lm2.1 中的详细内容，其中包括残差的最大最小值、四分位数、中位数、回归系数估计值及其相应的标准差、显著性检验的 t 值和 P 值，以及 F 检验的 F 值和 P 值，具体输出结果如下所示。

输出结果 2.1

```
Call:
lm(formula = y ~ x)
Residuals:
 Min         1Q        Median     3Q         Max
-3.4682     -1.4705    -0.1311    1.7915     3.3915
Coefficients:
            Estimate   Std.Error   t value   Pr(>|t|)
(Intercept) 10.2779    1.4203      7.237     6.59e-06 ***
x           4.9193     0.3927      12.525    1.25e-08 ***
---
Signif. codes:  0 '***' 0.001 '**' 0.01 '*' 0.05 '.' 0.1 ' ' 1

Residual standard error: 2.316 on 13 degrees of freedom
Multiple R-squared:0.9235,Adjusted R-squared: 0.9176
F-statistic: 156.9 on 1 and 13 DF,p-value: 1.248e-08
```

输出结果 2.1 中，Intercept 是截距，即回归常数项 β_0，Estimate 列是回归系数的估计值，$\hat{\beta}_0 = 10.278$，$\hat{\beta}_1 = 4.919$。这与例 2-1 的手工计算结果基本一致，个别数据小数

点后两位有所不同属于舍入误差所致。另外，$\hat{\beta}_0$ 的标准差 $\sqrt{\text{var}(\hat{\beta}_0)}$ = 1.420，$\hat{\beta}_1$ 的标准差 $\sqrt{\text{var}(\hat{\beta}_1)}$ = 0.393。式 (2.52) 的 t 值为 12.525，它等于 4.919/0.393。取显著性水平 $\alpha = 0.05$，自由度为 $n-2 = 15-2 = 13$，查 t 分布表得临界值 $t_{\alpha/2}(13) = 2.160$，由 $|t| = 12.525 >$ 2.160 可知，应拒绝原假设 H_0：$\beta_1 = 0$，认为火灾损失 y 对距消防站距离 x 的一元线性回归效果显著。

对回归系数的显著性检验也可以直接使用 P 值，由输出结果 2.1 中 $\text{Pr}(>|t|)$ 所对应列中 $\hat{\beta}_1$ 的显著性检验的 P 值 1.248e-08<0.05 可知，应该拒绝原假设，认为回归系数显著。

（2）输出方差分析表

上述结果只给出了 F 值，并未给出方差分析表，而得到方差分析表的代码为：

```
anova(lm2.1)
```

相应的输出结果如下：

输出结果 2.2

```
                    Analysis of Variance Table
      Response: y
                Df      Sum Sq      Mean Sq      F value     Pr(>F)
      x          1      841.77      841.77       156.89      1.248e-08 ***
      Residuals 13      69.75       5.37

      ---
      Signif. codes:  0 '***' 0.001 '**' 0.01 '*' 0.05 '.' 0.1 ' ' 1
```

ANOVA 表示 Analysis of Variance，即方差分析，由结果可看出，回归平方和 SSR= 841.77，残差平方和 SSE=69.75。另外，根据 F 值=156.89，P 值=1.248 e-08 可知，回归方程是显著的。

（3）计算相关系数并检验其显著性

对变量 x 和 y 的相关系数进行计算，代码如下：

```
cor(x,y,method="pearson")
```

其中，方法 method 可选 pearson、kendall 以及 spearman，默认为 pearson，此处需要计算的相关系数即为皮尔逊 (pearson) 相关系数。由以上代码计算得相关系数为 0.961。另外，检验相关系数显著性的代码为：

```
cor.test(x,y,alternative="two.sided",method="pearson",conf.level=
0.95)
```

其中 alternative 选项可选 two.sided、less 和 greater，分别代表双侧检验、左侧检验和右侧检验。其默认值为 two.sided。检验相关系数显著性的结果如下：

输出结果 2.3

```
                    Pearson's product-moment correlation
data: x and y
t = 12.5254,        df = 13,        p-value = 1.248e-08
alternative hypothesis: true correlation is not equal to 0
95 percent confidence interval:
 0.8837722    0.9872459
sample estimates:
      cor
0.9609777
```

从结果 2.3 可看到，相关系数检验的备择假设为真实的相关系数（即为 ρ）不等于 0，由此可知该检验并非检验变量间相关程度的强弱，而是检验相关系数是否为 0。由以上结果中看到，P 值近似为零，故拒绝原假设，即 y 与 x 的简单相关系数显著不为零。另外，由样本量 $n=15$ 和相关系数 $r=0.961$，可说明距消防站的距离同火灾损失之间有高度显著的线性依赖关系。

在实际应用中，我们往往只能得到样本相关系数 r，而无法得到总体相关系数 ρ。用样本相关系数 r 判定两变量间相关程度的强弱时一定要注意样本量的大小，只有当样本量较大时用样本相关系数 r 判定两变量间相关程度的强弱才令人信服。

需要正确区分相关系数显著性检验与相关程度强弱的关系，相关系数的 t 检验显著只是表示总体相关系数 ρ 显著不为零，并不能表示相关程度高。如果有 A，B 两位同学，A 同学计算出 $r=0.8$，但是显著性检验没有通过；B 同学计算出 $r=0.1$，而声称此相关系数高度显著，你能肯定这两位同学都出错了吗？这个问题的回答同样与样本量有关。观察检验统计量式（2.59），可以看到 t 值不仅与样本相关系数 r 有关，而且与样本量 n 有关，对同样的相关系数 r，样本量 n 大时 $|t|$ 就大，样本量 n 小时 $|t|$ 就小。实际上，对任意固定的非零的 r 值，只要样本量 n 充分大就能使 $|t|$ 足够大，从而得到相关系数高度显著的结论。明白这个道理后你就会相信 A，B 两位同学说的都可能是正确的。

在样本量充分大时，可以把样本相关系数 r 作为总体相关系数 ρ，而不必关心显著性检验的结果。你所需要做的事情是结合数据的实际背景判定这样一个 r 值是表示高度相关、中度相关、低度相关，还是视为不相关。前面提到，当 $|\rho|<0.3$ 时可视为不相关，果真是这样吗？如果你被告知，食用含有苏丹红的食品与患癌症之间的相关系数只有 0.2，你是否就可以放心地食用这些食品？如果你得知食用某保健品与健康长寿的相关系数只有 0.2，你是否打算拒绝这种保健品？

2.4.5 三种检验的关系

前面介绍了回归系数显著性的 t 检验、回归方程显著性的 F 检验、相关系数的显著性检验。那么这三种检验之间是否存在一定的关系？答案是肯定的。对一元线性回归，这三种检验的结果是完全一致的。可以证明，回归系数显著性的 t 检验与相关系数的显著性检验是完全等价的，式 (2.52) 与式 (2.59) 是相等的，而式 (2.56) 的 F 统计量则是这两个 t 统计量的平方。因而对一元线性回归实际只需要做其中的一种检验即可。然而，对多元线性回归这三种检验所考虑的问题不同，所以并不等价，是三种不同的检验。

2.4.6　样本决定系数

由回归平方和与残差平方和的意义我们知道，如果在总离差平方和中回归平方和所占的比重越大，则线性回归效果越好，这说明回归直线与样本观测值的拟合优度越高；如果残差平方和所占的比重大，则回归直线与样本观测值拟合得就不理想。这里把回归平方和与总离差平方和之比定义为决定系数（Coefficient of Determination），也称为判定系数、确定系数，记为 r^2，即

$$r^2 = \frac{\text{SSR}}{\text{SST}} = \frac{\sum\limits_{i=1}^{n}(\hat{y}_i - \overline{y})^2}{\sum\limits_{i=1}^{n}(y_i - \overline{y})^2} \tag{2.60}$$

由关系式

$$\sum_{i=1}^{n}(\hat{y}_i - \overline{y})^2 = \hat{\beta}_1^2 \sum_{i=1}^{n}(x_i - \overline{x})^2 \tag{2.61}$$

可以证明式 (2.60) 的 r^2 正好是式 (2.57) 中相关系数 r 的平方。即

$$r^2 = \frac{\text{SSR}}{\text{SST}} = \frac{L_{xy}^2}{L_{xx}L_{yy}} = (r)^2 \tag{2.62}$$

决定系数 r^2 是一个反映回归直线与样本观测值拟合优度的相对指标，是因变量的变异中能用自变量解释的比例。其数值在 0～1 之间，可以用百分数表示。如果决定系数 r^2 接近 1，说明因变量不确定性的绝大部分能由回归方程解释，回归方程拟合优度高；反之，如果 r^2 不大，说明回归方程的效果不好，应进行修改，可以考虑增加新的自变量或者使用曲线回归。需要注意以下几个方面：

第一，当样本量较小时，与前面在讲述相关系数时所强调的一样，此时即使得到一个大的决定系数，这个决定系数也很可能是虚假现象。为此，可以结合样本量和自变量个数对决定系数做调整，计算调整的决定系数。具体计算方法在 5.2 节中讲述。

第二，即使样本量并不小，决定系数很大，例如 0.9，也不能肯定自变量与因变量之间的关系就是线性的，这是因为有可能曲线回归的效果更好。尤其是当自变量的取值范围很窄时，线性回归的效果通常较好，这样的线性回归方程是不能用于外推预测

的。可以用模型失拟检验(lack of fit test)来判定因变量与自变量之间的真实函数关系到底是线性关系还是曲线关系，如果是曲线关系到底是哪一种曲线关系。这种检验需要对自变量有重复观测数据，而经济数据建模通常不能得到重复观测，这时可以用 2.5 节介绍的残差分析方法来判定回归方程的正确性。

第三，当你算出一个很小的决定系数 r^2，例如 $r^2 = 0.1$ 时，与相关系数的显著性检验相似，这时如果样本量 n 不大，就会得到线性回归不显著的检验结论，而在样本量 n 很大时，就会得出线性回归显著的结论。不论检验结果是否显著，这时都应该尝试改进回归的效果，例如增加自变量，改用曲线回归等。

对例 2-1 火灾损失的数据，输出结果 2.1 中的 R Square 即为决定系数 r^2，其值为 $r^2 = 0.924 = (0.961)^2$，表明 y 值与 $\bar{y}$ 的偏离的平方和中占 92.4%的部分可以通过距消防站距离 x 来解释，这也说明了 y 与 x 之间高度的线性相关关系。

2.4.7 关于 P 值的讨论

在上述计算中，我们发现使用 P 值对检验结果进行判定非常方便，而且人们在阅读一些专业文献，尤其是化学实验、医学报告、社会调查研究报告时，经常会见到一个被称作 P 值的量作为他们研究结果的一部分。国际通用的几种统计软件如 SPSS，SAS，R，MINITAB 等在某些计算的结果中也都有一个 P 值。P 值实际上是一个与统计假设检验相联系的概率。

1．P 值的意义

P 值就是在原假设成立的情况下，所得到的样本观察结果或更极端结果出现的概率，从而 P 值即为否定 H_0 的最低显著性水平。P 值的大小依赖于三个条件：所用的检验统计量，检验统计量计算值的大小和备择假设是单边假设还是双边假设。我们常设定显著性水平为 0.05 或 0.01，当 P 值小于 0.05 或 0.01 时，就可以说在 0.05 或 0.01 的显著性水平下拒绝原假设，并且称检验为显著的或极显著的。当计算机输出结果有了 P 值后，一般不必去查相关的统计检验表，就可对检验原假设做出相应决策。

2．关于 P 值的争议

假设检验统计量为 $T(X)$（通常 $T(X)$ 的分布和参数无关），根据样本 x 可计算出 $T(x)$，不妨设某检验的拒绝域为 $W = \{X : T(X) \geqslant T(x)\}$，则 P 值是在 H_0 成立的条件下事件 $T(X) \geqslant T(x)$ 的概率，即 $p = P\{T(X) \geqslant T(x)|H_0 成立\}$，它不等同于在样本数据给定的情况下 H_0 成立的概率。给定样本数据下 H_0 成立的概率是贝叶斯检验中 H_0 的后验概率，可用条件概率表达为 $P\{H_0 成立|x\} = \alpha_0$，后验概率的计算需要假定参数的先验分布。

相对于 P 值，后验概率 α_0 更有意义。例如，某医学检查能够使得 99%的肝癌患者被正确诊断为阳性(生病)，现某人的检查结果呈阳性，此时更受到关注的是该人被诊

断为阳性的条件下实际上是肝癌患者的概率。不妨记事件 A 为"被检查者患有肝癌"，假设没有患肝癌的人其化验结果 99.9%呈阴性（无病），肝癌的发病率为 0.000 4。由贝叶斯公式计算可得：$P\{A|诊断为阳性\} = 28.4\%$。其中，"被诊断为阳性"相当于实际抽样结果，$P\{A|诊断为阳性\}$ 相当于 $P\{H_0成立|x\}$。此处后验概率为 28.4%，其值远小于 99%，说明 P 值和后验概率 α_0 的大小不一定协调一致。由此可知，P 值较小时，后验概率 α_0 不一定小，那么 P 值在假设检验中是否能真实地反映假设的真伪？因此，P 值检验方法受到了争议，并且在医学等研究中颇受关注，主要原因在于利用 P 值进行检验时，检验结果极显著的实验在被多次重复时却不能成功。

早在 20 世纪 60 年代，Lindley 等指出：当样本量足够大时，α_0 可以趋于 1，而 P 值接近于 0，即利用 P 值检验和贝叶斯检验得到的结论相悖，因此也被称做 Lindley 悖论。该悖论引起了研究者的广泛关注，因为贝叶斯检验中后验概率的计算是需要先假定先验分布的，并且先验分布的不同会严重影响后验概率的大小，而先验分布的假定没有任何理论依据，这就引起了经典假设检验与贝叶斯假设检验的重要争议，至今两者观点仍未达成一致。但有一点共识是：P 值一般过于高估拒绝 H_0 的证据，尤其在大样本情况下更容易出现显著差异，抽样结果与 H_0 的微小差别，就能得到一个极小的 P 值。对于某些实验数据量通常较大的学科，若依旧选择 0.05 作为显著性水平，P 值检验可能就失去了意义。在这种情况下，某些学科会调整显著性水平，如物理学中就要求 $P < 0.000\ 06\%$时才能被认为显著；临床医学和新药开发中也都要求显著性水平很小。由于显著性水平只是人为的设定，具有较大的主观性，因此使用 P 值检验法依旧不能较好的判定假设是否为真，此时贝叶斯检验方法较 P 值检验法具有一定的优越性。

另外，P 值检验法亦存在其他的不足之处：P 值是假定原假设成立时关于数据的概率，而非原假设成立的概率的估计值，而后者更有意义；对于分布函数非对称的双侧检验，P 值的定义不唯一；对于多重假设检验问题，无法使用 P 值检验法。对于上述问题，我们可以考虑使用贝叶斯检验方法。

在实际应用中，除了需要根据情况选择合适的检验方法，得到统计学上有意义的结论，还应考虑结论是否具有实际的理论意义。

2.5　残差分析

一个线性回归方程通过了 t 检验或 F 检验，只是表明变量 x 与 y 之间的线性关系是显著的，或者说线性回归方程是有效的，但不能保证数据拟合得很好，也不能排除由于意外原因而导致的数据不完全可靠，比如有异常值出现、周期性因素干扰等。只有当与模型中的残差项有关的假定满足时，我们才能放心地运用回归模型。因此，在利用回归方程做分析和预测之前，应该用残差图帮助我们诊断回归效果与样本数据的质量，检查模型是否满足基本假定，以便对模型做进一步的修改。

2.5.1 残差与残差图

残差 $e_i = y_i - \hat{y}_i$ 的定义已由式 (2.16) 给出，n 对数据产生 n 个残差值。残差是实际观测值 y 与通过回归方程给出的回归值之差，残差 e_i 可以看作误差项 ε_i 的估计值。残差 $e_i = y_i - \hat{y}_i = y_i - \hat{\beta}_0 - \hat{\beta}_1 x_i$，误差项 $\varepsilon_i = y_i - \beta_0 - \beta_1 x_i$，比较两个表达式可以正确区分残差 e_i 与误差项 ε_i 的异同。

以自变量 x 做横轴（或以因变量回归值 $\hat{y}$ 做横轴），以残差做纵轴，将相应的残差点画在直角坐标系上，就可得到残差图，残差图可以帮助我们对数据质量做一些分析。图 2-5 给出了一些常见的残差图，这些残差图各不相同，它们分别说明样本数据的不同表现情况。

一般认为，如果一个回归模型满足所给出的基本假定，所有残差应在 $e = 0$ 附近随机变化，并在变化幅度不大的一个区域内，见图 2-5(a) 的情况。反之，这种情况的残差图表明回归模型满足基本假设。

图 2-5(b) 的情况表明 y 的观测值的方差并不相同，而是随着 x 的增加而增加。这种方差不同的情况的处理将专门在第 4 章中详细讨论。

图 2-5(c) 的情况表明 y 和 x 之间的关系并非线性关系，而是曲线关系。这就需考虑用另外的曲线方程去拟合样本观测值 y。另外一种可能性是 y 存在自相关。

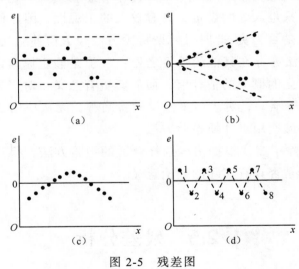

图 2-5　残差图

图 2-5(d) 的情形称为蛛网现象，表明 y 存在自相关。

下面对例 2-1 的火灾损失数据做残差分析，首先计算残差。R 软件中计算残差的函数为 resid()，对于上述已经建立好的回归模型 lm2.1，在命令窗口中输入以下代码：

```
e<-resid(lm2.1,digits = 5)      #将残差赋值给变量 e，并保留小数点后 5 位
e                               #在窗口中显示 e 的值
```

由此得到火灾损失数据的残差，见表 2-4，另外表中 ZRE 和 SRE 分别为标准化残差和学生化残差，具体计算公式会在后面部分介绍。

表 2-4　火灾损失数据的残差

序　号	x	y	$\hat{y}$	e	ZRE	SRE
1	3.4	26.2	27.003 65	−0.803 65	−0.347 000	−0.359 206
2	1.8	17.8	19.132 72	−1.332 72	−0.575 442	−0.616 718
3	4.6	31.3	32.906 85	−1.606 85	−0.693 804	−0.738 129
4	2.3	23.1	21.592 39	1.507 61	0.650 955	0.683 893
5	3.1	27.5	25.527 85	1.972 15	0.851 531	0.881 727
6	5.5	36.0	37.334 25	−1.334 25	−0.576 100	−0.647 392
7	0.7	14.1	13.721 46	0.378 54	0.163 446	0.189 721
8	3.0	22.3	25.035 92	−2.735 92	−1.181 313	−1.224 071
9	2.6	19.6	23.068 19	−3.468 19	−1.497 491	−1.560 975
10	4.3	31.3	31.431 05	−0.131 05	−0.056 585	−0.059 524
11	2.1	24.0	20.608 52	3.391 48	1.464 368	1.549 123
12	1.1	17.3	15.689 19	1.610 81	0.695 513	0.779 096
13	6.1	43.2	40.285 85	2.914 15	1.258 270	1.498 661
14	4.8	36.4	33.890 72	2.509 28	1.083 456	1.163 480
15	3.8	26.1	28.971 39	−2.871 39	−1.239 804	−1.288 504

计算出残差后，以自变量 x 为横轴，以残差 e 为纵轴画散点图即可得到残差图。图 2-6 是用 R 软件画出的火灾损失数据的残差图，图中两条虚线分别代表 $e = \pm 2\hat{\sigma}$，其中由输出结果 2.1 知 $\hat{\sigma} = 2.316$。从残差图上看出，残差是围绕 $e = 0$ 随机波动的，从而可以判定模型的基本假定是满足的。

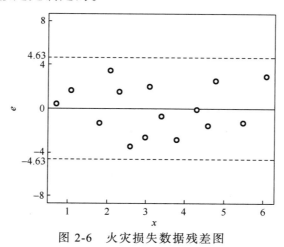

图 2-6　火灾损失数据残差图

2.5.2　有关残差的性质

性质 1　$E(e_i) = 0$

证明：$E(e_i) = E(y_i) - E(\hat{y}_i) = (\beta_0 + \beta_1 x_i) - (\beta_0 + \beta_1 x_i) = 0$

性质 2

$$\text{var}(e_i) = \left[1 - \frac{1}{n} - \frac{(x_i - \overline{x})^2}{L_{xx}}\right]\sigma^2 = (1 - h_{ii})\sigma^2 \qquad (2.63)$$

式 (2.63) 中，$h_{ii} = \dfrac{1}{n} + \dfrac{(x_i - \overline{x})^2}{L_{xx}}$，称为杠杆值，$0 < h_{ii} < 1$。当 x_i 靠近 $\overline{x}$ 时，h_{ii} 的值接近 0，相应的残差方差就大。当 x_i 远离 $\overline{x}$ 时，h_{ii} 的值接近 1，相应的残差方差就小。也就是说，靠近 $\overline{x}$ 附近的点相应的残差方差较大，远离 $\overline{x}$ 附近的点相应的残差方差较小，这条性质可能令读者感到意外。实际上，远离 $\overline{x}$ 的点数目必然较少，回归线容易"照顾"到这样的少数点，使得回归线接近这些点，因而远离 $\overline{x}$ 附近的 x_i 相应的残差方差较小。

性质 3 残差满足约束条件：$\displaystyle\sum_{i=1}^{n} e_i = 0$，$\displaystyle\sum_{i=1}^{n} x_i e_i = 0$，此关系式已在式 (2.27) 中给出。这表明残差 $e_1, e_2, \cdots, e_n$ 是相关的，不是独立的。

2.5.3　改进的残差

在残差分析中，一般认为超过 $\pm 2\hat{\sigma}$ 或 $\pm 3\hat{\sigma}$ 的残差为异常值，考虑到普通残差 e_1，$e_2, \cdots, e_n$ 的方差不等，用 e_i 做判断和比较会带来一定的麻烦，因此人们引入标准化残差和学生化残差的概念，以改进普通残差的性质，分别定义如下：

标准化残差

$$\text{ZRE}_i = \frac{e_i}{\hat{\sigma}} \qquad (2.64)$$

学生化残差

$$\text{SRE}_i = \frac{e_i}{\hat{\sigma}\sqrt{1 - h_{ii}}} \qquad (2.65)$$

标准化残差使残差具有可比性，$|\text{ZRE}_i| > 3$ 的相应观测值即判定为异常值，这简化了判定工作，但是没有解决方差不等的问题。学生化残差则进一步解决了方差不等的问题，因而在寻找异常值时，用学生化残差优于用普通残差，认为 $|\text{SRE}_i| > 3$ 的相应观测值为异常值。学生化残差的构造公式类似于 t 检验公式，而 t 分布则是 Student（学生）分布的简称，因而把式 (2.65) 称为学生化残差。在第 4 章我们还将介绍删除残差与删除学生化残差。

使用 R 语言计算火灾损失数据的标准化残差与学生化残差的代码为：

```
ZRE<-e/2.316              #计算标准化残差
SRE<-rstandard(lm2.1)     #计算学生化残差
```

其中，标准化残差利用式 (2.64) 来计算，$\hat{\sigma}$ 的值为输出结果 2.1 的残差标准误（residual standard error）等于 2.316，而计算学生化残差的函数为 rstandard()。另外，该火灾数据的标准化残差与学生化残差的结果已经列于表 2-4 中。

2.6 回归系数的区间估计

当我们用最小二乘法得到 β_0, β_1 的点估计后，在实际应用中往往还希望给出回归系数的估计精度，即给出其置信水平为 $1-\alpha$ 的置信区间。换句话说，就是分别给出以 $\hat{\beta}_0$ 和 $\hat{\beta}_1$ 为中心的一个区间，这个区间以 $1-\alpha$ 的概率包含参数 β_0, β_1。置信区间的长度越短，说明估计值 $\hat{\beta}_0, \hat{\beta}_1$ 与 β_0, β_1 接近的程度越高，估计值就越精确；置信区间的长度越长，说明估计值 $\hat{\beta}_0, \hat{\beta}_1$ 与 β_0, β_1 接近的程度越低，估计值就越不精确。

在实际应用中，我们主要关心回归系数 $\hat{\beta}_1$ 的精度，因而这里只推导 $\hat{\beta}_1$ 的置信区间。根据式 (2.44) $\hat{\beta}_1 \sim N\left(\beta_1, \dfrac{\sigma^2}{L_{xx}}\right)$ 可得

$$t = \frac{\hat{\beta}_1 - \beta_1}{\sqrt{\hat{\sigma}^2 / L_{xx}}} = \frac{(\hat{\beta}_1 - \beta_1)\sqrt{L_{xx}}}{\hat{\sigma}} \tag{2.66}$$

服从自由度为 $n-2$ 的 t 分布。因而

$$P\left(\left|\frac{(\hat{\beta}_1 - \beta_1)\sqrt{L_{xx}}}{\hat{\sigma}}\right| < t_{\alpha/2}(n-2)\right) = 1-\alpha \tag{2.67}$$

式 (2.67) 等价于

$$P\left(\hat{\beta}_1 - t_{\alpha/2}\frac{\hat{\sigma}}{\sqrt{L_{xx}}} < \beta_1 < \hat{\beta}_1 + t_{\alpha/2}\frac{\hat{\sigma}}{\sqrt{L_{xx}}}\right) = 1-\alpha \tag{2.68}$$

即得 β_1 的置信度为 $1-\alpha$ 的置信区间为

$$\left(\hat{\beta}_1 - t_{\alpha/2}\frac{\hat{\sigma}}{\sqrt{L_{xx}}}, \hat{\beta}_1 + t_{\alpha/2}\frac{\hat{\sigma}}{\sqrt{L_{xx}}}\right) \tag{2.69}$$

在 R 软件中使用函数 lm() 得到的回归结果中，并没有给出回归系数的置信区间，confint() 为得到回归系数的区间估计的函数，其默认的置信度为 95%，若需要设置其他的置信度如 0.9，则只需要在函数体中加入语句 level = 0.9 即可。例 2-1 的回归系数的置信度为 95% 的置信区间的计算代码为：confint(lm2.1)，由输出结果得到，β_0 和 β_1 的置信度为 95% 的置信区间分别为 (7.210, 13.346) 和 (4.071, 5.768)。

2.7 预测和控制

建立回归模型的目的是应用，而预测和控制是回归模型最重要的应用。下面我们

专门讨论回归模型在预测和控制方面的应用。

2.7.1　单值预测

单值预测就是用单个值作为因变量新值的预测值。比如我们研究某地区小麦亩产量 y 与施肥量 x 的关系时，在 n 块面积为 1 亩的地块上各施肥 x_i(kg)，最后测得相应的产量 y_i，建立回归方程 $\hat{y}_i = \hat{\beta}_0 + \hat{\beta}_1 x_i$。当某农户在 1 亩地块上施肥 $x = x_0$ 时，该地块预期的小麦产量为

$$\hat{y}_0 = \hat{\beta}_0 + \hat{\beta}_1 x_0$$

此即因变量新值 $y_0 = \beta_0 + \beta_1 x_0 + \varepsilon_0$ 的单值预测。这里预测目标 y_0 是一个随机变量，因而这个预测不能用普通的无偏性来衡量。根据式 (2.40) $E(\hat{y}_0) = E(y_0) = \beta_0 + \beta_1 x_0$ 可知，预测值 $\hat{y}_0$ 与目标值 y_0 有相同的均值。

2.7.2　区间预测

以上的单值预测 $\hat{y}_0$ 只是这个地块小麦产量的大概值。仅知道这一点意义并不大，对于预测问题，除了知道预测值，还希望知道预测的精度，这就需要做区间预测，也就是给出小麦产量的一个预测值范围。给一个预测值范围比只给出单个值 $\hat{y}_0$ 更可信，这个问题也就是对于给定的显著性水平 α，找一个区间 (T_1, T_2)，使对应于某特定的 x_0 的实际值 y_0 以 $1-\alpha$ 的概率被区间 (T_1, T_2) 包含，用公式表示就是

$$P(T_1 < y_0 < T_2) = 1 - \alpha \tag{2.70}$$

对因变量的区间预测又分为两种情况：一种是因变量新值的区间预测；另一种是因变量新值的平均值的区间预测。

1. 因变量新值的区间预测

为了给出新值 y_0 的置信区间，首先需要求出其估计值 $\hat{y}_0 = \hat{\beta}_0 + \hat{\beta}_1 x_0$ 的分布。由于 $\hat{\beta}_0$ 与 $\hat{\beta}_1$ 都是 $y_1, y_2, \cdots, y_n$ 的线性组合，因而 $\hat{y}_0 = \hat{\beta}_0 + \hat{\beta}_1 x_0$ 也是 $y_1, y_2, \cdots, y_n$ 的线性组合，在正态假定下 $\hat{y}_0 = \hat{\beta}_0 + \hat{\beta}_1 x_0$ 服从正态分布，其期望值为 $E(\hat{y}_0) = \beta_0 + \beta_1 x_0$，以下计算其方差，首先

$$\begin{aligned}
\hat{y}_0 &= \hat{\beta}_0 + \hat{\beta}_1 x_0 \\
&= \overline{y} - \hat{\beta}_1 \overline{x} + \hat{\beta}_1 x_0 \\
&= \sum_{i=1}^{n} \left[\frac{1}{n} + \frac{(x_i - \overline{x})(x_0 - \overline{x})}{L_{xx}} \right] y_i
\end{aligned} \tag{2.71}$$

因而有

$$\begin{aligned}
\operatorname{var}(\hat{y}_0) &= \sum_{i=1}^{n}\left[\frac{1}{n}+\frac{(x_i-\overline{x})(x_0-\overline{x})}{L_{xx}}\right]^2 \operatorname{var}(y_i) \\
&= \left[\frac{1}{n}+\frac{(x_0-\overline{x})^2}{L_{xx}}\right]\sigma^2
\end{aligned} \tag{2.72}$$

从而得

$$\hat{y}_0 \sim N\left(\beta_0+\beta_1 x_0,\left(\frac{1}{n}+\frac{(x_0-\overline{x})^2}{L_{xx}}\right)\sigma^2\right) \tag{2.73}$$

记

$$h_{00}=\frac{1}{n}+\frac{(x_0-\overline{x})^2}{L_{xx}} \tag{2.74}$$

为新值 x_0 的杠杆值，则上式简写为

$$\hat{y}_0 \sim N(\beta_0+\beta_1 x_0, h_{00}\sigma^2) \tag{2.75}$$

$\hat{y}_0$ 是先前独立观测到的随机变量 y_1，y_2，$\cdots$，y_n 的线性组合，现在小麦产量的新值 y_0 与先前的观测值是独立的，所以 y_0 与 $\hat{y}_0$ 是独立的。因而

$$\begin{aligned}
\operatorname{var}(y_0-\hat{y}_0) &= \operatorname{var}(y_0)+\operatorname{var}(\hat{y}_0) \\
&= \sigma^2+h_{00}\sigma^2
\end{aligned} \tag{2.76}$$

再由式（2.40）知 $E(y_0-\hat{y}_0)=0$，于是有

$$y_0-\hat{y}_0 \sim N(0,(1+h_{00})\sigma^2) \tag{2.77}$$

进而可知统计量

$$t=\frac{y_0-\hat{y}_0}{\sqrt{1+h_{00}}\hat{\sigma}} \sim t(n-2) \tag{2.78}$$

可得

$$P\left(\left|\frac{y_0-\hat{y}_0}{\sqrt{1+h_{00}}\hat{\sigma}}\right|\leqslant t_{\alpha/2}(n-2)\right)=1-\alpha \tag{2.79}$$

由此可以求得 y_0 的置信水平为 $1-\alpha$ 的置信区间为

$$\hat{y}_0 \pm t_{\alpha/2}(n-2)\sqrt{1+h_{00}}\hat{\sigma} \tag{2.80}$$

当样本量 n 较大，$|x_0-\overline{x}|$ 较小时，h_{00} 接近零，y_0 的置信度为 95% 的置信区间近似为

$$\hat{y}_0 \pm 2\hat{\sigma} \tag{2.81}$$

由式（2.80）可看到，对给定的显著性水平 α，样本量 n 越大，$L_{xx}=\sum\limits_{i=1}^{n}(x_i-\overline{x})^2$ 越大，x_0 越靠近 $\overline{x}$，则置信区间长度越短，此时的预测精度越高。所以，为了提高预测精度，样本量 n 应越大越好，采集数据 x_1，x_2，$\cdots$，x_n 不能太集中。在进行预测时，所给定的 x_0

不能偏离 $\bar{x}$ 太大，否则预测结果肯定不好；如果给定值 $x_0 = \bar{x}$，置信区间长度最短，这时的预测结果最好。因此，如果在自变量观测值之外的范围做预测，精度就较差。这种情况进一步说明当 x 的取值发生较大变化，即 $|x_0 - \bar{x}|$ 很大时，预测就不准。所以在做预测时一定要看 x_0 与 $\bar{x}$ 相差多大，相差太大，效果肯定不好。尤其是在经济问题的研究中做长期预测时，x 的取值 x_0 肯定与当时建模时采集样本的 $\bar{x}$ 相差很大。比如，我们用人均国民收入 1 000 元左右的数据建立的消费支出模型，只适合近期人均收入 1 000 元左右的消费支出预测，而若干年后人均国民收入增长幅度较大时，以及人的消费观念发生较大变化时，用原模型去做预测肯定不准。

2. 因变量新值的平均值的区间预测

式 (2.80) 给出的是因变量单个新值的置信区间，我们关心的另外一种情况是因变量新值的平均值的区间估计。对于前面提出的小麦产量问题，如果该地区的一大片麦地每亩施肥量同为 x_0，那么这一大片地小麦的平均亩产如何估计呢？这个问题就是要估计平均值 $E(y_0)$。根据式 (2.40)，$E(y_0)$ 的点估计仍为 $\hat{y}_0 = \hat{\beta}_0 + \hat{\beta}_1 x_0$，但是其区间估计却与因变量单个新值 y_0 的置信区间式 (2.80) 有所不同。由于 $E(y_0) = \beta_0 + \beta_1 x_0$ 是常数，由式 (2.73) 知

$$\hat{y}_0 - E(y_0) \sim N\left(0, \left(\frac{1}{n} + \frac{(x_0 - \bar{x})^2}{L_{xx}}\right)\sigma^2\right) \tag{2.82}$$

进而可得置信水平为 $1 - \alpha$ 的置信区间为

$$\hat{y}_0 \pm t_{\alpha/2}(n-2)\sqrt{h_{00}}\,\hat{\sigma} \tag{2.83}$$

用 R 软件可以直接计算出因变量单个新值 y_0 与平均值 $E(y_0)$ 的置信区间，在 R 语言中，因变量单个值的区间预测称为预测区间（Prediction Interval），因变量平均值的区间预测称为置信区间（Confidence Interval）。对例 2-1 的火灾损失数据，假设保险公司希望预测一个与最近的消防队的距离为 $x_0 = 3.5$ 公里的居民住宅失火的损失额，则其点估计和相应的置信水平为 95% 的预测区间和置信区间的计算代码及其运行结果如下：

```
new<-data.frame(x = 3.5)   #输入新值 3.5，此处必须以数据框的形式存储新点
ypred<-predict(lm2.1,new,interval = "prediction",level = 0.95)
#计算预测值及预测区间并赋给 ypred，此处 level = 0.95 可省略
yconf<-predict(lm2.1,new,interval = "confidence",level = 0.95)
#计算预测值及置信区间并赋给 yconf，此处 level = 0.95 也可省略
ypred                       #在窗口显示其值
yconf                       #在窗口显示其值
```

输出结果 2.4

```
> ypred
    fit        lwr        upr
1   27.49559   22.32394   32.66723
```

```
> yconf
      fit        lwr        upr
1  27.49559   26.1901    28.80107
```

由输出结果 2.4 可知，点估计值 $\hat{y}_0$ 以及置信水平为 95% 的置信区间为

点估计值 $\hat{y}_0$：27.496（千元）

单个新值：（22.324,32.667）

平均值 $E(y_0)$：（26.190,28.801）

用式 (2.81) 的近似公式计算单个新值置信水平为 95% 的近似置信区间为

$$(\hat{y}_0 - 2\hat{\sigma}, \hat{y}_0 + 2\hat{\sigma}) = (27.50 - 2 \times 2.316, 27.50 + 2 \times 2.316)$$
$$= (22.87, 32.13)$$

这个近似的置信区间与精确的置信区间 (22.32,32.67) 很接近。如果用手工计算，多数场合可以用近似区间。

2.7.3 控制问题

控制问题相当于预测的反问题，预测和控制有密切的关系。在许多经济问题中，我们要求 y 在一定的范围内取值。比如在研究近年的经济增长率时，我们希望经济增长能保持在 7%～9%；在控制通货膨胀问题时，我们希望全国零售物价指数增长在 5% 以内，等等。这些问题用数学表达式描述，即要求

$$T_1 < y < T_2$$

问题是如何控制 x 呢？对于前面谈到的经济问题，即如何控制影响经济增长和通货膨胀的最主要因素呢？在统计学中进一步要讨论如何控制自变量 x 的值才能以 $1 - \alpha$ 的概率保证把目标值 y 控制在 $T_1 < y < T_2$ 中，即

$$P(T_1 < y < T_2) = 1 - \alpha \tag{2.84}$$

式 (2.84) 中，α 是事先给定的小的正数，$0 < \alpha < 1$。

我们通常用近似的预测区间来确定 x。如果 $\alpha = 0.05$，根据式 (2.81)，可由不等式组

$$\begin{cases} \hat{y}(x) - 2\hat{\sigma} > T_1 \\ \hat{y}(x) + 2\hat{\sigma} < T_2 \end{cases} \tag{2.85}$$

求出 x 的取值区间，将 $\hat{y}(x) = \hat{\beta}_0 + \hat{\beta}_1 x$ 代入求得，即

当 $\hat{\beta}_1 > 0$ 时

$$\frac{T_1 + 2\hat{\sigma} - \hat{\beta}_0}{\hat{\beta}_1} < x < \frac{T_2 - 2\hat{\sigma} - \hat{\beta}_0}{\hat{\beta}_1} \tag{2.86}$$

当 $\hat{\beta}_1 < 0$ 时

$$\frac{T_2 - 2\hat{\sigma} - \hat{\beta}_0}{\hat{\beta}_1} < x < \frac{T_1 + 2\hat{\sigma} - \hat{\beta}_0}{\hat{\beta}_1} \tag{2.87}$$

控制问题的应用要求因变量 y 与自变量 x 之间有因果关系，经常用在工业生产的质量控制中，这方面的例子参见参考文献[7]。在经济问题中，经济变量之间有强相关性，形成一个综合的整体，因此仅控制回归方程中的一个或几个自变量，而忽视回归方程之外的其他变量，往往达不到预期的效果。

2.8　本章小结与评注

本章通过两个例子系统介绍了一元线性回归模型概念引入的实际背景，以及回归模型未知参数的估计、最小二乘估计的性质、回归方程的显著性检验、回归系数的区间估计、残差分析的基本概念和方法、回归模型的主要应用、预测和控制等问题。

一元线性回归模型虽然比较简单，但它的统计思想非常重要。后面将要介绍的多元线性回归中很多内容是一元线性回归结果的直接推广，所以有必要对一元线性回归建模及应用方面多做一些讨论，以使我们对回归分析方法的思想实质有更深的体会。

2.8.1　一元线性回归从建模到应用的全过程

第一步，提出因变量与自变量。这里以例 2-2 的数据为例，本例因变量 y 为城镇家庭平均每人全年消费性支出(元)，自变量 x 为城镇家庭平均每人可支配收入(元)，采用年份数据。

第二步，收集数据。从国家统计局网站公布的中国统计年鉴可查得表 2-2 的数据。

第三步，根据表 2-2 的数据画散点图(见图 2-2)。

第四步，设定理论模型。由图 2-2 我们看到，随着人均可支配收入的增加，居民人均消费增加，而且 30 个样本点大致分布在一条直线的周围。因此，用直线回归模型去描述它们是合适的。故可以采用式 (2.4) 一元线性回归理论模型。

第五步，用软件计算，输出计算结果。

本例使用 R 软件，在命令窗口输入的计算代码及其运行结果如下所示。

计算代码

```
data2.2<-read.csv("D:/data2.2.csv",head = TRUE)
#从存储在 D 盘的数据文件中读取数据，将其以数据框的形式存入 data2.2 中
attach(data2.2)     #将该数据框添加到 R 的搜索路径，为了便于下面直接使用数据框中
                      所包含的数组 x 和 y
data_outline<-c(mean(x),sd(x),mean(y),sd(y))   #计算变量 x 和 y 的均值和方差
data_outline                        #输出计算结果
cor.test(x, y)                      #x 与 y 相关系数的显著性检验
lm2.2<-lm(y~x,data = data2.2)       #建立回归方程及其显著性检验
anova(lm2.2)                        #输出线性回归的方差分析表
summary(lm2.2)                      #输出回归方程及显著性检验结果
```

```
confint(lm2.2)                          #计算回归系数 95%的置信区间
SRE<-rstandard(lm2.2)                    #计算学生化残差
plot(x,SRE,xlab = "城镇居民人均收入",ylab = "学生化残差")  #绘制残差散点图
detach(data2.2)                          #与 attach()相对应,将数据框从搜索路径中移除
```

输出结果 2.5

```
> data_outline
[1] 14940.457 12445.744 10566.173  8181.934

> cor.test(x, y)
            Pearson's product-moment correlation
data:  x and y
t = 166.43, df = 28, p-value < 2.2e-16
alternative hypothesis: true correlation is not equal to 0
95 percent confidence interval:
 0.9989263 0.9997624
sample estimates:
      cor
0.9994949

> anova(lm2.2)
Analysis of Variance Table

Response: y
          Df    Sum Sq    Mean Sq  F value    Pr(>F)
x          1 1939416774 1939416774   27697 < 2.2e-16 ***
Residuals 28    1960605      70022

---
Signif. codes:  0 '***' 0.001 '**' 0.01 '*' 0.05 '.' 0.1 ' ' 1

> summary(lm2.2)

Call:
lm(formula = y ~ x, data = data2.2)


Residuals:
   Min      1Q  Median      3Q     Max
-518.71 -210.57   66.81  213.30  347.51

Coefficients:
            Estimate Std. Error t value Pr(>|t|)
(Intercept) 7.492e+02  7.625e+01   9.825 1.42e-10 ***
x           6.571e-01  3.948e-03 166.425  < 2e-16 ***
---
Signif. codes:  0 '***' 0.001 '**' 0.01 '*' 0.05 '.' 0.1 ' ' 1

Residual standard error: 264.6 on 28 degrees of freedom
Multiple R-squared:  0.999,   Adjusted R-squared:  0.999
F-statistic: 2.77e+04 on 1 and 28 DF,  p-value: < 2.2e-16
```

```
> confint(lm2.2)
                 2.5 %        97.5 %
(Intercept) 592.9709400  905.3400184
x             0.6489887    0.6651636
```

第六步，回归诊断，分析输出结果。

（1）从 data_outline 的得到的数据描述性分析结果中看到，$\bar{x}=14\,940.457$，$\bar{y}=10\,566.173$，x 的标准差 $S_x=12\,445.744$，y 的标准差 $S_x=8\,181.934$。

（2）由 Pearson 相关系数检验结果可知，相关系数 $r=0.999$，双侧检验的 P 值小于 2.2e-16，近似为 0，说明 y 与 x 有显著的线性相关，这与散点图的直观分析是一致的。

（3）从回归结果中看到，决定系数 $r^2=0.999$，从相对水平上看，回归方程能够减少因变量 y 的 99.9% 的方差波动。残差标准差 $\hat{\sigma}=264.6$，从绝对水平上看，y 的标准差从回归前的 $8\,181.934$ 减少到回归后的 264.6。

（4）从方差分析表（Analysis of Variance Table）中看到，$F=27\,697$，$P<2.2e-16$，说明 y 与 x 的线性回归高度显著，这与相关系数的检验结果是一致的。

（5）从回归结果的系数部分中得到，$\hat{\beta}_0=749.2$，$\hat{\beta}_1=0.657$，由此回归方程为 $\hat{y}=749.2+0.657x$，回归系数 β_1 检验的 t 值为 166.425，$P<2e-16$，与 F 检验和相关系数 r 的检验结果一致。另外，常数项 β_0 的置信度为 95% 的区间估计为 $(592.97, 905.34)$，回归系数 β_1 的置信度为 95% 的区间估计为 $(0.649, 0.665)$。

（6）残差分析。仿照 2.5 节中对例 2-1 数据的残差分析，首先计算出残差 e_i，标准化残差 ZRE_i，学生化残差 SRE_i，再以自变量 x 为横轴，学生化残差 SRE_i 为纵轴绘制残差图。由残差图 2-7 看到所有的点都在 ± 3 内，没有异常值，但是残差有自相关趋势，这一点将在 4.4 节自相关中继续讨论。由以上分析可认为本例的样本数据基本正常，理论模型的基本假定是合适的。

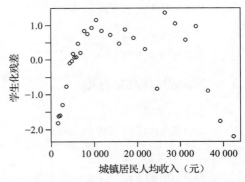

图 2-7 以城镇居民人均收入为横坐标的残差图

第七步，模型的应用。当所建模型通过所有检验之后，就可结合实际经济问题进行应用。最常见的应用之一就是因素分析。我们由回归方程可知，当城镇人均可支配收入增长 1 元时，平均约有 0.657 元用于消费，人均可支配收入的增长与人均消费支出的增长呈正相关关系，这大致符合现阶段的实际情况。这个结果可为现阶段制定宏观调控政策提供量化依据，另外还可仿照 2.7 节做所需的预测。

回归分析方法的应用要特别注意定性分析与定量分析相结合。当现阶段的实际情况与建模时所用数据资料的背景有较大差异时，不能仍机械地死套公式，应对模型进行修改。修改包括重新收集数据，尽可能地使用近期数据；还包括考虑是否要增加新的自变量，因为影响某种经济现象的因素可能发生了变化，可能还有一些重要的因素需要考虑等。这些问题都是本书后面几章要重点讨论的内容。

2.8.2　有关回归检验的讨论

对于一元线性回归方程显著性的检验，我们介绍的一种主要方法是 F 检验，即 H_0：$\beta_1 = 0$，H_1：$\beta_1 \neq 0$。那么不拒绝 H_0 或拒绝 H_0 意味着什么？前面在做 F 检验时，假定 y 对 x 的回归形式为线性关系，而不是曲线关系。这时如果拒绝 H_0，就说明 x 与 y 之间有显著的线性关系，回归方程刻画了 x 与 y 的这种线性关系。然而，对于一个实际问题，变量 x 与 y 之间到底是一种什么样的关系，我们并不十分清楚。另外，样本数据是否存在异常值，是否存在周期性，往往从数据的表面并不能明显看出。运用普通最小二乘法估计模型的参数在模型满足一些基本假定时才有效，如果模型的基本假定明显出错，可能导致模型结论严重歪曲。

一般情况下，当 H_0：$\beta_1 = 0$ 不被拒绝时，表明 y 的取值倾向不随 x 的值按线性关系变化。这种状况的原因可能是变量 y 与 x 之间的相关关系不显著，也可能是虽然变量 y 与 x 之间的相关关系显著，但这种相关关系不是线性的而是非线性的。

当 H_0：$\beta_1 = 0$ 被拒绝时，如果没有其他信息，只能认为因变量 y 对自变量 x 的线性回归是有效的，但是并没有说明回归的有效程度，不能断言 y 与 x 之间就一定是线性相关关系，而不是曲线关系或其他关系。这些问题还需要借助决定系数、散点图、残差图等工具做进一步分析。

为了说明上述问题，1973 年安斯库姆（Anscombe）构造了四组数据（参见参考文献[2]），见表 2-5。用这四组数据得到的经验回归方程是相同的，都是 $\hat{y} = 3.00 + 0.500x$，决定系数都是 $r^2 = 0.667$，相关系数 $r = 0.816$。这四组数据所建的回归方程是相同的，决定系数 r^2、F 统计量也都相同，且均通过显著性检验，说明这四组数据 y 与 x 之间都有显著的线性相关关系。然而，变量 y 与 x 之间是否有相同的线性相关关系呢？由上述四组数据的散点图（见图 2-8）可以看到，变量 y 与 x 之间的关系大不相同。

表 2-5　四组数据

第　一　组		第　二　组		第　三　组		第　四　组	
x	y	x	y	x	y	x	y
4	4.26	4	3.10	4	5.39	8	6.58
5	5.68	5	4.74	5	5.73	8	5.76
6	7.24	6	6.13	6	6.08	8	7.71
7	4.82	7	7.26	7	6.44	8	8.84
8	6.95	8	8.14	8	6.77	8	8.47
9	8.81	9	8.77	9	7.11	8	7.04
10	8.04	10	9.14	10	7.46	8	5.25

续表

第　一　组		第　二　组		第　三　组		第　四　组	
x	y	x	y	x	y	x	y
11	8.33	11	9.26	11	7.81	8	5.56
12	10.84	12	9.13	12	8.15	8	7.91
13	7.58	13	8.74	13	12.74	8	6.89
14	9.96	14	8.10	14	8.84	19	12.5

由图 2-8(a)可知，将直线作为 y 与 x 之间关系的拟合是合适的，回归方程刻画出了变量 y 与 x 间的线性相关关系。

由图 2-8(b)可知，变量 y 与 x 之间应当是曲线关系，尽管回归方程也通过了显著性检验，但用直线方程去揭示它们的相关关系很不合适。如果用 y 对 x 做曲线回归，必然可以大幅提高决定系数 r^2，如果进一步做残差分析会发现残差点的分布不具有随机性。

由图 2-8(c)可知，变量 y 与 x 之间存在线性关系，但用直线 $\hat{y} = 3.00 + 0.500x$ 去拟合这种关系不太理想。因为第三组数据中第 10 对数据(13,12.74)远离回归直线，可以认为是异常值。如果将它剔除，用其余10对数据重新计算得经验回归方程为 $\hat{y} = 4.00 + 0.346x$，拟合效果非常好，决定系数接近 1，回归标准误差接近零。

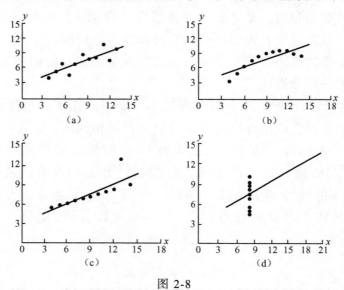

图 2-8

由图 2-8(d)可知，回归直线的斜率完全取决于(19,12.50)这一个点，这样得到的经验回归方程是很不可信的。实际上，自变量 x 只取了 8 和 19 这两个不同的值，因而不能断言 y 与 x 之间是何种关系。对这种情况，可以说数据收集得不理想，应该对自变量 x 在 8～19 这个区间上再收集一些不同的数据。

这个例子告诉我们，当拒绝假设 H_0：$\beta_1 = 0$ 时，我们说 y 与 x 之间存在线性相关关系，但是并不能完全肯定线性关系就是 y 与 x 之间关系的最好描述，很可能 y 与 x

之间更准确的关系应该是曲线关系，或者存在异常值等原因造成 y 与 x 之间虚假的线性关系。在实际应用中，不应局限于一种方法去分析判断。要得到确实可信的结果，应该将 F 检验、决定系数、散点图、残差分析等方法一起使用，得到一致的结果时才可下定论。

2.8.3 回归系数的解释

对于回归方程

$$\hat{y} = \hat{\beta}_0 + \hat{\beta}_1 x$$

一般情况下，我们把回归系数 $\hat{\beta}_1$ 解释为：当自变量 x 增加或减少一个单位时，平均来说，y 增加或减少 $\hat{\beta}_1$ 个单位。不过这种说法并不总是正确的，在分析实际问题时，应根据具体情况而定，在下一章中再详细讨论。

2.8.4 回归方程的预测

对于回归方程的应用，很重要的一个方面就是用回归方程预测未来。如果在预测时，自变量的取值在建模时样本数据 x 的取值范围之内，这种预测称为内插预测，内插预测的效果通常较好，预测误差小。如果自变量 x 的取值超出了建模时样本数据 x 的取值范围，这种预测称为外推预测，外推预测的效果可能不好，因为我们所建立的回归方程是直线方程，而理论上回归方程一般并不是严格的直线方程，如果用经验回归方程去预测，可能导致较大的误差。

在实际问题的研究中，如果从定性的角度认为回归方程为线性这一点有充分的理论根据，那么外推预测的效果不会太差。预测的结果肯定是有误差的，在实际应用时，要使误差尽可能小。自变量 x 的取值距 $\bar{x}$ 明显过大时，预测效果一般不好。就像我们用 20 世纪 80 年代的人均国民收入与人均消费额数据建立模型做长期预测，预测 2020 年的人均消费额误差肯定很大，因为 2020 年的经济情况与 20 世纪 80 年代肯定有很大差别。所以，用回归方程做长期预测一定要慎重。

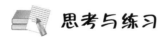 思考与练习

2.1 一元线性回归模型有哪些基本假定？

2.2 考虑过原点的线性回归模型

$$y_i = \beta_1 x_i + \varepsilon_i, \qquad i = 1, 2, \ldots, n$$

误差 $\varepsilon_1, \varepsilon_2, \ldots, \varepsilon_n$ 仍满足基本假定。求 β_1 的最小二乘估计。

2.3 证明式 (2.27)，$\sum\limits_{i=1}^{n} e_i = 0$，$\sum\limits_{i=1}^{n} x_i e_i = 0$。

2.4 回归方程 $E(y) = \beta_0 + \beta_1 x$ 的参数 β_0, β_1 的最小二乘估计与最大似然估计在什么条件下等价？给出证明。

2.5 证明 $\hat{\beta}_0$ 是 β_0 的无偏估计。

2.6 证明式 (2.42) $\operatorname{var}(\hat{\beta}_0) = \left[\dfrac{1}{n} + \dfrac{(\bar{x})^2}{\sum (x_i - \bar{x})^2} \right] \sigma^2$ 成立。

2.7 证明平方和分解式 $\mathrm{SST} = \mathrm{SSR} + \mathrm{SSE}$。

2.8 验证三种检验的关系，即验证

(1) $t = \dfrac{\hat{\beta}_1 \sqrt{L_{xx}}}{\hat{\sigma}} = \dfrac{\sqrt{n-2}\, r}{\sqrt{1-r^2}}$

(2) $F = \dfrac{\mathrm{SSR}/1}{\mathrm{SSE}/(n-2)} = \dfrac{\hat{\beta}_1^2 \cdot L_{xx}}{\hat{\sigma}^2} = t^2$

2.9 验证式 (2.63)

$$\operatorname{var}(e_i) = \left[1 - \frac{1}{n} - \frac{(x_i - \bar{x})^2}{L_{xx}} \right] \sigma^2$$

2.10 用 2.9 题证明 $\hat{\sigma}^2 = \dfrac{1}{n-2} \sum\limits_{i=1}^{n} (y_i - \hat{y}_i)^2$ 是 σ^2 的无偏估计。

2.11 验证决定系数 r^2 与 F 值之间的关系式

$$r^2 = \frac{F}{F + n - 2}$$

以上表达式说明 r^2 与 F 值是等价的，那么我们为什么要分别引入这两个统计量，而不是只使用其中的一个？

2.12 如果把自变量观测值都乘以 2，回归参数的最小二乘估计 $\hat{\beta}_0$ 和 $\hat{\beta}_1$ 会发生什么变化？如果把自变量观测值都加上 2，回归参数的最小二乘估计 $\hat{\beta}_0$ 和 $\hat{\beta}_1$ 会发生什么变化？

2.13 如果回归方程 $\hat{y} = \hat{\beta}_0 + \hat{\beta}_1 x$ 对应的相关系数 r 很大，则用它预测时，预测误差一定较小。这一结论成立吗？请说明理由。

2.14 为了调查某广告对销售收入的影响，某商店记录了 5 个月的销售收入 y(万元)和广告费用 x(万元)，数据见表 2-6。

(1)画散点图。

(2)x 与 y 之间是否大致呈线性关系？

表 2-6

月　份	1	2	3	4	5
x	1	2	3	4	5
y	10	10	20	20	40

(3)用最小二乘估计求出回归方程。

(4)求回归标准误差 $\hat{\sigma}$。

(5)给出 $\hat{\beta}_0$ 与 $\hat{\beta}_1$ 的置信度为 95% 的区间估计。

(6)计算 x 与 y 的决定系数。

(7)对回归方程做方差分析。

(8)做回归系数 β_1 的显著性检验。

(9)做相关系数的显著性检验。

(10)对回归方程做残差图并做相应的分析。

(11)求当广告费用为 4.2 万元时，销售收入将达到多少，并给出置信度为 95% 的置信区间。

2.15 一家保险公司十分关心其总公司营业部加班的程度，决定认真调查一下现状。经过 10 周时间，收集了每周加班时间的数据和签发的新保单数目，x 为每周签发的新保单数目，y 为每周加班时间（小时），数据见表 2-7。

表 2-7

周 序 号	1	2	3	4	5	6	7	8	9	10
x	825	215	1 070	550	480	920	1 350	325	670	1 215
y	3.5	1.0	4.0	2.0	1.0	3.0	4.5	1.5	3.0	5.0

(1)画散点图。

(2)x 与 y 之间是否大致呈线性关系？

(3)用最小二乘估计求出回归方程。

(4)求回归标准误差 $\hat{\sigma}$。

(5)给出 $\hat{\beta}_0$ 与 $\hat{\beta}_1$ 的置信度为 95% 的区间估计。

(6)计算 x 与 y 的决定系数。

(7)对回归方程做方差分析。

(8)做回归系数 β_1 的显著性检验。

(9)做相关系数的显著性检验。

(10)对回归方程做残差图并做相应的分析。

(11)该公司预计下一周签发新保单 $x_0 = 1\,000$ 张，需要的加班时间是多少？

(12)给出 y_0 的置信度为 95% 的精确预测区间和近似预测区间。

(13)给出 $E(y_0)$ 的置信度为 95% 的区间估计。

2.16 表 2-8 是 2018 年我国 31 个地区企业法人的单位数 x（万个）和各地区企业法人单位从业人员的数量 y（万人）。

表 2-8

地 区	x	y	地 区	x	y
北京	94.783 5	1 094.118	湖北	68.837 3	1 194.916
天津	27.321 4	408.252 8	湖南	46.208 1	975.21
河北	100.831 4	1 053.697	广东	283.422 8	3 826.241
山西	36.603	527.404 1	广西	38.471 7	511.618 7
内蒙古	23.206 8	277.597 4	海南	8.588 6	103.991 7
辽宁	51.643 4	629.267 1	重庆	45.421 5	816.548 4
吉林	13.661 8	255.756 9	四川	57.029 6	1 306.44
黑龙江	19.460 7	267.940 3	贵州	28.047 5	389.078 7
上海	40.959 8	1 008.411	云南	36.218 6	488.019 7
江苏	185.921 1	3 457.877	西藏	2.814 1	44.557 5
浙江	138.384	2 589.812	陕西	42.274 4	644.023 4
安徽	69.969 9	1 081.103	甘肃	14.585 1	228.790 4
福建	60.552 9	1 496.131	青海	5.181 1	71.334 2
江西	35.444 5	756.485 4	宁夏	5.034	89.845
山东	154.726	2 166.267	新疆	17.557 2	262.88
河南	103.699 9	1 804.011			

(1) 绘制 y 对 x 的散点图。可以用直线回归描述两者之间的关系吗？

(2) 建立 y 对 x 的线性回归。

(3) 误差项的正态性假设一般可以通过标准残差的直方图和正态概率图来检验，试使用 R 软件的 hist( ) 和 qqnorm( ) 及 qqline( ) 函数绘制标准残差的直方图和正态概率图，检验误差项的正态性假设。

第 3 章

多元线性回归

在第 2 章我们介绍了被解释变量 y 只与一个解释变量 x 有关的线性回归问题，但在许多实际问题中，一元线性回归只不过是回归分析中的一种特例，它通常是我们对影响某种现象的许多因素进行简化考虑的结果。例如，某公司管理人员要预测来年该公司的销售额 y，研究认为影响销售额的因素不只是广告宣传费 x_1，还有个人可支配收入 x_2、价格 x_3、研发费用 x_4、各种投资 x_5、销售费用 x_6 等。这样因变量 y 就与多个自变量 x_1, x_2, x_3, x_4, x_5, x_6 有关。因此，我们就需要进一步讨论多元线性回归问题。

本章将重点介绍多元线性回归模型及其基本假设、回归模型未知参数的估计及其性质、回归方程及回归系数的显著性检验等。从这一章起将使用矩阵工具进行讨论。多元回归的计算量要比一元回归大得多，手工计算已不现实，需要使用计算机软件完成计算。

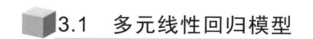 3.1　多元线性回归模型

3.1.1　多元线性回归模型的一般形式

设随机变量 y 与一般变量 $x_1, x_2, \cdots, x_p$ 的线性回归模型为

$$y = \beta_0 + \beta_1 x_1 + \beta_2 x_2 + \cdots + \beta_p x_p + \varepsilon \tag{3.1}$$

式 (3.1) 中，$\beta_0, \beta_1, \cdots, \beta_p$ 是 $p+1$ 个未知参数，β_0 称为回归常数，$\beta_1, \cdots, \beta_p$ 称为回归系数。y 称为被解释变量 (因变量)，$x_1, x_2, \cdots, x_p$ 是 p 个可以精确测量并控制的一般变量，称为解释变量 (自变量)。$p = 1$ 时，式 (3.1) 即第 2 章的一元线性回归模型式 (2.1)；$p \geqslant 2$ 时，我们就称式 (3.1) 为多元线性回归模型。ε 是随机误差，与一元线性回归一样，对随机误差项我们常假定

$$\begin{cases} E(\varepsilon) = 0 \\ \text{var}(\varepsilon) = \sigma^2 \end{cases} \tag{3.2}$$

称

$$E(y) = \beta_0 + \beta_1 x_1 + \beta_2 x_2 + \cdots + \beta_p x_p \tag{3.3}$$

为理论回归方程。

对一个实际问题，如果我们获得 n 组观测数据 $(x_{i1}, x_{i2}, \cdots, x_{ip}; y_i)$ $(i = 1, 2, \cdots, n)$，则线性回归模型式（3.1）可表示为

$$\begin{cases} y_1 = \beta_0 + \beta_1 x_{11} + \beta_2 x_{12} + \cdots + \beta_p x_{1p} + \varepsilon_1 \\ y_2 = \beta_0 + \beta_1 x_{21} + \beta_2 x_{22} + \cdots + \beta_p x_{2p} + \varepsilon_2 \\ \qquad\qquad \cdots\cdots \\ y_n = \beta_0 + \beta_1 x_{n1} + \beta_2 x_{n2} + \cdots + \beta_p x_{np} + \varepsilon_n \end{cases} \tag{3.4}$$

写成矩阵形式为

$$\boldsymbol{y} = \boldsymbol{X}\boldsymbol{\beta} + \boldsymbol{\varepsilon} \tag{3.5}$$

式（3.5）中

$$\boldsymbol{y} = \begin{bmatrix} y_1 \\ y_2 \\ \vdots \\ y_n \end{bmatrix} \quad \boldsymbol{X} = \begin{bmatrix} 1 & x_{11} & x_{12} & \cdots & x_{1p} \\ 1 & x_{21} & x_{22} & \cdots & x_{2p} \\ \vdots & \vdots & \vdots & & \vdots \\ 1 & x_{n1} & x_{n2} & \cdots & x_{np} \end{bmatrix} \tag{3.6}$$

$$\boldsymbol{\beta} = \begin{bmatrix} \beta_0 \\ \beta_1 \\ \vdots \\ \beta_p \end{bmatrix} \quad \boldsymbol{\varepsilon} = \begin{bmatrix} \varepsilon_1 \\ \varepsilon_2 \\ \vdots \\ \varepsilon_n \end{bmatrix}$$

$\boldsymbol{X}$ 是一个 $n \times (p+1)$ 阶矩阵，称为回归设计矩阵或资料矩阵。在实验设计中，$\boldsymbol{X}$ 的元素是预先设定并可以控制的，人的主观因素可作用其中，因而称 $\boldsymbol{X}$ 为设计矩阵。

3.1.2 多元线性回归模型的基本假设

为了方便地进行模型的参数估计，对回归方程式（3.4）有如下一些基本假定：

（1）解释变量 $x_1, x_2, \cdots, x_p$ 是确定性变量，不是随机变量，且要求 $\text{rank}(\boldsymbol{X}) = p+1 < n$。这里的 $\text{rank}(\boldsymbol{X}) = p+1 < n$，表明设计矩阵 $\boldsymbol{X}$ 中的自变量列之间不相关，样本量的个数应大于解释变量的个数，$\boldsymbol{X}$ 是满秩矩阵。

（2）随机误差项具有零均值和等方差，即

$$\begin{cases} E(\varepsilon_i) = 0, \quad i = 1, 2, \cdots, n \\ \text{cov}(\varepsilon_i, \varepsilon_j) = \begin{cases} \sigma^2, & i = j \\ 0, & i \neq j \end{cases} \quad i, j = 1, 2, \cdots, n \end{cases} \tag{3.7}$$

这个假定常称为高斯-马尔柯夫条件。$E(\varepsilon_i) = 0$，即假设观测值没有系统误差，随机误差项 ε_i 的平均值为零。随机误差项 ε_i 的协方差为零，表明随机误差项在不同的样本点之间是不相关的（在正态假定下即为独立的），不存在序列相关，并且有相同的精度。

（3）正态分布的假定条件为

$$\begin{cases} \varepsilon_i \sim N(0, \sigma^2), & i = 1, 2, \cdots, n \\ \varepsilon_1, \varepsilon_2, \cdots, \varepsilon_n \text{相互独立} \end{cases} \tag{3.8}$$

对于多元线性回归的矩阵模型式（3.5），这个条件便可表示为

$$\boldsymbol{\varepsilon} \sim N(\boldsymbol{0}, \sigma^2 \boldsymbol{I}_n) \tag{3.9}$$

由上述假定和多元正态分布的性质可知，随机向量 $\boldsymbol{y}$ 服从 n 维正态分布，回归模型式（3.5）的期望向量

$$E(\boldsymbol{y}) = \boldsymbol{X}\boldsymbol{\beta} \tag{3.10}$$

$$\text{var}(\boldsymbol{y}) = \sigma^2 \boldsymbol{I}_n \tag{3.11}$$

因此

$$\boldsymbol{y} \sim N(\boldsymbol{X}\boldsymbol{\beta}, \sigma^2 \boldsymbol{I}_n) \tag{3.12}$$

3.1.3 多元线性回归系数的解释

为了给多元线性回归方程及其回归系数一个解释，下面以 $p = 2$ 的一个微观经济问题为例，给出回归方程的几何解释和回归系数的经济意义。在建立空调机销售量的预测模型时，用 y 表示空调机的销售量，x_1 表示空调机的价格，x_2 表示消费者的可支配收入，则可建立二元线性回归模型

$$\begin{cases} y = \beta_0 + \beta_1 x_1 + \beta_2 x_2 + \varepsilon \\ E(y) = \beta_0 + \beta_1 x_1 + \beta_2 x_2 \end{cases} \tag{3.13}$$

在式（3.13）中，假如 x_2 保持不变，为一常数，则有

$$\frac{\partial E(y)}{\partial x_1} = \beta_1 \tag{3.14}$$

即 β_1 可解释为在消费者收入 x_2 保持不变时，空调机价格 x_1 每增加一个单位，空调机销售量 y 的平均增加幅度。一般来说，随着空调机价格的提高，销售量是减少的，因此 β_1 将是负的。

在式（3.13）中，假如 x_1 保持不变，为一常数，则有

$$\frac{\partial E(y)}{\partial x_2} = \beta_2 \tag{3.15}$$

即 β_2 可解释为在空调机价格 x_1 保持不变时，消费者收入 x_2 每增加一个单位，空调机销售量 y 的平均增加幅度。一般来说，随着消费者收入的增加，空调机的需求量是增加的，因此 β_2 应该是正的。

对一般情况下含有 p 个自变量的多元线性回归而言，每个回归系数 β_i 表示在回归方程中其他自变量保持不变的情况下，自变量 x_i 每增加一个单位时因变量 y 的平均增加幅度。因此也把多元线性回归的回归系数称为偏回归系数（Partial Regression Coefficient），本书则仍简称为回归系数。

再用一个例子说明回归系数的含义。考虑国内生产总值(GDP)和三次产业增加值的关系，本章"思考与练习"中表 3-10 给出了历史数据。这个问题中 GDP = $x_1+x_2+x_3$ 是确定性的函数关系，可以看作误差项为 0 的特殊的回归关系。三个回归系数都是 1，对 $\beta_2 = 1$ 的解释为，第二产业增加值 x_2 每增加 1 亿元，GDP 也增加 1 亿元。现在做 GDP 对 x_2 的一元线性回归，得回归方程 $\hat{y} = -90.437 + 2.155x_2$，对这个方程回归系数的解释是，第二产业增加值每增加 1 亿元，GDP 增加 2.155 亿元。两个回归方程对同样的经济现象给出了不同的解释，问题出在什么地方？前面强调过，多元回归系数表示在回归方程中其他自变量保持不变的情况下，相应自变量每增加一个单位时因变量的平均增加幅度。因此在用多元回归方程 GDP = $x_1+x_2+x_3$ 解释 $\beta_2 = 1$ 时，一定要强调是在 x_1 和 x_3 保持不变的情况下，x_2 每增加 1 亿元，GDP 也增加 1 亿元。在用一元回归方程 $\hat{y} = -90.437 + 2.155x_2$ 解释回归系数时，要强调的是在方程之外的有关变量也相应变化时，x_2 每增加 1 亿元，GDP 增加 2.155 亿元。GDP 增加的 2.155 亿元中 x_2 的直接贡献只有 1 亿元，回归方程外的 x_1 和 x_3 的贡献是 1.155 亿元。

还有一个问题，为什么回归方程外的 x_1 和 x_3 的贡献是 1.155 亿元，而不是 2 亿元？仔细观察表 3-10 的数据你会发现，x_2 的增加幅度远大于 x_1 和 x_3 的增加幅度，假如 x_2 增加 1 亿元，x_1 和 x_3 相应的增加幅度都达不到 1 亿元。

另外，回归方程式(3.13)的图形，不像一元线性回归那样是一条直线，而是一个回归平面。而对一般情况下的回归方程式(3.3)，当 $p>2$ 时，回归方程是一个超平面，无法用几何图形表示。

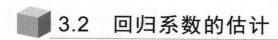

3.2 回归系数的估计

3.2.1 回归系数估计的普通最小二乘法

多元线性回归方程未知参数 $\beta_0, \beta_1, \cdots, \beta_p$ 的估计与一元线性回归方程的参数估计原理一样，仍然可以采用最小二乘估计。对于式(3.5)表示的回归模型 $\boldsymbol{y} = \boldsymbol{X}\boldsymbol{\beta} + \boldsymbol{\varepsilon}$，所谓最小二乘法，就是寻找参数 $\beta_0, \beta_1, \beta_2, \cdots, \beta_p$ 的估计值 $\hat{\beta}_0, \hat{\beta}_1, \hat{\beta}_2, \cdots, \hat{\beta}_p$，使离差平方和

$$Q(\beta_0, \beta_1, \beta_2, \cdots, \beta_p) = \sum_{i=1}^{n}(y_i - \beta_0 - \beta_1 x_{i1} - \beta_2 x_{i2} - \cdots - \beta_p x_{ip})^2 \text{ 达到极小，即寻找 } \hat{\beta}_0, \hat{\beta}_1, \hat{\beta}_2, \cdots, \hat{\beta}_p$$

满足

$$Q(\hat{\beta}_0, \hat{\beta}_1, \hat{\beta}_2, \cdots, \hat{\beta}_p) = \sum_{i=1}^{n}(y_i - \hat{\beta}_0 - \hat{\beta}_1 x_{i1} - \hat{\beta}_2 x_{i2} - \cdots - \hat{\beta}_p x_{ip})^2$$

$$= \min_{\beta_0, \beta_1, \cdots, \beta_p} \sum_{i=1}^{n}(y_i - \beta_0 - \beta_1 x_{i1} - \beta_2 x_{i2} - \cdots - \beta_p x_{ip})^2 \tag{3.16}$$

依照式 (3.16) 求出的 $\hat{\beta}_0, \hat{\beta}_1, \hat{\beta}_2, \cdots, \hat{\beta}_p$ 就称为回归参数 $\beta_0, \beta_1, \beta_2, \cdots, \beta_p$ 的最小二乘估计。

从式 (3.16) 中求出 $\hat{\beta}_0, \hat{\beta}_1, \hat{\beta}_2, \cdots, \hat{\beta}_p$ 是一个求极值问题。由于 Q 是关于 $\beta_0, \beta_1, \beta_2, \cdots, \beta_p$ 的非负二次函数，因而它的最小值总是存在的。根据微积分中求极值的原理，$\hat{\beta}_0, \hat{\beta}_1, \hat{\beta}_2, \cdots, \hat{\beta}_p$ 应满足下列方程组

$$\begin{cases} \left.\dfrac{\partial Q}{\partial \beta_0}\right|_{\beta_0 = \hat{\beta}_0} = -2\sum_{i=1}^{n}(y_i - \hat{\beta}_0 - \hat{\beta}_1 x_{i1} - \hat{\beta}_2 x_{i2} - \cdots - \hat{\beta}_p x_{ip}) = 0 \\[2mm] \left.\dfrac{\partial Q}{\partial \beta_1}\right|_{\beta_1 = \hat{\beta}_1} = -2\sum_{i=1}^{n}(y_i - \hat{\beta}_0 - \hat{\beta}_1 x_{i1} - \hat{\beta}_2 x_{i2} - \cdots - \hat{\beta}_p x_{ip})x_{i1} = 0 \\[2mm] \left.\dfrac{\partial Q}{\partial \beta_2}\right|_{\beta_2 = \hat{\beta}_2} = -2\sum_{i=1}^{n}(y_i - \hat{\beta}_0 - \hat{\beta}_1 x_{i1} - \hat{\beta}_2 x_{i2} - \cdots - \hat{\beta}_p x_{ip})x_{i2} = 0 \\[1mm] \qquad\qquad\cdots\cdots \\[1mm] \left.\dfrac{\partial Q}{\partial \beta_p}\right|_{\beta_p = \hat{\beta}_p} = -2\sum_{i=1}^{n}(y_i - \hat{\beta}_0 - \hat{\beta}_1 x_{i1} - \hat{\beta}_2 x_{i2} - \cdots - \hat{\beta}_p x_{ip})x_{ip} = 0 \end{cases} \tag{3.17}$$

以上方程组经整理后，得出用矩阵形式表示的正规方程组

$$\boldsymbol{X}'(\boldsymbol{y} - \boldsymbol{X}\hat{\boldsymbol{\beta}}) = \boldsymbol{0}$$

移项得

$$\boldsymbol{X}'\boldsymbol{X}\hat{\boldsymbol{\beta}} = \boldsymbol{X}'\boldsymbol{y}$$

当 $(\boldsymbol{X}'\boldsymbol{X})^{-1}$ 存在时，即得回归参数的最小二乘估计为

$$\hat{\boldsymbol{\beta}} = (\boldsymbol{X}'\boldsymbol{X})^{-1}\boldsymbol{X}'\boldsymbol{y} \tag{3.18}$$

称

$$\hat{y} = \hat{\beta}_0 + \hat{\beta}_1 x_1 + \hat{\beta}_2 x_2 + \cdots + \hat{\beta}_p x_p \tag{3.19}$$

为经验回归方程。

3.2.2　回归值与残差

在求出回归参数的最小二乘估计后，可以用经验回归方程式 (3.19) 计算因变量的

回归值与残差。称

$$\hat{y}_i = \hat{\beta}_0 + \hat{\beta}_1 x_{i1} + \hat{\beta}_2 x_{i2} + \cdots + \hat{\beta}_p x_{ip} \tag{3.20}$$

为观测值 $y_i(i = 1, 2, \cdots, n)$ 的回归拟合值，简称回归值或拟合值。相应地，称向量 $\hat{y} = X\hat{\beta} = (\hat{y}_1, \hat{y}_2, \cdots, \hat{y}_n)'$ 为因变量向量 $y = (y_1, y_2, \cdots, y_n)'$ 的回归值。由 $\hat{\beta} = (X'X)^{-1}X'y$ 可得

$$\hat{y} = X\hat{\beta} = X(X'X)^{-1}X'y \tag{3.21}$$

由式 (3.21) 看到，矩阵 $X(X'X)^{-1}X'$ 的作用是把因变量向量 y 变为拟合值向量 $\hat{y}$，从形式上看是给 y 戴上了一顶帽子 "^"，因而形象地称矩阵 $X(X'X)^{-1}X'$ 为帽子矩阵，记为 H，于是 $\hat{y} = Hy$。显然帽子矩阵 $H = X(X'X)^{-1}X'$ 是 n 阶对称矩阵，同时还是幂等矩阵，即 $H = H^2$。帽子矩阵 H 也是一个投影阵，从代数学的观点看，$\hat{y}$ 是 y 在自变量 X 生成的空间上的投影，这个投影过程就是把 y 左乘矩阵 H，因此称 H 为投影阵。帽子矩阵 $H = X(X'X)^{-1}X'$ 的主对角线元素记为 h_{ii}，可以证明，帽子矩阵 H 的迹为

$$\text{tr}(H) = \sum_{i=1}^{n} h_{ii} = p + 1 \tag{3.22}$$

式 (3.22) 的证明只需根据迹的性质 $\text{tr}(AB) = \text{tr}(BA)$，因而

$$\begin{aligned}
\text{tr}(H) &= \text{tr}(X(X'X)^{-1}X') \\
&= \text{tr}((X'X)^{-1}X'X) \\
&= \text{tr}(I_{p+1}) = p + 1
\end{aligned}$$

称

$$e_i = y_i - \hat{y}_i \tag{3.23}$$

为 $y_i(i = 1, 2, \cdots, n)$ 的残差，称 $e = (e_1, e_2, \cdots, e_n)' = y - \hat{y}$ 为回归残差向量。将 $\hat{y} = Hy$ 代入得，$e = y - Hy = (I - H)y$。记 $\text{cov}(e, e) = (\text{cov}(e_i, e_j))_{n \times n}$ 为残差向量 e 的协方差阵，或称为方差阵，记为 $D(e)$。因而

$$\begin{aligned}
D(e) &= \text{cov}(e, e) \\
&= \text{cov}((I - H)y, (I - H)y) \\
&= (I - H)\text{cov}(y, y)(I - H)' \\
&= \sigma^2(I - H)I_n(I - H)' \\
&= \sigma^2(I - H)
\end{aligned}$$

于是有

$$D(e_i) = (1 - h_{ii})\sigma^2, \quad i = 1, 2, \cdots, n \tag{3.24}$$

根据式 (3.17) 可知，残差满足关系式

$$\begin{cases}
\sum e_i = 0 \\
\sum e_i x_{i1} = 0 \\
\quad \cdots \cdots \\
\sum e_i x_{ip} = 0
\end{cases} \tag{3.25}$$

即残差的平均值为 0，残差对每个自变量的加权平均为 0。式 (3.25) 可以用矩阵表示为 $\boldsymbol{X'e} = \boldsymbol{0}$。

误差项方差 σ^2 的无偏估计为

$$\hat{\sigma}^2 = \frac{1}{n-p-1}\mathrm{SSE} = \frac{1}{n-p-1}(\boldsymbol{e'e})$$

$$= \frac{1}{n-p-1}\sum_{i=1}^{n}e_i^2 \tag{3.26}$$

式 (3.26) 的证明只需注意 $E\left(\sum\limits_{i=1}^{n}e_i^2\right) = \sum\limits_{i=1}^{n}D(e_i)$，然后再用式 (3.24) 和式 (3.22) 即可。

前面在由正规方程组求 $\hat{\boldsymbol{\beta}}$ 时，要求 $(\boldsymbol{X'X})^{-1}$ 必须存在，即 $\boldsymbol{X'X}$ 是一非奇异矩阵

$$|\boldsymbol{X'X}| \neq 0$$

由线性代数可知，$\boldsymbol{X'X}$ 为 $p+1$ 阶满秩矩阵

$$\mathrm{rank}(\boldsymbol{X'X}) = p+1$$

必须有

$$\mathrm{rank}(\boldsymbol{X}) \geqslant p+1$$

而 $\boldsymbol{X}$ 为 $n \times (p+1)$ 阶矩阵，于是应有

$$n \geqslant p+1$$

这是一个重要的结论，我们在多元线性回归模型的基本假定中用过它，这里就更清楚这个假定的重要意义了。结论说明，要想用普通最小二乘法估计多元线性回归模型的未知参数，样本量必须不少于模型中参数的个数。在后面关于回归方程的假设检验中也少不了这一假设，否则检验无任何意义。

3.2.3　回归系数估计的最大似然法

多元线性回归参数的最大似然估计与一元线性回归参数的最大似然估计的思想一致。对于式 (3.5) 所表示的模型

$$\boldsymbol{y} = \boldsymbol{X\beta} + \boldsymbol{\varepsilon}$$
$$\boldsymbol{\varepsilon} \sim N(\boldsymbol{0}, \sigma^2 \boldsymbol{I}_n)$$

即 $\boldsymbol{\varepsilon}$ 服从多变量正态分布，那么 $\boldsymbol{y}$ 的概率分布为

$$\boldsymbol{y} \sim N(\boldsymbol{X\beta}, \sigma^2 \boldsymbol{I}_n)$$

这时，似然函数为

$$L = (2\pi)^{-n/2}(\sigma^2)^{-n/2}\exp\left(-\frac{1}{2\sigma^2}(\boldsymbol{y}-\boldsymbol{X\beta})'(\boldsymbol{y}-\boldsymbol{X\beta})\right) \tag{3.27}$$

其中的未知参数是 $\boldsymbol{\beta}$ 和 σ^2，最大似然估计就是选取使似然函数 L 达到最大的 $\hat{\boldsymbol{\beta}}$ 和 $\hat{\sigma}^2$。要使 L 达到最大，对式 (3.27) 两边同时取自然对数，得

$$\ln L = -\frac{n}{2}\ln(2\pi) - \frac{n}{2}\ln(\sigma^2) - \frac{1}{2\sigma^2}(\boldsymbol{y} - \boldsymbol{X\beta})'(\boldsymbol{y} - \boldsymbol{X\beta}) \tag{3.28}$$

在式 (3.28) 中，仅在最后一项中含有 $\boldsymbol{\beta}$，显然使式 (3.28) 达到最大，等价于使

$$(\boldsymbol{y} - \boldsymbol{X\beta})'(\boldsymbol{y} - \boldsymbol{X\beta})$$

达到最小，这又完全与普通最小二乘估计一样。故在正态假定下，回归参数 $\boldsymbol{\beta}$ 的最大似然估计与普通最小二乘估计完全相同，即

$$\hat{\boldsymbol{\beta}} = (\boldsymbol{X'X})^{-1}\boldsymbol{X'y}$$

误差项方差 σ^2 的最大似然估计为

$$\hat{\sigma}_L^2 = \frac{1}{n}\mathrm{SSE} = \frac{1}{n}(\boldsymbol{e'e}) \tag{3.29}$$

这是 σ^2 的有偏估计，但它满足一致性。在大样本的情况下，这是 σ^2 的渐近无偏估计。

3.2.4 实例分析

 例 3-1

现实生活中，影响一个地区居民消费的因素有很多，例如，一个地区的人均生产总值、收入水平、消费价格指数、生活必需品的花费等，本例选取 9 个解释变量研究城镇居民平均每人全年的消费性支出 y，解释变量为：x_1——居民的食品花费，x_2——居民的衣着花费，x_3——居民的居住花费，x_4——居民的医疗保健花费，x_5——居民的文教娱乐花费，x_6——私营单位职工的年平均工资，x_7——人均 GDP，x_8——消费价格指数，x_9——失业率。本例选取 2022 年《中国统计年鉴》我国 31 个省、自治区、直辖市 2021 年的数据，以居民的消费性支出（元）为因变量，以如上 9 个变量为自变量做多元线性回归。数据见表 3-1，自变量 x_1～x_7 单位为元，x_9 数字后加 %。

表 3-1

地　　区	x_1	x_2	x_3	x_4	x_5	x_6	x_7	x_8	x_9	y
北京	9 719.6	2 235.5	18 382	4 609.8	3 665.4	100 011	183 980	101.1	3.2	46 775.7
天津	9 708.4	2 037.4	8 315	4 021	3 783.7	65 272	113 732	101.3	3.7	36 066.9
河北	6 521.6	1 695	6 108.3	2 205.3	2 440.9	48 185	54 172	101.0	3.1	24 192.4
山西	5 528.5	1 665.8	4 921.5	2 497.2	2 834.0	45 748	64 821	101.0	2.3	21 965.5
内蒙古	7 325.9	2 153.2	5 642.6	2 617.7	3 086.7	51 270	85 422	100.9	3.8	27 194.2
辽宁	8 183.9	1 993.8	5 947	2 904.8	3 398.3	50 169	65 026	101.1	4.3	28 438.4
吉林	6 622.6	1 783.4	4 936.7	2 701.1	2 969.5	47 886	55 450	100.6	3.3	24 420.9
黑龙江	7 095.1	1 780.3	4 944.6	2 850.5	2 714.9	42 071	47 266	100.6	3.2	24 422.1
上海	12 877.6	2 153.4	17 369.5	4 063.1	5 090	96 011	173 630	101.2	2.7	51 294.6

续表

地　区	x_1	x_2	x_3	x_4	x_5	x_6	x_7	x_8	x_9	y
江苏	9 590.4	2 075.1	10 321.4	2 800.5	3 563.5	68 868	137 039	101.6	2.5	36 558.0
浙江	11 283.4	2 437.2	11 306.6	2 865.6	4 537.2	69 228	113 032	101.5	2.6	42 193.5
安徽	8 468.6	1 794.9	5 822.9	1 891.2	3 170.2	56 154	70 321	100.9	2.5	26 495.1
福建	10 612.2	1 740.9	10 349.5	1 939.4	3 119.7	62 433	116 939	100.7	3.3	33 942.0
江西	7 722.7	1 440.2	5 469.8	2 015.4	2 943.6	52 667	65 560	100.9	2.8	24 586.5
山东	7 693	2 096.9	6 198.9	2 403.9	3 665.8	56 521	81 727	101.2	2.9	29 314.3
河南	6 438.3	1 788.7	5 302.5	2 058	2 761.2	48 117	59 410	100.9	3.4	23 177.5
湖北	8 513.1	1 844.9	6 241.9	2 541.1	3 487.9	56 429	86 416	100.3	3.0	28 505.6
湖南	8 129.8	1 857	5 795.6	2 399.2	3 859.5	54 469	69 440	100.5	2.3	28 293.8
广东	11 622	1 519.9	9 696.4	2 143.7	3 872.8	73 231	98 285	100.8	2.5	36 621.1
广西	7 089	995.6	4 703.6	2 163.1	2 811.5	48 494	49 206	100.9	2.5	22 555.3
海南	9 593.8	993.3	6 721.1	2 012.3	2 961	62 284	63 707	100.3	3.1	27 564.8
重庆	9 556.8	2 214.7	5 467.3	2 661.9	3 241.1	59 307	86 879	100.3	2.9	29 849.6
四川	9 246.5	1 831.4	5 158.2	2 281.1	2 557.5	57 399	64 326	100.3	3.6	26 970.8
贵州	7 765.3	1 827	4 489.6	1 952.1	3 270.8	51 557	50 808	100.1	4.5	25 333.0
云南	8 000.4	1 576	5 952.5	2 551.8	3 005.9	48 940	57 686	100.2	3.8	27 440.7
西藏	9 395.4	2 625.6	6 538.8	1 565.8	1 566.7	66 311	56 831	100.9	2.6	28 159.2
陕西	6 664.4	1 738.9	5 589.5	2 758.6	2 880	52 331	75 360	101.5	3.5	24 783.7
甘肃	7 542.5	1 938.8	5 732	2 291.7	2 692.2	47 212	41 046	100.9	3.4	25 756.6
青海	7 388.6	1 792.2	4 754.6	2 454.1	2 099.4	50 068	56 398	101.3	1.8	24 512.5
宁夏	6 689.8	1 896.7	4 610	2 559.2	3 075.7	55 327	62 549	101.4	4.1	25 385.6
新疆	7 752.8	1 860.5	4 772.1	2 850.2	2 047.3	56 123	61 725	101.2	2.0	25 724.0

用 R 软件对数据进行回归分析，计算代码及运行结果如下：

```
data3.1<-read.csv("D:/data3.1.csv",head=TRUE)        #读取数据并赋给 data3.1
lm3.1<-lm(y~x1+x2+x3+x4+x5+x6+x7+x8+x9,data=data3.1)   #建立回归方程
summary(lm3.1)                                         #输出回归结果及显著性检验结果
```

输出结果 3.1

```
Call:
lm(formula = y ~ x1 + x2 + x3 + x4 + x5 + x6 + x7 + x8 + x9,
    data = data3.1)

Residuals:
    Min      1Q   Median      3Q      Max
-818.05 -268.65   -80.45  329.65  1078.13

Coefficients:
              Estimate   Std. Error   t value   Pr(>|t|)
(Intercept) -7.347e+04   2.836e+04     -2.590    0.0171    *
x1           1.404e+00   1.143e-01     12.284    4.72e-11  ***
x2           2.094e+00   3.201e-01      6.542    1.76e-06  ***
x3           9.285e-01   9.693e-02      9.579    4.09e-09  ***
x4           1.407e+00   2.355e-01      5.972    6.29e-06  ***
x5           1.580e+00   2.127e-01      7.431    2.63e-07  ***
x6           2.495e-02   2.454e-02      1.017    0.3209
```

```
x7                 -6.068e-03    9.151e-03   -0.663     0.5145
x8                  7.050e+02    2.797e+02    2.521     0.0199      *
x9                 -2.132e+01    1.605e+02   -0.133     0.8956
---
Signif. codes:  0 '***' 0.001 '**' 0.01 '*' 0.05 '.' 0.1 ' ' 1

Residual standard error: 509.2 on 21 degrees of freedom
Multiple R-squared:  0.9963, Adjusted R-squared:  0.9948
F-statistic: 636.1 on 9 and 21 DF,  p-value: < 2.2e-16
```

因而 y 对 9 个自变量的线性回归方程为

$$\hat{y} = -73\,470 + 1.404x_1 + 2.094x_2 + 0.929x_3 + 1.407x_4 + 1.58x_5$$
$$+ 0.025x_6 - 0.006x_7 + 705x_8 - 21.32x_9$$

从回归方程中可以看到，$x_1, x_2, x_3, x_4, x_5, x_6, x_8$ 对居民的消费性支出起正影响，x_7, x_9 对居民的消费性支出起负影响，这与定性分析的结果不完全一致，原因可能是变量之间存在相关关系造成的。

从回归方程中可以看出，对城镇居民消费性支出有显著影响的因素，即通过回归系数显著性检验的是居民在食品、衣着、居住、医疗保健和文教娱乐上的花费，而且回归系数的符号都为正。显然，居民在食品、衣着、居住、医疗保健和文教娱乐上的花费越多，其消费性支出越多。

根据凯恩斯的消费理论，随着收入的增加，消费也会增加。在回归方程中的体现就是平均工资的系数为正，即工资越多意味着收入越多从而消费就会增加。另外，人均 GDP 也会引起居民收入的增加，从而导致居民消费的增加，因此其系数亦应该为正。但是，在我们得到的回归方程中人均 GDP 的符号与此定性分析的结果相反，这可能是由于方程中的自变量太多，自变量之间存在多重共线性造成的。

因此，这一回归方程并不理想，所选自变量数目过多，部分回归系数的显著性检验不能通过。这里我们只是作为多元线性回归参数估计的一个例子，后面将会进一步完善此类问题相应模型的构建方法。

3.3　有关估计量的性质

性质 1　$\hat{\beta}$ 是随机向量 y 的一个线性变换。

在多元线性回归中，无论应用普通最小二乘估计还是最大似然估计，得到回归系数向量 β 的估计量为

$$\hat{\beta} = (X'X)^{-1}X'y \tag{3.30}$$

根据回归模型假设知，X 是固定的设计矩阵，因此，$\hat{\beta}$ 是 y 的一个线性变换。

性质 2　$\hat{\boldsymbol{\beta}}$ 是 $\boldsymbol{\beta}$ 的无偏估计。

证明：

$$
\begin{aligned}
E(\hat{\boldsymbol{\beta}}) &= E((\boldsymbol{X}'\boldsymbol{X})^{-1}\boldsymbol{X}'\boldsymbol{y}) \\
&= (\boldsymbol{X}'\boldsymbol{X})^{-1}\boldsymbol{X}'E(\boldsymbol{y}) \\
&= (\boldsymbol{X}'\boldsymbol{X})^{-1}\boldsymbol{X}'E(\boldsymbol{X}\boldsymbol{\beta}+\boldsymbol{\varepsilon}) \\
&= (\boldsymbol{X}'\boldsymbol{X})^{-1}\boldsymbol{X}'\boldsymbol{X}\boldsymbol{\beta} \\
&= \boldsymbol{\beta}
\end{aligned}
$$

这一性质与一元线性回归 $\hat{\beta}_0$ 和 $\hat{\beta}_1$ 无偏的性质相同。

性质 3　
$$D(\hat{\boldsymbol{\beta}}) = \sigma^2 (\boldsymbol{X}'\boldsymbol{X})^{-1} \tag{3.31}$$

证明：

$$
\begin{aligned}
D(\hat{\boldsymbol{\beta}}) &= \mathrm{cov}(\hat{\boldsymbol{\beta}}, \hat{\boldsymbol{\beta}}) \\
&= \mathrm{cov}((\boldsymbol{X}'\boldsymbol{X})^{-1}\boldsymbol{X}'\boldsymbol{y}, (\boldsymbol{X}'\boldsymbol{X})^{-1}\boldsymbol{X}'\boldsymbol{y}) \\
&= (\boldsymbol{X}'\boldsymbol{X})^{-1}\boldsymbol{X}'\mathrm{cov}(\boldsymbol{y}, \boldsymbol{y})((\boldsymbol{X}'\boldsymbol{X})^{-1}\boldsymbol{X}')' \\
&= (\boldsymbol{X}'\boldsymbol{X})^{-1}\boldsymbol{X}'\sigma^2\boldsymbol{X}(\boldsymbol{X}'\boldsymbol{X})^{-1} \\
&= \sigma^2(\boldsymbol{X}'\boldsymbol{X})^{-1}\boldsymbol{X}'\boldsymbol{X}(\boldsymbol{X}'\boldsymbol{X})^{-1} \\
&= \sigma^2(\boldsymbol{X}'\boldsymbol{X})^{-1}
\end{aligned}
$$

当 $p = 1$ 时即一元线性回归的情况，此时

$$
\boldsymbol{X}'\boldsymbol{X} =
\begin{bmatrix}
n & \displaystyle\sum_{i=1}^{n} x_i \\
\displaystyle\sum_{i=1}^{n} x_i & \displaystyle\sum_{i=1}^{n} x_i^2
\end{bmatrix}
$$

$$
(\boldsymbol{X}'\boldsymbol{X})^{-1} = \frac{1}{|\boldsymbol{X}'\boldsymbol{X}|}
\begin{bmatrix}
\displaystyle\sum_{i=1}^{n} x_i^2 & -\displaystyle\sum_{i=1}^{n} x_i \\
-\displaystyle\sum_{i=1}^{n} x_i & n
\end{bmatrix}
= \frac{1}{nL_{xx}}
\begin{bmatrix}
\displaystyle\sum_{i=1}^{n} x_i^2 & -\displaystyle\sum_{i=1}^{n} x_i \\
-\displaystyle\sum_{i=1}^{n} x_i & n
\end{bmatrix} \tag{3.32}
$$

$$
=
\begin{bmatrix}
\dfrac{1}{nL_{xx}}\displaystyle\sum_{i=1}^{n} x_i^2 & -\dfrac{\bar{x}}{L_{xx}} \\[3mm]
-\dfrac{\bar{x}}{L_{xx}} & \dfrac{1}{L_{xx}}
\end{bmatrix}
$$

再由

$$
D(\hat{\boldsymbol{\beta}}) =
\begin{pmatrix}
\mathrm{var}(\hat{\beta}_0) & \mathrm{cov}(\hat{\beta}_0, \hat{\beta}_1) \\
\mathrm{cov}(\hat{\beta}_0, \hat{\beta}_1) & \mathrm{var}(\hat{\beta}_1)
\end{pmatrix} \tag{3.33}
$$

即可得式（2.41）、式（2.42）、式（2.45）。

$\hat{\boldsymbol{\beta}}$ 的方差阵 $D(\hat{\boldsymbol{\beta}})$ 也记为 $\mathrm{cov}(\hat{\boldsymbol{\beta}},\hat{\boldsymbol{\beta}})$，因而也称作 $\hat{\boldsymbol{\beta}}$ 的协方差阵，它是回归系数 $\hat{\beta}_1$ 方差的推广，反映了估计量 $\hat{\boldsymbol{\beta}}$ 的波动大小。由于 $D(\hat{\boldsymbol{\beta}})$ 是 $(\boldsymbol{X}'\boldsymbol{X})^{-1}$ 乘上 σ^2，而 $(\boldsymbol{X}'\boldsymbol{X})^{-1}$ 一般为非对角阵，所以 $\hat{\boldsymbol{\beta}}$ 的各分量 $\hat{\beta}_0,\hat{\beta}_1,\hat{\beta}_2,\cdots,\hat{\beta}_p$ 之间有一定的联系，根据 $D(\hat{\boldsymbol{\beta}})$ 可以分析 $\hat{\boldsymbol{\beta}}$ 各分量的波动以及各分量之间的相关程度。

由此性质还可看出，回归系数向量 $\hat{\boldsymbol{\beta}}$ 的稳定状况不仅与随机误差项的方差 σ^2 有关，还与设计矩阵 $\boldsymbol{X}$ 有关，这与一元线性回归中的情况一样，即要想使估计量的方差小，采集样本数据时就不能太集中。这对设计矩阵的构造有一定的指导意义。

为了分析 $\hat{\boldsymbol{\beta}}$ 各分量之间的相关程度，更方便的是采用 $\hat{\boldsymbol{\beta}}$ 的相关阵。以一元线性回归为例，$\hat{\boldsymbol{\beta}}=(\hat{\beta}_0,\hat{\beta}_1)'$ 的相关阵为

$$R(\hat{\boldsymbol{\beta}}) = \begin{bmatrix} 1 & \dfrac{\mathrm{cov}(\hat{\beta}_0,\hat{\beta}_1)}{\sqrt{\mathrm{var}(\hat{\beta}_0)}\sqrt{\mathrm{var}(\hat{\beta}_1)}} \\ \dfrac{\mathrm{cov}(\hat{\beta}_0,\hat{\beta}_1)}{\sqrt{\mathrm{var}(\hat{\beta}_0)}\sqrt{\mathrm{var}(\hat{\beta}_1)}} & 1 \end{bmatrix}$$

$$= \begin{bmatrix} 1 & -\dfrac{\bar{x}}{\sqrt{\dfrac{1}{n}\sum x_i^2}} \\ -\dfrac{\bar{x}}{\sqrt{\dfrac{1}{n}\sum x_i^2}} & 1 \end{bmatrix} \tag{3.34}$$

根据以上公式，可以利用 R 软件计算出 $\hat{\boldsymbol{\beta}}$ 的协方差阵与相关阵，以例 3-1 的数据为例，计算相关阵与协方差阵的代码如下：

```
X1<-as.matrix(data3.1[,2:10])    #将数据列表 data3.1 中自变量部分的数据提取出
                                     来并转换为矩阵形式存储
X<-cbind(1,X1)                   #将元素全为 1 的列向量和 X1 合并生成矩阵 X
XX<-t(X)%*%X                     #计算矩阵 X'X
sigma<-509.2                     #残差的标准差为 σ 的估计值
covBeta<-sigma^2*solve(XX)       #根据公式(3.31)计算协方差矩阵，函数 solve()
                                   计算矩阵的逆
covBeta                          #输出协方差阵
r<-matrix(nrow=10,ncol=10)       #建立 10 行 10 列的矩阵，矩阵中元素为空
  for (i in 1:10){
    for (j in 1:10)
r[i,j]<-covBeta[i,j]/(sqrt(covBeta[i,i])*sqrt(covBeta[j,j]))}
                                 #根据公式(3.34)计算相关阵中每个元素的值
  r                              #输出相关系数阵
```

计算得到 $\hat{\boldsymbol{\beta}}=(\hat{\beta}_0,\hat{\beta}_1,\cdots,\hat{\beta}_9)'$ 的协方差阵与相关阵，其中我们关注的回归系数部分如表 3-2、表 3-3 所示（常数项部分未在表中列出）。

表 3-2 相关系数阵

	$\hat{\beta}_1$	$\hat{\beta}_2$	$\hat{\beta}_3$	$\hat{\beta}_4$	$\hat{\beta}_5$	$\hat{\beta}_6$	$\hat{\beta}_7$	$\hat{\beta}_8$	$\hat{\beta}_9$
$\hat{\beta}_1$	1.000	−0.163	−0.026	0.396	−0.414	−0.471	0.015	0.255	0.117
$\hat{\beta}_2$	−0.163	1.000	0.151	−0.108	0.162	−0.071	−0.138	−0.270	−0.197
$\hat{\beta}_3$	−0.026	0.151	1.000	−0.082	−0.056	−0.515	−0.462	−0.060	−0.062
$\hat{\beta}_4$	0.396	−0.108	−0.082	1.000	−0.194	−0.118	−0.244	−0.091	−0.175
$\hat{\beta}_5$	−0.414	0.162	−0.056	−0.194	1.000	0.325	−0.345	−0.008	−0.175
$\hat{\beta}_6$	−0.471	−0.071	−0.515	−0.118	0.325	1.000	−0.263	0.059	0.090
$\hat{\beta}_7$	0.015	−0.138	−0.462	−0.244	−0.345	−0.263	1.000	−0.148	0.065
$\hat{\beta}_8$	0.255	−0.270	−0.060	−0.091	−0.008	0.059	−0.148	1.000	0.335
$\hat{\beta}_9$	0.117	−0.197	−0.062	−0.175	−0.175	0.090	0.065	0.335	1.000

表 3-3 协方差阵

	$\hat{\beta}_1$	$\hat{\beta}_2$	$\hat{\beta}_3$	$\hat{\beta}_4$	$\hat{\beta}_5$	$\hat{\beta}_6$	$\hat{\beta}_7$	$\hat{\beta}_8$	$\hat{\beta}_9$
$\hat{\beta}_1$	0.013	−0.006	0.000	0.011	−0.010	−0.001	0.000	8.149	2.155
$\hat{\beta}_2$	−0.006	0.103	0.005	−0.008	0.011	−0.001	0.000	−24.170	−10.107
$\hat{\beta}_3$	0.000	0.005	0.009	−0.002	−0.001	−0.001	0.000	−1.618	−0.959
$\hat{\beta}_4$	0.011	−0.008	−0.002	0.055	−0.010	−0.001	−0.001	−5.972	−6.604
$\hat{\beta}_5$	−0.010	0.011	−0.001	−0.010	0.045	0.002	−0.001	−0.503	−5.972
$\hat{\beta}_6$	−0.001	−0.001	−0.001	−0.001	0.002	0.001	0.000	0.403	0.355
$\hat{\beta}_7$	0.000	0.000	0.000	−0.001	−0.001	0.000	0.000	−0.379	0.096
$\hat{\beta}_8$	8.149	−24.170	−1.618	−5.972	−0.503	0.403	−0.379	78 248	15 049
$\hat{\beta}_9$	2.155	−10.107	−0.959	−6.604	−5.972	0.355	0.096	15 049	25 758

性质 4 高斯-马尔柯夫(G-M)定理

在实际应用中,我们关心的一个主要问题是预测。预测函数

$$\hat{y}_0 = \hat{\beta}_0 + \hat{\beta}_1 x_{10} + \hat{\beta}_2 x_{20} + \cdots + \hat{\beta}_p x_{p0} \tag{3.35}$$

是 $\hat{\boldsymbol{\beta}}$ 的线性函数,因而我们希望 $\hat{\boldsymbol{\beta}}$ 的线性函数的波动越小越好。设 c 为任一 $p+1$ 维常数向量,我们希望回归系数向量 $\boldsymbol{\beta}$ 的估计值 $\hat{\boldsymbol{\beta}}$ 具有如下性质:

(1) $c'\hat{\boldsymbol{\beta}}$ 是 $c'\boldsymbol{\beta}$ 的无偏估计。

(2) $c'\hat{\boldsymbol{\beta}}$ 的方差要小。

下面的一个重要性质告诉我们普通最小二乘估计 $\hat{\boldsymbol{\beta}}$ 正好满足上述条件。

高斯-马尔柯夫定理:在假定 $E(\boldsymbol{y}) = \boldsymbol{X\beta}$,$D(\boldsymbol{y}) = \sigma^2 \boldsymbol{I}_n$ 时,$\boldsymbol{\beta}$ 的任一线性函数 $c'\boldsymbol{\beta}$ 的最小方差线性无偏估计(BLUE)为 $c'\hat{\boldsymbol{\beta}}$,其中,$c$ 是任一 $p+1$ 维常数向量,$\hat{\boldsymbol{\beta}}$ 是 $\boldsymbol{\beta}$ 的最小二乘估计。

证明参见参考文献[5]。

此定理说明了用普通最小二乘估计得到的 $\hat{\boldsymbol{\beta}}$ 是理想的估计量。关于这条性质,请读者注意以下四点:

第一,取常数向量 c 的第 $j(j = 0, 1, \cdots, p)$ 个分量为 1,其余分量为 0,这时 G-M 定

理表明最小二乘估计 $\hat{\beta}_j$ 是 β_j 的最小方差线性无偏估计。

第二，可能存在 $y_1, y_2, \ldots, y_n$ 的非线性函数，作为 $\boldsymbol{c}'\boldsymbol{\beta}$ 的无偏估计，比最小二乘估计 $\boldsymbol{c}'\hat{\boldsymbol{\beta}}$ 的方差更小。

第三，可能存在 $\boldsymbol{c}'\boldsymbol{\beta}$ 的有偏估计，在某种意义（例如均方误差最小）上比最小二乘估计 $\boldsymbol{c}'\hat{\boldsymbol{\beta}}$ 更好。

第四，在正态假定下，$\boldsymbol{c}'\hat{\boldsymbol{\beta}}$ 是 $\boldsymbol{c}'\boldsymbol{\beta}$ 的最小方差无偏估计。也就是说，既不可能存在 $y_1, y_2, \ldots, y_n$ 的非线性函数，也不可能存在 $y_1, y_2, \ldots, y_n$ 的其他线性函数，作为 $\boldsymbol{c}'\boldsymbol{\beta}$ 的无偏估计，比最小二乘估计 $\boldsymbol{c}'\hat{\boldsymbol{\beta}}$ 的方差更小。

性质 5　$\mathrm{cov}(\hat{\boldsymbol{\beta}}, \boldsymbol{e}) = \boldsymbol{0}$。

证明参见参考文献[5]。

此性质说明 $\hat{\boldsymbol{\beta}}$ 与 $\boldsymbol{e}$ 不相关，在正态假定下，$\hat{\boldsymbol{\beta}}$ 与 $\boldsymbol{e}$ 不相关等价于 $\hat{\boldsymbol{\beta}}$ 与 $\boldsymbol{e}$ 独立，从而 $\hat{\boldsymbol{\beta}}$ 与 $\mathrm{SSE} = \boldsymbol{e}'\boldsymbol{e}$ 独立。

性质 6　当 $\boldsymbol{y} \sim N(\boldsymbol{X}\boldsymbol{\beta}, \sigma^2\boldsymbol{I}_n)$ 时，则

（1）$\hat{\boldsymbol{\beta}} \sim N(\boldsymbol{\beta}, \sigma^2(\boldsymbol{X}'\boldsymbol{X})^{-1})$。

（2）$\mathrm{SSE}/\sigma^2 \sim \chi^2(n-p-1)$。

由前 3 个性质易证明（1），（2）的证明参见参考文献[7]。

性质 5 和性质 6 在构造 t 统计量和 F 统计量时有用。这两条性质对一元线性回归当然也成立，只是为了保持教材的系统性，在第 2 章一元线性回归中没有提出。

3.4　回归方程的显著性检验

在实际问题的研究中，事先并不能断定随机变量 y 与变量 $x_1, x_2, \cdots, x_p$ 之间确有线性关系，在进行回归参数的估计前，我们用多元线性回归方程去拟合随机变量 y 与变量 $x_1, x_2, \cdots, x_p$ 之间的关系，只是根据一些定性分析所做的一种假设。因此，在求出线性回归方程后，还需对回归方程进行显著性检验。多元线性回归方程的显著性检验与一元线性回归方程的显著性检验既有相同之处，也有不同之处。

下面介绍两种统计检验方法，一种是回归方程显著性的 F 检验；另一种是回归系数显著性的 t 检验。同时介绍衡量回归拟合程度的拟合优度检验。

3.4.1　F 检验

对多元线性回归方程的显著性检验就是要看自变量 $x_1, x_2, \cdots, x_p$ 从整体上对随机变量 y 是否有明显的影响。为此提出原假设

$$H_0: \beta_1 = \beta_2 = \cdots = \beta_p = 0$$

如果 H_0 没有足够的理由被拒绝，则表明随机变量 y 与 $x_1, x_2, \cdots, x_p$ 之间的关系由线性回归模型表示不合适。类似一元线性回归检验，为了建立对 H_0 进行检验的 F 统计量，仍然利用总离差平方和的分解式，即

$$\sum_{i=1}^{n}(y_i - \overline{y})^2 = \sum_{i=1}^{n}[(\hat{y}_i - \overline{y})^2 + (y_i - \hat{y}_i)^2]$$

简写为

$$SST = SSR + SSE$$

此分解式的证明只需利用式 (3.25) 即可。构造 F 检验统计量如下

$$F = \frac{SSR / p}{SSE / (n - p - 1)} \tag{3.36}$$

在正态假设下，当原假设 $H_0: \beta_1 = \beta_2 = \cdots = \beta_p = 0$ 成立时，F 服从自由度为 $(p, n-p-1)$ 的 F 分布。于是，可以利用 F 统计量对回归方程的总体显著性进行检验。对于给定的数据，计算出 SSR 和 SSE，进而得到 F 的值，其计算过程列在表 3-4 的方差分析表中，再由给定的显著性水平 α 查 F 分布表，得临界值 $F_\alpha(p, n-p-1)$。

表 3-4　方差分析表

方差来源	自由度	平方和	均方	F 值	P 值
回归	p	SSR	SSR/p	$\dfrac{SSR / p}{SSE / (n - p - 1)}$	$P(F > F\ 值) = P\ 值$
残差	$n-p-1$	SSE	SSE/$(n-p-1)$		
总和	$n-1$	SST			

当 $F > F_\alpha(p, n-p-1)$ 时，拒绝原假设 H_0，认为在显著性水平 α 下，y 与 $x_1, x_2, \cdots, x_p$ 有显著的线性关系，即回归方程是显著的。更通俗一些说，就是接受"自变量全体对因变量 y 产生线性影响"这一结论犯错误的概率不超过 α。反之，当 $F \leqslant F_\alpha(p, n-p-1)$ 时，则认为回归方程不显著。

与一元线性回归一样，也可以根据 P 值做检验。当 P 值 $< \alpha$ 时，拒绝原假设 H_0；当 P 值 $\geqslant \alpha$ 时，不拒绝原假设 H_0。

对例 3-1 的数据，回归方程整体的显著性检验结果可由 summary() 语句的输出结果 3.1 中看出，其中 F 值=636.1，对应的 P 值 $<2.2e-16$，由此可知此回归方程整体上高度显著，即做出 9 个自变量整体对因变量 y 产生显著线性影响的判断所犯错误的概率约为 0。

另外，对于线性回归的方差分析，R 语言中不仅可以使用函数 anova() 得到方差分析表，还可以使用函数 Anova()，而在使用函数 Anova() 前需要安装包 car 并加载该包。其中，anova() 函数计算的各自变量对因变量 y 所解释的方差是序贯型（type I），各自变量对应的平方和是引入该变量时模型回归平方和的增加量（等于残差平方和的减少量），这样模型的回归平方和就等于各变量对应的平方和相加。当自变量相关时，

先引入的变量平方和就偏大，各变量的地位不平等，例如做多项式回归时先引入低阶项，再引入高阶项。常规的回归模型中各自变量的地位是相同的，可以使用 Anova() 函数提供的(type II)和(type III)平方和选项。一般而言，type II 平方和用于回归分析以及不含交互作用的方差分析，type III 平方和用于含有交互作用的方差分析。但是现在的软件功能很强，这两类平方和可以通用，软件会根据数据性质做出正确处理，所以通常默认选用 type III 平方和。对于这两类平方和，当自变量相关时，各变量平方和相加并不等于模型的回归平方和，每个自变量的平方和是在模型中已含有其他自变量时，再引入这个自变量回归平方和的增加量(等于残差平方和减小量)。当模型中引入或删除自变量时，模型中其他自变量的平方和也会发生变化。而当自变量间不相关时，每个自变量的平方和是固定的，各变量平方和相加等于模型的回归平方和。此处，我们选用 type III 给出例 3-1 多元线性回归的方差分析的结果，具体代码以及输出结果如下所示。

```
install.packages("car")        #安装 car 包
library(car)                    #加载 car 包
Anova(lm3.1,type="III")         #输出方差分析表
```

输出结果 3.2

```
Anova Table (Type III tests)

Response: y
              Sum Sq Df    F value   Pr(>F)
(Intercept)  1739401  1     6.7097   0.01707    *
x1          39118174  1   150.8972   4.724e-11  ***
x2          11094851  1    42.7981   1.763e-06  ***
x3          23787915  1    91.7612   4.091e-09  ***
x4           9246270  1    35.6672   6.295e-06  ***
x5          14314904  1    55.2193   2.632e-07  ***
x6            267960  1     1.0336   0.32087
x7            113998  1     0.4397   0.51446
x8           1647003  1     6.3533   0.01987    *
x9              4574  1     0.0176   0.89559
Residuals    5443981 21
---
Signif. codes:  0 '***' 0.001 '**' 0.01 '*' 0.05 '.' 0.1 ' ' 1
```

  输出结果 3.2 中的数据格式与表 3-4 略有不同，该方差分析表将方差来源具体到每个自变量，并通过 P 值可看出每个自变量对因变量 y 是否产生显著的影响，从上述结果中看出，在显著性水平 $\alpha = 0.05$ 下，有 $x_1, x_2, x_3, x_4, x_5, x_8$ 对 y 产生显著线性影响，这与回归系数的显著性检验结果一致。一般情况下，做多元回归时直接用 summary() 语句查看回归方程整体的显著性以及回归系数的显著性即可，无须查看具体的方差分析表。

3.4.2　t 检验

在多元线性回归中，回归方程显著并不意味着每个自变量对 y 的影响都显著，我们总想从回归方程中剔除那些次要的、可有可无的变量，重新建立更为简单的回归方程，所以需要对每个自变量进行显著性检验。

显然，如果某个自变量 x_j 对 y 的作用不显著，那么在回归模型中，它的系数 β_j 就取值为零。因此，检验变量 x_j 是否显著，等价于检验假设

$$H_{0j}: \ \beta_j = 0, \quad j = 1, 2, \cdots, p$$

如果不拒绝原假设 H_{0j}，则 x_j 不显著；如果拒绝原假设 H_{0j}，则 x_j 是显著的。

由 3.3 节中性质 6 知

$$\hat{\boldsymbol{\beta}} \sim N(\boldsymbol{\beta}, \sigma^2 (\boldsymbol{X'X})^{-1}) \tag{3.37}$$

记

$$(\boldsymbol{X'X})^{-1} = (c_{ij}), \quad i, j = 1, 2, \cdots, p \tag{3.38}$$

于是有

$$E(\hat{\beta}_j) = \beta_j, \ \mathrm{var}(\hat{\beta}_j) = c_{jj}\sigma^2$$

$$\hat{\beta}_j \sim N(\beta_j, c_{jj}\sigma^2), \quad j = 1, 2, \cdots, p \tag{3.39}$$

据此可以构造 t 统计量

$$t_j = \frac{\hat{\beta}_j}{\sqrt{c_{jj}}\,\hat{\sigma}} \tag{3.40}$$

式（3.40）中

$$\hat{\sigma} = \sqrt{\frac{1}{n-p-1}\sum_{i=1}^{n} e_i^2} = \sqrt{\frac{1}{n-p-1}\sum_{i=1}^{n}(y_i - \hat{y}_i)^2} \tag{3.41}$$

是回归标准差。

当原假设 $H_{0j}: \ \beta_j = 0$ 成立时，式（3.40）构造的统计量 t_j 服从自由度为 $n-p-1$ 的 t 分布。给定显著性水平 α，查出双侧检验的临界值 $t_{\alpha/2}$。当 $|t_j| \geqslant t_{\alpha/2}$ 时，拒绝原假设 $H_{0j}: \ \beta_j = 0$，认为 β_j 显著不为零，自变量 x_j 对因变量 y 的线性效果显著；当 $|t_j| < t_{\alpha/2}$ 时，不拒绝原假设 $H_{0j}: \ \beta_j = 0$，认为 β_j 为零，自变量 x_j 对因变量 y 的线性效果不显著。

对于例 3-1 的城镇居民消费性支出的例子，由 F 检验知道回归方程的整体是显著的，即 9 个自变量作为一个整体对因变量 y 有十分显著的影响。那么，每一个自变量 $x_j(j = 1, 2, \cdots, 9)$ 对 y 是否有显著影响呢？

利用 R 软件计算的关于 β_j 的 t 统计量 $t_j(j = 1, 2, \cdots, 9)$ 及其相应的 P 值见输出结果 3.1。我们发现在显著性水平 $\alpha = 0.05$ 下，有 $x_1, x_2, x_3, x_4, x_5, x_8$ 通过了显著性检验。这个例子说明，尽管回归方程的整体高度显著，但也会出现某些自变量 x_j（甚至每个 x_j）

对 y 无显著影响的情况。

由于某些自变量不显著，因而在多元回归中并不是包含在回归方程中的自变量越多越好，这个问题将在第 5 章中详细讨论。在此仅简单介绍一种剔除多余变量的方法——后退法。当有多个自变量对因变量 y 无显著影响时，由于自变量之间的交互作用，不能一次剔除掉所有不显著的变量。原则上每次只剔除一个变量，先剔除其中 $|t|$ 值最小的（或 P 值最大的）一个变量，然后再对求得的新的回归方程进行检验，有不显著的变量再剔除，直到保留的变量都对 y 有显著影响为止。也可以根据对问题的定性分析先选择 t 值较小的变量剔除。本例中 P 值最大的 $p_9=0.8956$，从定性分析看，如果居民的消费性支出主要由生活必须的刚性消费构成，则失业率对其支出的影响应该相对较小。首先剔除 x_9，用因变量 y 与其余 8 个自变量做回归，计算代码及运行结果见输出结果 3.3。

```
lm3.1_drop9<-lm(y~x1+x2+x3+x4+x5+x6+x7+x8,data=data3.1)
                    #y 对除 x9 外的变量作回归
summary(lm3.1_drop9)
```

输出结果 3.3

```
Call:
lm(formula = y ~ x1 + x2 + x3 + x4 + x5 + x6 + x7 + x8, data = data3.1)

Residuals:
    Min      1Q   Median      3Q      Max
-809.85 -254.02  -87.22  316.51  1072.37

Coefficients:
              Estimate  Std. Error  t value  Pr(>|t|)
(Intercept) -7.478e+04   2.599e+04   -2.877   0.00876   **
x1           1.406e+00   1.110e-01   12.672   1.39e-11  ***
x2           2.086e+00   3.068e-01    6.799   7.85e-07  ***
x3           9.277e-01   9.456e-02    9.811   1.71e-09  ***
x4           1.401e+00   2.267e-01    6.182   3.20e-06  ***
x5           1.575e+00   2.047e-01    7.698   1.11e-07  ***
x6           2.524e-02   2.389e-02    1.057   0.30210
x7          -5.989e-03   8.925e-03   -0.671   0.50920
x8           7.175e+02   2.576e+02    2.786   0.01078   *
---
Signif. codes:  0 '***' 0.001 '**' 0.01 '*' 0.05 '.' 0.1 ' ' 1

Residual standard error: 497.7 on 22 degrees of freedom
Multiple R-squared: 0.9963, Adjusted R-squared: 0.995
F-statistic: 749.1 on 8 and 22 DF,  p-value: < 2.2e-16
```

其中，第一行代码也可用 update 函数代替：lm3.1_drop9<-update(lm3.1,.~.-x9)。

剔除 x_9 后，仍然有不显著的自变量，此时 x_7 对应的 P 值最大，因此进一步剔除 x_7，用因变量 y 与其余 7 个自变量做回归。如此，依次剔除 P 值最大的自变量，直到最后所有的自变量在显著性水平 $\alpha = 0.05$ 时都显著。最终方程中保留 $x_1, x_2, x_3, x_4, x_5, x_8$，其回归系数见输出结果 3.4。

输出结果 3.4

```
Call:
lm(formula = y ~ x1 + x2 + x3 + x4 + x5 + x8, data = data3.1)

Residuals:
    Min      1Q   Median      3Q      Max
-840.07 -299.43  -35.29   338.74   992.49

Coefficients:
              Estimate  Std. Error  t value  Pr(>|t|)
(Intercept) -7.142e+04   2.511e+04   -2.845   0.00895   **
x1           1.457e+00   9.436e-02   15.444   5.74e-14  ***
x2           2.086e+00   2.984e-01    6.990   3.15e-07  ***
x3           9.554e-01   5.523e-02   17.300   4.68e-15  ***
x4           1.401e+00   2.133e-01    6.569   8.55e-07  ***
x5           1.479e+00   1.818e-01    8.135   2.34e-08  ***
x8           6.907e+02   2.494e+02    2.769   0.01067   *
---
Signif. codes:  0 '***' 0.001 '**' 0.01 '*' 0.05 '.' 0.1 ' ' 1

Residual standard error: 490.1 on 24 degrees of freedom
Multiple R-squared:  0.9961,  Adjusted R-squared:  0.9952
F-statistic:  1030 on 6 and 24 DF,  p-value: < 2.2e-16
```

在一元线性回归中，回归系数显著性的 t 检验与回归方程显著性的 F 检验是等价的，而在多元线性回归中，这两种检验是不等价的。F 检验显著，说明因变量 y 对自变量 $x_1, x_2, \cdots, x_p$ 整体的线性回归效果是显著的，但不等于因变量 y 对每个自变量 x_j 的回归效果都显著。反之，某个或某几个 x_j 的系数不显著，回归方程显著性的 F 检验仍有可能是显著的。

可以从另外一个角度考虑自变量 x_j 的显著性。因变量 y 对自变量 $x_1, x_2, \cdots, x_p$ 线性回归的残差平方和为 SSE，回归平方和为 SSR，在剔除掉 x_j 后，用因变量 y 对其余的 $p-1$ 个自变量做回归，记所得的残差平方和为 $\text{SSE}_{(j)}$，回归平方和为 $\text{SSR}_{(j)}$，则自变量 x_j 对回归的贡献为 $\Delta\text{SSR}_{(j)} = \text{SSR} - \text{SSR}_{(j)}$，称为 x_j 的偏回归平方和。由此构造偏 F 统计量

$$F_j = \frac{\Delta\text{SSR}_{(j)} / 1}{\text{SSE} / (n - p - 1)} \qquad (3.42)$$

当原假设 H_{0j}：$\beta_j = 0$ 成立时，式(3.42)的偏 F 统计量 F_j 服从自由度为$(1, n-p-1)$的 F 分布，此 F 检验与式(3.40)的 t 检验是一致的，可以证明 $F_j = t_j^2$，当从回归方程中剔除变元时，回归平方和减少，残差平方和增加。根据平方和分解式可知，$\Delta SSR_{(j)} = \Delta SSE_{(j)} = SSE_{(j)} - SSE$。反之，往回归方程中引入变元时，回归平方和增加，残差平方和减少，两者的增减量同样相等。

3.4.3　回归系数的置信区间

当我们有了参数向量 $\boldsymbol{\beta}$ 的估计量 $\hat{\boldsymbol{\beta}}$ 时，$\hat{\boldsymbol{\beta}}$ 与 $\boldsymbol{\beta}$ 的接近程度如何?这就需构造 β_j 的一个区间，以 $\hat{\beta}_j$ 为中心的区间，该区间以一定的概率包含 β_j。

由式(3.39)可知

$$t_j = \frac{\hat{\beta}_j - \beta_j}{\sqrt{c_{jj}}\hat{\sigma}} \sim t(n-p-1) \tag{3.43}$$

仿照式(2.69)一元线性回归系数区间估计的推导过程，可得 β_j 的置信度为 $1-\alpha$ 的置信区间为

$$(\hat{\beta}_j - t_{\alpha/2}\sqrt{c_{jj}}\hat{\sigma}, \hat{\beta}_j + t_{\alpha/2}\sqrt{c_{jj}}\hat{\sigma}) \tag{3.44}$$

用 R 软件中的 confint() 函数可计算出例 3-1 数据的回归系数区间估计。

3.4.4　拟合优度

拟合优度用于检验回归方程对样本观测值的拟合程度。在一元线性回归中，定义了样本决定系数 $r^2 = SSR/SST$，在多元线性回归中，同样可以定义样本决定系数为

$$R^2 = \frac{SSR}{SST} = 1 - \frac{SSE}{SST} \tag{3.45}$$

样本决定系数 R^2 的取值在[0, 1]区间内，R^2 越接近 1，表明回归拟合的效果越好；R^2 越接近 0，表明回归拟合的效果越差。与 F 检验相比，R^2 可以更清楚直观地反映回归拟合的效果，但是并不能作为严格的显著性检验。

称

$$R = \sqrt{R^2} = \sqrt{\frac{SSR}{SST}} \tag{3.46}$$

为因变量 y 关于自变量 $x_1, x_2, \cdots, x_p$ 的样本复相关系数。在两个变量的简单相关系数中，相关系数有正负之分，而复相关系数表示的是因变量 y 与全体自变量之间的线性关系，它的符号不能由某一个自变量的回归系数的符号来确定，因而都取正号。与一元线性回归方程中曾定义的相关系数 r 一样，在多元线性回归的实际应用中，

人们用复相关系数 R 来表示回归方程对原有数据的拟合程度，它衡量作为一个整体的 $x_1, x_2, \cdots, x_p$ 与 y 的线性关系。

在实际应用中，样本决定系数 R^2 到底多大时，才算通过了拟合优度检验呢？这要根据具体情况来定。在此需要指出的是，拟合优度并不是检验模型优劣的唯一标准，有时为了使得模型从结构上有比较合理的经济解释，在 n 较大时，即使 R^2 在 0.7 左右，我们也给回归模型以肯定的态度。在后面的回归变量选择中，还将看到 R^2 与回归方程中自变量的数目以及样本量 n 有关，当样本量 n 与自变量的个数接近时，R^2 易接近 1，其中隐含着一些虚假成分。因此，由 R^2 决定模型优劣时还需慎重。

 ## 3.5 中心化和标准化

在多元线性回归分析中，由于涉及多个自变量，自变量的单位往往不同，给利用回归方程进行结构分析带来一定困难；由于多元回归涉及的数据量很大，可能因为舍入误差而使计算结果不理想。尽管计算机能使我们保留更多位的小数，但舍入误差肯定还会出现。因此，对原始数据进行一些处理，尽量避免大的误差是有实际意义的。

产生舍入误差有两个主要原因：一是回归分析计算中数据量级有很大差异，比如892 976 与 0.582 这样的大小悬殊的数据出现在同一个计算中；二是设计矩阵 $\boldsymbol{X}$ 的列向量近似线性相关，$\boldsymbol{X'X}$ 为病态矩阵，其逆矩阵 $(\boldsymbol{X'X})^{-1}$ 就会产生较大的误差。

3.5.1 中心化

多元线性回归模型的一般形式为

$$y = \beta_0 + \beta_1 x_1 + \beta_2 x_2 + \cdots + \beta_p x_p + \varepsilon$$

其经验回归方程式（3.19）为

$$\hat{y} = \hat{\beta}_0 + \hat{\beta}_1 x_1 + \hat{\beta}_2 x_2 + \cdots + \hat{\beta}_p x_p$$

此经验回归方程经过样本中心 $(\overline{x}_1, \overline{x}_2, \cdots, \overline{x}_p; \overline{y})$，将坐标原点移至样本中心，即做坐标变换

$$x'_{ij} = x_{ij} - \overline{x}_j, \quad i = 1, 2, \cdots, n; \quad j = 1, 2, \cdots, p$$

$$y'_i = y_i - \overline{y}, \quad i = 1, 2, \cdots, n \tag{3.47}$$

上述经验方程式即转变为

$$\hat{y}' = \hat{\beta}_1 x'_1 + \hat{\beta}_2 x'_2 + \cdots + \hat{\beta}_p x'_p \tag{3.48}$$

式 (3.48) 即中心化经验回归方程。中心化经验回归方程的常数项为 0，而回归系数的最小二乘估计值 $\hat{\beta}_1, \hat{\beta}_2, \cdots, \hat{\beta}_p$ 保持不变，这一点是容易理解的。这是因为坐标系的平移变换只改变直线的截距，不改变直线的斜率。

中心化经验回归方程式 (3.48) 只包含 p 个参数估计值 $\hat{\beta}_1, \hat{\beta}_2, \cdots, \hat{\beta}_p$，比式 (3.19) 的一般经验回归方程少了一个未知参数。在变量较多时，减少一个未知参数，计算工作量会减少许多，对手工计算尤其重要。因而在用手工计算求解线性回归方程时，通常先对数据中心化，求出中心化经验回归方程式 (3.48)，再由

$$\hat{\beta}_0 = \overline{y} - \hat{\beta}_1 \overline{x}_1 - \hat{\beta}_2 \overline{x}_2 - \cdots - \hat{\beta}_p \overline{x}_p$$

求出常数项估计值 $\hat{\beta}_0$。

3.5.2 标准化回归系数

在上述中心化的基础上，我们可进一步给出变量的标准化和标准化回归系数。在用多元线性回归方程描述某种经济现象时，由于自变量 $x_1, x_2, \cdots, x_p$ 所用的单位大多不同，数据的大小差异也往往很大，这就不利于在同一标准上进行比较。为了消除量纲不同和数量级的差异所带来的影响，就需要将样本数据做标准化处理，然后用最小二乘法估计未知参数，求得标准化回归系数。

样本数据的标准化公式为

$$x_{ij}^* = \frac{x_{ij} - \overline{x}_j}{\hat{\sigma}_{x_j}}, \quad i = 1, 2, \cdots, n; \quad j = 1, 2, \cdots, p \tag{3.49}$$

$$y_i^* = \frac{y_i - \overline{y}}{\hat{\sigma}_y}, \quad i = 1, 2, \cdots, n \tag{3.50}$$

式 (3.49) 和式 (3.50) 中 $\hat{\sigma}_{x_j}$ 和 $\hat{\sigma}_y$ 分别为自变量 x_j 的样本标准差和因变量 y 的样本标准差。

用最小二乘法求出标准化的样本数据 $(x_{i1}^*, x_{i2}^*, \cdots, x_{ip}^*; y_i^*)$ 的经验回归方程，记为

$$y^* = \hat{\beta}_1^* x_1^* + \hat{\beta}_2^* x_2^* + \cdots + \hat{\beta}_p^* x_p^* \tag{3.51}$$

式 (3.51) 中，$\hat{\beta}_1^*, \hat{\beta}_2^*, \cdots, \hat{\beta}_p^*$ 为 y 对自变量 $x_1, x_2, \cdots, x_p$ 的标准化回归系数。标准化包括了中心化，因而标准化的回归常数项为 0。容易验证，标准化回归系数与普通最小二乘回归系数之间存在关系式

$$\hat{\beta}_j^* = \frac{\sqrt{L_{jj}}}{\sqrt{L_{yy}}} \hat{\beta}_j, \quad j = 1, 2, \cdots, p \tag{3.52}$$

普通最小二乘估计 $\hat{\beta}_j$ 表示在其他变量不变的情况下，自变量 x_j 的每单位的绝对变化引起的因变量均值的绝对变化量。标准化回归系数 $\hat{\beta}_j^*$ 表示自变量 x_j 的1%相对变化

（相对于 $\sqrt{L_{jj}}$ ）引起的因变量均值的相对变化百分数（相对于 $\sqrt{L_{yy}}$ ）。

当自变量所使用的单位不同时，用普通最小二乘估计建立的回归方程，其回归系数不具有可比性，得不到合理的解释。例如，有一回归方程为

$$\hat{y} = 200 + 2\,000x_1 + 2x_2$$

如果不管 x_1 与 x_2 的单位是什么，人们会很自然地认为 x_1 对因变量 y 的影响最重要，因为 x_1 的系数 2 000 比 x_2 的系数 2 大得多。可是，如果 x_1 的单位是吨，x_2 的单位是公斤，那么 x_1 与 x_2 的重要性实际上是相同的。这是因为 x_1 增加 1 吨时 y 增加 2 000 个单位，x_2 增加 1 公斤时 y 增加 2 个单位，那么 x_2 增加 1 吨时 y 同样增加 2 000 个单位，x_1 增加 1 吨对 y 的影响程度与 x_2 增加 1 吨对 y 的影响程度是相同的。

标准化回归系数是比较自变量对因变量 y 影响程度的相对重要性的一种较为理想的方法，有了标准化回归系数后，变量的相对重要性就容易比较了。但是，我们仍提醒人们对回归系数的解释须采取谨慎的态度，这是因为当自变量相关时会影响标准化回归系数的大小，有关内容将在第 6 章中详细讨论。

3.6　相关阵与偏相关系数

3.6.1　样本相关阵

复相关系数 R 反映了 y 与一组自变量的相关性，是整体和共性指标；简单相关系数反映的是两个变量间的相关性，是局部和个性指标。我们在分析问题时，应该本着整体与局部相结合、共性与个性相结合的原则。

由样本观测值 $x_{i1}, x_{i2}, \cdots, x_{ip} (i = 1, 2, \cdots, n)$ ，分别计算 x_i 与 x_j 之间的简单相关系数 r_{ij} ，得自变量样本相关阵

$$\boldsymbol{r} = \begin{bmatrix} 1 & r_{12} & \cdots & r_{1p} \\ r_{21} & 1 & \cdots & r_{2p} \\ \cdots & \cdots & & \cdots \\ r_{p1} & r_{p2} & \cdots & 1 \end{bmatrix} \tag{3.53}$$

注意相关阵是对称矩阵。记

$$\boldsymbol{X}^* = (x_{ij}^*)_{n \times p}$$

表示中心标准化的设计阵，则相关阵可表示为

$$\boldsymbol{r} = (\boldsymbol{X}^*)' \boldsymbol{X}^* / (n-1) \tag{3.54}$$

进一步求出 y 与每个自变量 x_i 的相关系数 r_{yi} ，得增广的样本相关阵为

$$\tilde{r} = \begin{bmatrix} 1 & r_{y1} & r_{y2} & \cdots & r_{yp} \\ r_{1y} & 1 & r_{12} & \cdots & r_{1p} \\ r_{2y} & r_{21} & 1 & \cdots & r_{2p} \\ \cdots & \cdots & \cdots & \cdots & \cdots \\ r_{py} & r_{p1} & r_{p2} & \cdots & 1 \end{bmatrix} \qquad (3.55)$$

用 R 软件中的函数 $\text{cor}(Z)$ 可以直接计算增广样本相关矩阵，其中 $Z = (y, X)$，y 为因变量的样本值，X 为设计矩阵。由此可以计算出例 3-1 城镇居民消费性支出数据的增广样本相关矩阵见表 3-5。

表 3-5　样本相关阵

	y	x_1	x_2	x_3	x_4	x_5	x_6	x_7	x_8	x_9
y	1	0.854	0.455	0.952	0.676	0.750	0.929	0.930	0.290	−0.096
x_1	0.854	1	0.296	0.740	0.310	0.604	0.801	0.709	0.026	−0.154
x_2	0.455	0.296	1	0.352	0.354	0.193	0.384	0.403	0.324	0.042
x_3	0.952	0.740	0.352	1	0.667	0.643	0.933	0.936	0.299	−0.117
x_4	0.676	0.310	0.354	0.667	1	0.526	0.605	0.714	0.369	0.077
x_5	0.750	0.604	0.193	0.643	0.526	1	0.574	0.692	0.145	0.067
x_6	0.929	0.801	0.384	0.933	0.605	0.574	1	0.902	0.251	−0.164
x_7	0.930	0.709	0.403	0.936	0.714	0.692	0.902	1	0.350	−0.111
x_8	0.290	0.026	0.324	0.299	0.369	0.145	0.251	0.350	1	−0.257
x_9	−0.096	−0.154	0.042	−0.117	0.077	0.067	−0.164	−0.111	−0.257	1

从表 3-5 中可以看出，y 与 x_3 的相关系数最大，$r_{y3} = 0.952$。某些自变量间的相关性也很高，例如 $r_{36}=0.933$，$r_{37}=0.936$，说明自变量之间可能存在多重共线性，回归模型还需要优化。

3.6.2　偏决定系数

前面介绍了复相关系数与简单相关系数，以下介绍变量间的另一种相关性——偏相关。在多元线性回归分析中，当其他变量固定后，给定的任两个变量之间的相关系数称为偏相关系数。偏相关系数可以度量 $p+1$ 个变量 y, x_1, x_2,$\cdots$, x_p 之中任意两个变量的线性相关程度，而这种相关程度是在固定其余 $p-1$ 个变量的影响下的线性相关。例如，当我们在研究粮食产量与农业投入资金、粮食产量与劳动力投入之间的关系时，农业投入资金的多少会影响粮食产量，劳动力投入的多少也会影响粮食产量。由于资金投入数量的变化，劳动力投入的多少也经常发生变化，用简单相关系数往往不能说明现象间的关系程度如何。这就需要在固定其他变量影响的情况下来计算两个变量之间的关系程度，计算出的这种相关系数就称为偏相关系数。我们在研究粮食产量与劳动力投入的关系时可以假定投入资金数量不变，在研究粮食产量与投入资金的关系时可以假定劳动力投入不变。复决定系数 R^2 测量回归中一组自变量 x_1, x_2,$\cdots$, x_p 使因变量 y 的变差的相对减少量。相应地，偏决定系数测量在回归方程中已包含若干个自变量时，再引入某一个新的自变量，y 的剩余变差的相对减少量，它衡量某自变量对 y 的变差减少的边际贡献。在讲偏相关系数之前，首先引入偏决定系数。

1. 两个自变量的偏决定系数

二元线性回归模型为

$$y_i = \beta_0 + \beta_1 x_{i1} + \beta_2 x_{i2} + \varepsilon_i, \quad i = 1, 2, \cdots, n$$

记 $\mathrm{SSE}(x_2)$ 是模型中只含有自变量 x_2 时 y 的残差平方和，$\mathrm{SSE}(x_1, x_2)$ 是模型中同时含有自变量 x_1 和 x_2 时 y 的残差平方和。因此，模型中已含有 x_2 时，再加入 x_1 使 y 的剩余变差的相对减少量为

$$r_{y1;2}^2 = \frac{\mathrm{SSE}(x_2) - \mathrm{SSE}(x_1, x_2)}{\mathrm{SSE}(x_2)} \tag{3.56}$$

此即模型中已含有 x_2 时，y 与 x_1 的偏决定系数。

同样，模型中已含有 x_1 时，y 与 x_2 的偏决定系数为

$$r_{y2;1}^2 = \frac{\mathrm{SSE}(x_1) - \mathrm{SSE}(x_1, x_2)}{\mathrm{SSE}(x_1)} \tag{3.57}$$

2. 一般情况

当模型中已含有 $x_2, \cdots, x_p$ 时，y 与 x_1 的偏决定系数为

$$r_{y1;2,\cdots,p}^2 = \frac{\mathrm{SSE}(x_2, \cdots, x_p) - \mathrm{SSE}(x_1, x_2, \cdots, x_p)}{\mathrm{SSE}(x_2, \cdots, x_p)} \tag{3.58}$$

其余情况依此类推。由"思考与练习"中 3.9 题知，偏决定系数与回归系数显著性检验的偏 F 值是等价的。

3.6.3 偏相关系数

偏决定系数的平方根称为偏相关系数，其符号与相应的回归系数的符号相同。偏相关系数与回归系数显著性检验的 t 值是等价的。

📝 例 3-2

为了研究北京市各经济开发区经济发展与招商投资的关系，我们以各开发区的销售收入（百万元）为因变量 y，选取两个自变量：x_1 为截至 2008 年底各开发区累计招商数目，x_2 为招商企业注册资本（百万元）。表 3-6 列出了截至 2008 年底招商企业注册资本 x_2 在 5 亿～50 亿元的 15 个开发区的数据。以 y 对 x_1 和 x_2 建立二元线性回归，用 R

软件计算出回归系数及偏相关系数，其中计算偏相关系数首先需要计算相关系数矩阵 r，然后下载安装 corpcor 包，并使用该包中的函数 cor2pcor(r) 计算偏相关系数阵。相应计算代码及运行结果如下所示。

表 3-6　北京开发区数据

x_1	x_2	y	x_1	x_2	y
25	3 547.79	553.96	7	671.13	122.24
20	896.34	208.55	532	2 863.32	1 400.00
6	750.32	3.10	75	1 160.00	464.00
1 001	2 087.05	2 815.40	40	862.75	7.50
525	1 639.31	1 052.12	187	672.99	224.18
825	3 357.70	3 427.00	122	901.76	538.94
120	808.47	442.82	74	3 546.18	2 442.79
28	520.27	70.12			

```
data3.2<-read.csv("D:/data3.2.csv",head=TRUE)        #读取数据
lm3.2<-lm(y~x1+x2,data=data3.2)                      #建立回归方程
summary(lm3.2)
r<-cor(data3.2)                                      #计算相关系数阵
r
install.packages("corpcor")                          #安装 corpcor 包
library(corpcor)                                     #加载 corpcor 包
pcor3.2<-cor2pcor(r)                                 #由相关系数阵计算偏相关系数阵
pcor3.2
```

输出结果 3.5

```
Call:
lm(formula = y ~ x1 + x2, data = data3.2)

Residuals:
   Min      1Q    Median      3Q      Max
 -831.7  -147.9    95.0     136.8    958.1

Coefficients:
             Estimate    Std. Error   t value   Pr(>|t|)
(Intercept) -327.0395    218.0011     -1.500    0.159413
x1             2.0360      0.4380      4.649    0.000562  ***
x2             0.4684      0.1233      3.799    0.002532  **
---
Signif. codes:  0 '***' 0.001 '**' 0.01 '*' 0.05 '.' 0.1 ' ' 1

Residual standard error: 475.8 on 12 degrees of freedom
Multiple R-squared: 0.8419,    Adjusted R-squared: 0.8156
F-statistic: 31.96 on 2 and 12 DF,   p-value: 1.561e-05
> r
          x1          x2           y
x1   1.0000000   0.4394288   0.8073117
```

```
    x2    0.4394288    1.0000000    0.7464775
    y     0.8073117    0.7464775    1.0000000
> pcor3.2
              [,1]          [,2]          [,3]
[1,]    1.000000    -0.4156390    0.8018560
[2,]   -0.415639     1.0000000    0.7389631
[3,]    0.801856     0.7389631    1.0000000
```

从输出结果 3.5 中看到，两个偏相关系数分别为 $r_{y1;2}=0.802$，$r_{y2;1}=0.739$，进一步计算偏决定系数，$r_{y1;2}^2=(0.802)^2=0.643$，$r_{y2;1}^2=(0.739)^2=0.546$。相关系数的输出结果为 y 与 x_i 的简单相关系数，分别为 $r_{y1}=0.807$，$r_{y2}=0.746$，两个决定系数分别为 $r_{y1}^2=0.652=65.2\%$，$r_{y2}^2=(0.746)^2=0.557$。

以上数据表明，用 y 与 x_1 做一元线性回归时，x_1 能消除 y 的变差 SST 的比例为 $r_{y1}^2=0.652=65.2\%$，再引入 x_2 时，x_2 能消除剩余变差 $\text{SSE}(x_1)$ 的比例为 $r_{y2;1}^2=0.546=54.6\%$，因而自变量 x_1 和 x_2 消除变差的总比例为 $1-(1-r_{y1}^2)(1-r_{y2;1}^2)=1-(1-0.652)\times(1-0.546)=0.842=84.2\%$。这个值 84.2%恰好是 y 对 x_1 和 x_2 的二元线性回归的决定系数 R^2，这一点请读者自己验证。

相应地，用 y 与 x_2 做一元线性回归时，x_2 能消除 y 的变差 SST 的比例为 $r_{y2}^2=0.557=55.7\%$，再引入 x_1 时，x_1 能消除剩余变差 $\text{SSE}(x_2)$ 的比例为 $r_{y1;2}^2=0.643=64.3\%$，因而自变量 x_1 和 x_2 消除变差的总比例为 $1-(1-r_{y2}^2)(1-r_{y1;2}^2)=1-(1-0.557)\times(1-0.643)=0.842=84.2\%$。这个值同样是 y 对 x_1 和 x_2 二元线性回归的决定系数 R^2。

偏相关系数反映的是变量间的相关性，因而并不需要有处于特殊地位的变量 y，我们可以对任意 p 个变量 $x_1,x_2,\cdots,x_p$ 定义它们之间的偏相关系数。记

$$r_{ij}=\frac{L_{ij}}{\sqrt{L_{ii}\cdot L_{jj}}} \tag{3.59}$$

表示两个变量 x_i，x_j 之间的简单相关系数，$r=(r_{ij})_{p\times p}$ 为 $x_1,x_2,\cdots,x_p$ 的相关阵，则在固定 $x_3,\cdots,x_p$ 保持不变时，x_1 与 x_2 之间的偏相关系数为

$$r_{12;3,\cdots,p}=\frac{-\Delta_{12}}{\sqrt{\Delta_{11}\cdot\Delta_{22}}} \tag{3.60}$$

其余变量间偏相关系数的定义依此类推，这个定义与用式 (3.58) 的平方根的定义是等价的。

其中符号 Δ_{ij} 表示相关阵 $(r_{ij})_{p\times p}$ 第 i 行第 j 列元素的代数余子式，注意相关阵 $(r_{ij})_{p\times p}$ 是对称矩阵。容易验证以下关系

$$r_{12;3}=\frac{r_{12}-r_{13}r_{23}}{\sqrt{(1-r_{13}^2)(1-r_{23}^2)}} \tag{3.61}$$

再用一个例子说明偏相关系数和简单相关系数的关系。分别以 x_1 表示某种商品的

销售量，x_2 表示消费者人均可支配收入，x_3 表示商品价格。从经验上看，销售量 x_1 与消费者人均可支配收入 x_2 之间应该有正相关关系，简单相关系数 r_{12} 应该是正的。但是如果你计算出的 r_{12} 是个负数也不要感到惊讶，这是因为还有其他没有被固定的变量在产生影响，例如商品价格 x_3 在这期间大幅提高了。反映固定 x_3 后 x_1 与 x_2 相关程度的偏相关系数 $r_{12;3}$ 会是个正数。如果你计算出的偏相关系数 $r_{12;3}$ 仍然是个负数，想一想会是什么原因。肯定是还有需要考虑而没有考虑的重要变量，也就是没有被固定的变量，会是什么变量？如果这种商品已经进入淘汰期，正在被其他商品取代，那么你计算出负的 $r_{12;3}$ 也就不足为奇了。

在多元回归中，应注意简单相关系数只是两变量局部的相关性质，而并非整体的性质。所以在多元线性回归分析中我们并不看重简单相关系数，而认为偏相关系数才是真正反映因变量 y 与自变量 x_i 以及自变量 x_i 与 x_j 相关性的数值。根据偏相关系数，可以判断哪些自变量对因变量的影响较大，从而选择必须考虑的自变量，对于那些对因变量影响较小的自变量，则可以舍去不顾。在剔除某个自变量时，可以结合偏相关系数考虑。

3.7　本章小结与评注

3.7.1　多元线性回归的建模过程

本章我们结合两个经济问题实例介绍了多元线性回归模型的建立过程，在此，我们再结合一个实例，对多元线性回归模型的建立过程与应用做一个完整的介绍。

 例 3-3

为了研究我国民航客运量（国内航线）的变化趋势及成因，我们以国内航线的民航客运量作为因变量，以人均 GDP、人均居民消费水平、普通铁路客运量、高铁客运量、国内航线民航航线里程作为影响民航客运量的主要因素。y 表示民航客运量（万人），x_1 表示人均 GDP（元），x_2 表示人均居民消费水平（元），x_3 表示普通铁路客运量（万人），x_4 表示高速铁路客运量（万人），x_5 表示民航航线里程（万公里）。根据历年《中国统计年鉴》获得 2002—2021 年数据，见表 3-7。

表 3-7

年　份	y	x_1	x_2	x_3	x_4	x_5
2002	7 756	9 506	4 270	101 741	0	106.32
2003	8 078	10 666	4 555	93 634	0	103.42
2004	11 046	12 487	5 071	107 346	0	115.52

续表

年　份	y	x_1	x_2	x_3	x_4	x_5
2005	12 602	14 368	5 688	110 651	0	114.26
2006	14 553	16 738	6 319	119 728	0	114.73
2007	16 884	20 494	7 454	135 670	0	129.56
2008	17 732	24 100	8 504	145 459	734	134.16
2009	21 578	26 180	9 249	147 800	4 651	142.52
2010	24 838	30 808	10 575	154 286	13 323	169.49
2011	27 199	36 277	12 668	157 674	28 552	199.62
2012	29 600	39 771	14 074	150 522	38 815	199.54
2013	32 742	43 497	15 586	157 635	52 962	260.28
2014	36 040	46 912	17 220	160 082	70 378	287
2015	39 411	49 922	18 857	157 345	96 139	292.28
2016	43 634	53 783	20 801	159 277	122 128	352.01
2017	49 611	59 592	22 968	133 163	175 216	423.71
2018	54 807	65 534	25 245	132 065	205 430	478.09
2019	58 568	70 078	27 504	130 169	235 833	546.75
2020	40 821	71 828	27 439	64 643	155 707	559.76
2021	43 908	80 976	31 072	68 935	192 236	557.82

第一步，提出因变量与自变量，收集数据，如例 3-3 所示。

第二步，做相关分析，设定理论模型。用 R 软件计算增广相关阵，见输出结果 3.6。

计算代码

```
data3.3<-read.csv("D:/data3.3.csv",header=TRUE)    #读取数据
cor3.3<-cor(data3.3[,-1])  #用除去第一列年份数据后剩余的样本数据计算相关阵
round(cor3.3,digits=3)    #输出的计算结果为保留小数点后 3 位
```

输出结果 3.6

```
        y          x1          x2          x3          x4          x5
 y   1.000       0.945       0.944       0.1341      0.942       0.912
 x1  0.945       1.000       0.997      -0.0897      0.935       0.971
 x2  0.944       0.997       1.000      -0.1326      0.954       0.983
 x3  0.134      -0.090      -0.133       1.0000     -0.179      -0.264
 x4  0.942       0.935       0.954      -0.1789      1.000       0.971
 x5  0.912       0.971       0.983      -0.2636      0.971       1.000
```

从相关系数阵看出，y 与 x_1，x_2，x_4，x_5 的相关系数都在 0.9 以上，说明所选自变量与 y 高度线性相关，用 y 与自变量做多元线性回归是合适的。y 与 x_3 的相关系数 $r_{y3}=0.134$ 相对偏小，经相关系数检验，其 P 值为 0.573，这说明普通铁路客运量对民航客运量无显著影响。一般认为铁路客运量与民航客运量之间应呈负相关关系，铁路和民航共同拥有旅客，乘了火车就乘不了飞机。尤其自 2008 年以来，伴随着高速铁路运营里程的逐年增加以及高速铁路列车的快速、准时和便利性，即使高速铁路列车的

票价相对较高，依旧有越来越多的旅客倾向于选择乘坐高速铁路列车出行。然而，收入水平普遍相对较低或时间更加充裕的旅客会偏向乘坐普通快速铁路列车，而他们大部分情况下选择乘飞机出行的概率亦较低。因此，普通铁路客运量与民航客运量之间的关系不密切是合理的。那么在回归方程中是否还应该包含 x_3 呢？仅凭简单相关系数的大小是不能决定变量取舍的，在初步建模时还是应该包含 x_3 在内。

第三步，用软件计算，输出计算结果。本例采用 R 软件对原始数据做回归分析，见输出结果 3.7。

计算代码

```
lm3.3<-lm(y~x1+x2+x3+x4+x5,data=data3.3)
summary(lm3.3)
```

输出结果 3.7

```
Call:
lm(formula = y ~ x1 + x2 + x3 + x4 + x5, data = data3.3)

Residuals:
   Min     1Q    Median    3Q     Max
-1840.0  -520.5  155.2   734.1  1223.4

Coefficients:
             Estimate Std. Error t value Pr(>|t|)
(Intercept) -8.805e+03  3.179e+03  -2.770   0.0150 *
x1           7.064e-01  3.560e-01   1.984   0.0672 .
x2          -1.773e+00  1.063e+00  -1.668   0.1174
x3           1.572e-01  1.739e-02   9.037 3.23e-07 ***
x4           1.394e-01  2.262e-02   6.162 2.47e-05 ***
x5           2.582e+01  1.605e+01   1.608   0.1301
---
Signif. codes:  0 '***' 0.001 '**' 0.01 '*' 0.05 '.' 0.1 ' ' 1

Residual standard error: 1053 on 14 degrees of freedom
Multiple R-squared: 0.9967,  Adjusted R-squared:  0.9956
F-statistic: 852.4 on 5 and 14 DF,  p-value: < 2.2e-16
```

第四步，回归诊断。

（1）回归方程为

$$\hat{y} = -8\,805 + 0.706x_1 - 1.773x_2 + 0.157x_3 + 0.139x_4 + 25.82x_5 \tag{3.62}$$

（2）决定系数 R^2=0.997，由决定系数可看出回归方程高度显著。

（3）方程整体显著性检验，F=852.4，P=2.2e-16，表明回归方程高度显著，说明 x_1，x_2，x_3，x_4，x_5 整体上对 y 有高度显著的线性影响。

（4）回归系数的显著性检验。自变量 x_3，x_4 对 y 均有显著影响，其中 x_3 是普通铁路客运量，其在 1% 的显著性水平上对 y 高度显著，这充分说明在多元线性回归中不能仅凭简单相关系数的大小而决定变量的取舍。x_1 在 0.1 的显著性水平上对 y 有影响，虽然 x_2，x_5 对 y 无显著影响，但是其显著性检验的 P 值均相对较小。因此，若仅考虑将拟合模型用于预测分析，可直接使用该模型。

第五步，回归应用。

因变量新值的点估计为

$$\hat{y}_0 = \hat{\beta}_0 + \hat{\beta}_1 x_{10} + \hat{\beta}_2 x_{20} + \cdots + \hat{\beta}_p x_{p0} \tag{3.63}$$

其置信区间的计算可以仿照一元线性回归的情况用 R 软件计算。

另外，该回归方程中部分变量未通过显著性检验，且 x_2 的回归系数是负数与定性分析的结果不相符。一般认为，居民的消费水平与民航客运量呈正相关关系，负的回归系数显然是不合理的，因而该回归方程式 (3.62) 还要在后续章节做进一步改进，或采用其他方法重新建立回归方程，在此暂不做具体的应用。前面提及一般认为铁路客运量与民航客运量之间应呈负相关关系，此分析是基于总客流量未发生明显变化的假设前提。实际上，近些年来伴随着经济的快速增长和日益便利的交通出行，越来越多的居民会选择外出旅游、务工或增加工作出差频率等，从而铁路客运量和民航客运量均呈现明显的增加趋势，因此两者之间存在较强的正相关关系。

3.7.2　评注

对于多元线性回归模型未知参数向量 $\boldsymbol{\beta}$ 的估计，最主要的方法是普通最小二乘估计。在运用普通最小二乘法估计未知参数时，应首先看具体问题的样本数据是否满足模型的基本假定，只有满足基本假定的模型才能应用普通最小二乘法。前面的几个例子都是假设满足基本假定要求的，在后面几章中我们还将会看到不满足基本假定的情况时，如何估计未知参数。

当回归模型的未知参数估计出来后，我们实际上是由 n 组样本观测数据得到一个经验回归方程，这个经验回归方程是否真正反映了变量 y 和变量 $x_1, x_2, \cdots, x_p$ 之间的线性关系，这就需要进一步对回归方程进行检验。一种检验方法是拟合优度检验，即用样本决定系数的大小来衡量模型的拟合优度。样本决定系数 R^2 越大，说明回归方程拟合原始数据 y 的观测值的效果越好。但由于 R^2 的大小与样本量 n 以及自变量个数 p 有关，当 n 与 p 的数目接近时，R^2 容易接近 1，这说明 R^2 中隐含着一些虚假成分。因此，仅由 R^2 的值去推断模型优劣一定要慎重。

对于回归方程的显著性检验，我们用 F 统计量去判断假设 $H_0: \beta_1 = \beta_2 = \cdots = \beta_p = 0$ 是否成立。当给定显著性水平 α 时，若 $F > F_\alpha(p, n-p-1)$，则拒绝假设 H_0，否则没有足够的理由拒绝 H_0。不拒绝假设 H_0 和拒绝假设 H_0 对于回归方程来说意味着什么，仍需慎重对待。

一般来说，当不拒绝假设 H_0 时，认为在给定的显著性水平 α 下，自变量 $x_1, x_2, \cdots, x_p$ 对因变量 y 无显著影响，于是通过 $x_1, x_2, \cdots, x_p$ 去推断 y 也就没有多大意义。在这种情况下，一方面可能这个问题本来应该用非线性模型去描述，而我们误用了线性模型，使得自变量对因变量无显著影响；另一方面可能是在考虑自变量时，由于我们认识上的局限性把一些影响因变量 y 的自变量漏掉了，这就从两个方面提醒我们重新考虑建模问题。

当拒绝了假设 H_0 时，我们也不能过于相信这个检验，认为这个回归模型已经很完美了。其实当拒绝 H_0 时，我们只能认为这个回归模型在一定程度上说明了自变量 $x_1, x_2, \cdots, x_p$ 与因变量 y 的线性关系。因为这时仍不能排除我们漏掉了一些重要的自变量。参考文献[2]的作者认为，此检验只宜用于辅助性的、事后验证性质的目的。研究者在事前根据专业知识及经验，认为已把较重要的自变量选入了，且在一定误差限度内认为模型为线性是合理的。经过样本数据计算后，可以用来验证原先的考虑是否周全。这时，若拒绝 H_0，可认为至少并不与其原来的设想矛盾。如果不拒绝 H_0，可以肯定模型不能反映因变量 y 与自变量 $x_1, x_2, \cdots, x_p$ 的线性关系，这个模型就不能用于实际预测和分析。

当样本量 n 较小，变量个数 p 较大时，F 检验或 t 检验的自由度太小，这时尽管样本决定系数 R^2 很大，但参数估计的效果很不稳定，我们曾发现一个实际应用例子暴露出这方面的问题。某参考文献在研究建筑业降低成本率 y 与流动资金 x_1、固定资金 x_2、优良品率 x_3、竣工面积 x_4、劳动生产率 x_5、施工产值 x_6 的关系时，利用表 3-8 数据建立回归方程，得

$$\hat{y} = -38.499 - 0.000\,3x_1 - 0.003x_2 + 0.205x_3$$
$$- 0.758x_4 + 0.005x_5 + 0.003x_6$$
$$SST = 154.763, \quad SSR = 143.46, \quad SSE = 11.303$$
$$F = 4.231, \quad R^2 = 0.927$$

由于 $R^2 = 0.927$，所以在该文献中作者认为上述回归方程非常显著。其实进一步做 F 检验，给定 $\alpha = 0.05$，查 F 分布表：$F_{0.05}(p, n-p-1) = F_{0.05}(6,2) = 19.3$。$F = 4.231 < F_{0.05}(6,2) = 19.3$，回归方程没有通过 F 检验。可是该参考文献当时给错了自由度，查 $F_{0.05}(6,9) = 3.37$。结果 $F > F_{0.05}(6,9)$，通过了检验，从而进一步肯定了上述回归方程。

表 3-8

序号	降低成本率 y(%)	流动资金 x_1(万元)	固定资金 x_2(万元)	优良品率 x_3(%)	竣工面积 x_4(万平方米)	劳动生产率 x_5(元/人)	施工产值 x_6(万元)
1	5.78	1 297.98	1 543.48	62.68	13.828	6 761	3 666.29
2	6.34	2 164.21	1 527.03	64.99	15.228	7 133	4 320.21
3	5.49	1 429.28	1 714.09	66.96	17.211	6 946	4 786.66
4	−6.99	581.38	681.03	40.03	4.304	4 968	1 262.76
5	7.18	981.78	1 134.31	74.72	12.298	6 810	3 062.90
6	6.70	601.21	611.98	60.24	7.481	6 416	1 718.70
7	5.00	588.27	802.21	62.93	10.683	6 911	2 369.13
8	6.56	2 975.63	2 403.22	67.59	25.938	7 124	7 797.64
9	5.01	1 096.10	1 908.98	64.49	9.800	6 540	3 494.30

之所以 R^2 在 0.9 以上，已接近 1，方程还通不过 F 检验，就是因为样本量个数 n 太小，而自变量又较多造成 R^2 很大的虚假现象。如果样本量再稍做改变，未知参数就会发生较大变化，即表现出很不稳定的状况。

一个回归方程通过了显著性检验，并不能说明这个回归方程中所有自变量都对因变量 y 有显著影响，因此还要对回归系数进行检验。前面的几个例子中，我们看到尽管回归方程通过了检验，但有些回归系数并没有通过检验。对没有通过检验的回归系数，在一定程度上说明它们对应的自变量在方程中可有可无，一般为了使模型简化，需剔除不显著的自变量，重新建立回归方程。但在实际应用中，为了模型的结构合理，我们有时也保留个别对 y 影响不大的自变量，尤其是在建立宏观经济模型时常常如此。

当一个实际经济问题的回归模型通过各种检验之后，模型的形式就随之确定下来，接着就可以运用回归方程去做经济预测和经济分析。我们在一元线性回归方程的应用中强调注意的问题在多元线性回归方程的应用中仍然有效。由于多元线性回归模型所描述的实际问题的复杂性，在做预测和结构分析时应更慎重。

如果自变量 x_j ($j = 1, 2, ..., p$) 的取值 x_{0j} ($j = 1, 2, ..., p$) 可以人为控制，其取值范围在当初建模时的范围之内，其他条件也没发生太大变化，则利用回归方程，根据 x_{0j} ($j = 1, 2, \cdots, p$) 的值去推断 y_0 的预测值 $\hat{y}_0$ 是可行的，预测值与真实值的误差也不会太大。这时把 x_j 的回归系数 $\hat{\beta}_j$ 解释为当 x_j 增减 1 单位时，因变量 y 平均增减 $\hat{\beta}_j$ 个单位也是合理的。

在实际应用中，尤其是在经济问题的研究中，我们研究的某种经济现象涉及多个因素，这些因素之间也大多有一定的联系。当回归方程中某一个自变量变动时，往往也会导致其他变量变动。这时，各回归系数的值都是在全体自变量值的联合变动的格局内起作用，如果我们仍认为某一回归系数 $\hat{\beta}_j$ 表示当 x_j 增减 1 单位时，因变量 y 平均增减 $\hat{\beta}_j$ 个单位就不合理了。

回归自变量之间的相关性在经济问题研究中经常存在，只要涉及多个自变量，就很难找出它们当中某些自变量是不相关的。要想找到既对某一经济现象有显著影响，自变量之间又完全不相关的一组自变量几乎是不可能的。问题是当我们在建立经济问题的回归模型时，应尽可能地避免自变量间的高度相关。自变量间的高度相关称为多重共线性，它使得最小二乘估计的参数稳健性很差。后面的章节中将专门研究这类问题。

真实的回归函数，特别是在较大的范围内，很少是线性的。线性是一种近似，它包含了一种从实际角度看往往不一定合理的假定：各变量的作用与其他变量取什么值无关，且各变量的作用可以叠加。这是因为若 $y = \beta_0 + \beta_1 x_1 + \cdots + \beta_p x_p$，则不论把 $x_2, \cdots, x_p$ 的值固定在何处，当 x_1 增减 1 单位时，y 总是增减 β_1 个单位。事实并非如此。例如，以 y 记为某公司的销售利润，x_1 为销售量，x_2 为商品价格，x_3 为广告费，x_4 为销售费用，则 x_1 对 y 起的作用与 x_2, x_3, x_4 的值有关。这种现象称为各因素之间的"交互作用"。在这种情况下，单个回归系数意义的解释，也应是基于其他变量的平均而言的。

思考与练习

3.1 写出多元线性回归模型的矩阵表示形式，并给出多元线性回归模型的基本假设。

3.2 讨论样本量 n 与自变量个数 p 的关系。它们对模型的参数估计有何影响？

3.3 证明 $\hat{\sigma}^2 = \dfrac{1}{n-p-1}$ SSE 是误差项方差 σ^2 的无偏估计。

3.4 一个回归方程的复相关系数 $R = 0.99$，样本决定系数 $R^2 = 0.980\ 1$，我们能断定这个回归方程很理想吗？

3.5 如何正确理解回归方程显著性检验拒绝 H_0 或不拒绝 H_0？

3.6 数据中心化和标准化在回归分析中的意义是什么？

3.7 验证式（3.52）

$$\hat{\beta}_j^* = \frac{\sqrt{L_{jj}}}{\sqrt{L_{yy}}}\hat{\beta}_j, \quad j = 1, 2, \cdots, p$$

3.8 利用式（3.60）证明式（3.61）成立，即

$$r_{12;3} = \frac{r_{12} - r_{13}r_{23}}{\sqrt{(1-r_{13}^2)(1-r_{23}^2)}}$$

3.9 证明 y 与自变量 x_j 的偏决定系数与式（3.42）的偏 F 检验值 F_j 是等价的。

3.10 验证决定系数 R^2 与 F 值之间的关系式

$$R^2 = \frac{F}{F + (n-p-1)/p}$$

3.11 研究货运总量 y（万吨）与工业总产值 x_1（亿元）、农业总产值 x_2（亿元）、居民非商品支出 x_3（亿元）的关系。数据见表 3-9。

（1）计算出 y，x_1，x_2，x_3 的相关系数矩阵。

（2）求 y 关于 x_1，x_2，x_3 的三元线性回归方程。

（3）对所求得的方程做拟合优度检验。

（4）对回归方程做显著性检验。

（5）对每一个回归系数做显著性检验。

（6）如果有的回归系数没通过显著性检验，将其剔除，重新建立回归方程，再做回归方程的显著性检验和回归系数的显著性检验。

（7）求出每一个回归系数的置信水平为 95% 的置信区间。

（8）求标准化回归方程。

（9）求当 $x_{01} = 75$，$x_{02} = 42$，$x_{03} = 3.1$ 时的 $\hat{y}_0$，给定置信水平为 95%，用 R 软件计算精确置信区间，手工计算近似预测区间。

（10）结合回归方程对问题做一些基本分析。

表 3-9

编　号	货运总量 y(万吨)	工业总产值 x_1(亿元)	农业总产值 x_2(亿元)	居民非商品支出 x_3(亿元)
1	160	70	35	1.0
2	260	75	40	2.4
3	210	65	40	2.0
4	265	74	42	3.0
5	240	72	38	1.2
6	220	68	45	1.5
7	275	78	42	4.0
8	160	66	36	2.0
9	275	70	44	3.2
10	250	65	42	3.0

3.12　用表 3-10 的数据，建立 GDP 对 x_1 和 x_2 的回归。对得到的二元回归方程 $\hat{y} = 14\,490.382 + 0.798x_1 + 2.001x_2$，你能够合理地解释两个回归系数吗?如果现在不能给出合理的解释，不妨在学过第 6 章多重共线性后再来解释这个问题，在学过第 7 章岭回归后再来改进这个问题。

表 3-10　GDP 和三次产业数据　　　　　　　　　　　单位：亿元

年　份	GDP	第一产业增加值 x_1	第二产业增加值 x_2	第三产业增加值 x_3
1990	18 667.8	5 062.0	7 717.4	5 888.4
1991	21 781.5	5 342.2	9 102.2	7 337.1
1992	26 923.5	5 866.6	11 699.5	9 357.4
1993	35 333.9	6 963.8	16 454.4	11 915.7
1994	48 197.9	9 572.7	22 445.4	16 179.8
1995	60 793.7	12 135.8	28 679.5	19 978.5
1996	71 176.6	14 015.4	33 835.0	23 326.2
1997	78 973.0	14 441.9	37 543.0	26 988.1
1998	84 402.3	14 817.6	39 004.2	30 580.5
1999	89 677.1	14 770.0	41 033.6	33 873.4
2000	99 214.6	14 944.7	45 555.9	38 714.0
2001	109 655.2	15 781.3	49 512.3	44 361.6
2002	120 332.7	16 537.0	53 896.8	49 898.9
2003	135 822.8	17 381.7	62 436.3	56 004.7
2004	159 878.3	21 412.7	73 904.3	64 561.3
2005	184 937.4	22 420.0	87 598.1	74 919.3
2006	216 314.4	24 040.0	103 719.5	88 554.9
2007	265 810.3	28 627.0	125 831.4	111 351.9
2008	314 045.4	33 702.0	149 003.4	131 340.0
2009	340 902.8	35 226.0	157 638.8	148 038.0
2010	401 512.8	40 533.6	187 383.2	173 596.0
2011	473 104.0	47 486.2	220 412.8	205 205.0
2012	518 942.1	52 373.6	235 162.0	231 406.5

资料来源：2013 年《中国统计年鉴》。

第 4 章
违背基本假设的几种情况

在回归模型的基本假设中，假定随机误差项 $\varepsilon_1, \varepsilon_2, \cdots, \varepsilon_n$ 具有相同的方差，不相关，即对于所有样本点，有

$$\begin{cases} E(\varepsilon_i) = 0, & i = 1, 2, \cdots, n \\ \mathrm{cov}(\varepsilon_i, \varepsilon_j) = \begin{cases} \sigma^2, i = j \\ 0, \quad i \neq j \end{cases} & i, j = 1, 2, \cdots, n \end{cases}$$

但在建立实际问题的回归模型时，经常存在与此假设相违背的情况，一种是计量经济建模中常说的异方差性，即

$$\mathrm{var}(\varepsilon_i) \neq \mathrm{var}(\varepsilon_j), \quad 当 \ i \neq j \ 时$$

另一种是自相关性，即

$$\mathrm{cov}(\varepsilon_i, \varepsilon_j) \neq 0, \quad 当 \ i \neq j \ 时$$

本章将结合实例介绍异方差性和自相关性产生的背景和原因，以及给回归建模带来的影响，异方差性和自相关性问题的诊断及处理方法。

4.1 异方差性产生的背景和原因

4.1.1 异方差性产生的原因

由于实际问题是错综复杂的，因此在建立实际问题的回归分析模型时，经常会出现某一因素或某些因素随着解释变量观测值的变化而对被解释变量产生不同的影响，

导致随机误差项产生不同方差。通过下面的几个例子，我们可以了解产生异方差性的背景和原因。

例 4-1

在研究城镇居民收入与购买量的关系时，我们知道居民收入与消费水平有密切的关系。用 x_i 表示第 i 户的收入量，y_i 表示第 i 户的消费额，一个简单的消费模型为

$$y_i = \beta_0 + \beta_1 x_i + \varepsilon_i, \quad i = 1, 2, \cdots, n$$

在此问题中，由于各户的收入、消费观念和习惯不同，通常存在明显的异方差性。一般情况下，低收入的家庭购买行为差异性比较小，大多购买生活必需品，但高收入家庭的购买行为差异就很大。高档消费品很多，房子、汽车的选择余地也很大，这样购买金额的差异就很大，导致消费模型的随机项 ε_i 具有不同的方差。

例 4-2

利用某行业的不同企业的截面样本数据估计 C-D 生产函数

$$y = AK^{\alpha} L^{\beta} e^{\varepsilon}$$

这里的 ε 表示不同企业的设备、工艺、地理条件、工人素质、管理水平以及其他因素上的差异，对于不同企业，这些因素对产出的影响程度不同，引起 ε_i 偏离 0 均值的程度不同，进而出现了异方差性。

利用平均数作为样本数据，也容易出现异方差性。鉴于正态分布的普遍性，许多经济变量之间的关系服从正态分布。例如，不同收入水平组的人数随收入增加呈正态分布。以不同收入组的人均数据作为样本时，由于每组中人数不同，观测误差也不同。一般来说，人数多的收入组的人均数据相对人数少的收入组的人均数据具有较高的准确性。这些不同的观测误差也会引起异方差性，且 $\mathrm{var}(\varepsilon_i)$ 随收入的增加呈先降后升的趋势。参见参考文献[9]。

总之，引起异方差性的原因很多，但当样本数据为截面数据时容易出现异方差性。

4.1.2　异方差性带来的问题

当一个回归问题存在异方差性时，如果仍用普通最小二乘法估计未知参数，将导致不良后果，特别是最小二乘估计量不再具有最小方差的优良性，即最小二乘估计的有效性被破坏了。

当存在异方差性时，参数向量 $\hat{\boldsymbol{\beta}}$ 的方差大于在同方差条件下的方差，如果用普通最小二乘法估计参数，将出现低估 $\hat{\boldsymbol{\beta}}$ 的真实方差的情况，进一步将导致高估回归系数的 t 检验值，可能造成本来不显著的某些回归系数变成显著的。这将给回归方程的应用效果带来一定影响。

当存在异方差性时，普通最小二乘估计存在以下问题：

(1) 参数估计值虽是无偏的，但不是最小方差线性无偏估计。

(2) 参数的显著性检验失效。

(3) 回归方程的应用效果极不理想。

4.2 一元加权最小二乘估计

4.2.1 异方差性的诊断

关于异方差性的检验，统计学家进行了大量的研究，提出的诊断方法已有 10 多种，但没有一个公认的最优方法。本书介绍残差图分析法与等级相关系数法两种常用方法。

1. 残差图分析法

残差图分析法是一种直观、方便的分析方法。它以残差 e_i 为纵坐标，以其他适宜的变量为横坐标画散点图。常用的横坐标有三种选择：(1) 以拟合值 $\hat{y}$ 为横坐标；(2) 以 $x_i(i = 1, 2, \cdots, p)$ 为横坐标；(3) 以观测时间或序号为横坐标。

如果回归模型适合样本数据，那么残差 e_i 应反映 ε_i 所假定的性质，因此可以根据它来判断回归模型是否具有某些性质。一般情况下，当回归模型满足所有假定时，残差图上的 n 个点的散布应是随机的，无任何规律，如图 2-5(a) 所示。如果回归模型存在异方差性，残差图上的点的散布会呈现出一定的趋势。图 2-5(b) 的残差 e 值随 x 值的增大而增大，具有明显的规律，因而可认为模型的随机误差项 ε_i 的方差是非齐性的，存在异方差性。另外，残差 e 值也可能随 x 值的增大而减小，这种情况同样属于存在异方差性。

2. 等级相关系数法

等级相关系数法又称斯皮尔曼 (Spearman) 检验，是一种应用较广泛的方法。进行等级相关系数检验通常有三个步骤：

第一步，做 y 关于 x 的普通最小二乘回归，求出 ε_i 的估计值，即 e_i 的值。

第二步，取 e_i 的绝对值，即 $|e_i|$，分别把 x_i 和 $|e_i|$ 按递增或递减的次序排列后分成等级，按式 (4.1) 计算出等级相关系数

$$r_s = 1 - \frac{6}{n(n^2 - 1)} \sum_{i=1}^{n} d_i^2 \tag{4.1}$$

式 (4.1) 中，n 为样本量；d_i 为对应于 x_i 和 $|e_i|$ 的等级的差数。

第三步，做等级相关系数的显著性检验。在 $n > 8$ 的情况下，用式 (4.2) 对样本等级相关系数 r_s 进行 t 检验。检验统计量为

$$t = \frac{\sqrt{n-2}\,r_s}{\sqrt{1-r_s^2}} \tag{4.2}$$

如果 $|t| \leqslant t_{\alpha/2}(n-2)$，可以认为异方差性问题不存在；如果 $|t| > t_{\alpha/2}(n-2)$，说明 x_i 与 $|e_i|$ 之间存在系统关系，异方差性问题存在。

 例 4-3

参见参考文献[8]，设某地区的居民收入与储蓄额的历史统计数据见表 4-1。

(1)用普通最小二乘法建立储蓄额 y 与居民收入 x 的回归方程,并画出残差散点图。

(2)诊断该问题是否存在异方差性。

解：(1)首先用 R 软件建立储蓄额 y 对居民收入 x 的普通最小二乘回归方程,计算代码及其运行结果如下：

计算代码

```
data4.3<-read.csv("D:/data4.3.csv",head=TRUE)
lm4.3<-lm(y~x,data=data4.3)
summary(lm4.3)
e<-resid(lm4.3)                    #计算残差
attach(data4.3)
plot(x,e,ylim=c(-500,500))         #ylim 用于调整纵坐标的范围
abline(h=c(0),lty=5)               #添加虚直线 e=0
detach(data4.3)
```

输出结果 4.1

```
> summary(lm4.3)
Call:
lm(formula = y ~ x, data = data4.3)

Residuals:
   Min     1Q   Median     3Q     Max
-499.8 -152.5   -25.1    174.7   452.1

Coefficients:
                Estimate    Std. Error    t value    Pr(>|t|)
(Intercept)    -6.481e+02   1.182e+02     -5.485     6.6e-06 ***
x               8.467e-02   4.882e-03     17.342     < 2e-16 ***
---
Signif. codes:  0 '***' 0.001 '**' 0.01 '*' 0.05 '.' 0.1 ' ' 1

Residual standard error: 247.6 on 29 degrees of freedom
  (5 observations deleted due to missingness)
```

```
Multiple R-squared: 0.912,    Adjusted R-squared: 0.909
F-statistic: 300.7 on 1 and 29 DF, p-value: < 2.2e-16
```

由上述结果可知，回归方程为 $\hat{y} = -648.1 + 0.084\,67x$，决定系数 $R^2 = 0.912$。另外，残差 e_i 列在表 4-1 中，残差图如图 4-1 所示。

表 4-1

序号	储蓄额 y（万元）	居民收入 x（万元）	x_i 等级	残差 e_i	$|e_i|$	残差 $|e_i|$ 等级	d_i	d_i^2
1	264	8 777	1	169.0	169.0	16	−15	225
2	105	9 210	2	−26.6	26.6	3	−1	1
3	90	9 954	3	−104.6	104.6	7	−4	16
4	131	10 508	4	−110.5	110.5	8	−4	16
5	122	10 979	5	−159.4	159.4	15	−10	100
6	107	11 912	6	−253.4	253.4	23	−17	289
7	406	12 747	7	−25.1	25.1	2	5	25
8	503	13 499	8	8.2	8.2	1	7	49
9	431	14 269	9	−129.0	129.0	9	0	0
10	588	15 522	10	−78.0	78.0	4	6	36
11	898	16 730	11	129.7	129.7	10	1	1
12	950	17 663	12	102.7	102.7	6	6	36
13	779	18 575	13	−145.5	145.5	14	−1	1
14	819	19 635	14	−195.3	195.3	19	−5	25
15	1 222	21 163	15	78.4	78.4	5	10	100
16	1 702	22 880	16	413.0	413.0	28	−12	144
17	1 578	24 127	17	183.0	183.4	18	−1	1
18	1 654	25 604	18	134.4	134.4	11	7	49
19	1 400	26 500	19	−195.5	195.5	20	−1	1
20	1 829	27 670	21	134.4	134.4	12	9	81
21	2 200	28 300	23	452.1	452.1	29	−6	36
22	2 017	27 430	20	342.8	342.8	27	−7	49
23	2 105	29 560	24	250.4	250.4	22	2	4
24	1 600	28 150	22	−135.2	135.2	13	9	81
25	2 250	32 100	25	180.4	180.4	17	8	64
26	2 420	32 500	26	316.5	316.5	25	1	1
27	2 570	35 250	28	233.7	233.7	21	7	49
28	1 720	33 500	27	−468.2	468.2	30	−3	9
29	1 900	36 000	29	−499.8	499.8	31	−2	4
30	2 100	36 200	30	−316.7	316.7	26	4	16
31	2 300	38 200	31	−286.1	286.1	24	7	49

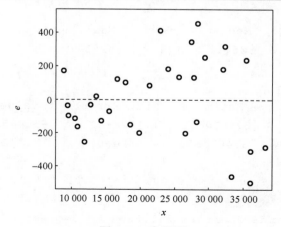

图 4-1　残差图

从图 4-1 看出，误差项具有明显的异方差性，误差随着 x 的增加呈现出增加的态势。

(2)计算等级相关系数。由表 4-1 得， $\sum d_i^2 = 1\,558$ ，代入式(4.1)得

$$r_s = 1 - \frac{6}{31 \times (31^2 - 1)} \times 1\,558 = 0.685\,9$$

将 $r_s = 0.685\,9$ 代入式(4.2)，得

$$t = \frac{\sqrt{31 - 2} \times 0.685\,9}{\sqrt{1 - 0.685\,9^2}} = 5.076$$

给定显著性水平 $\alpha = 0.05$ ，自由度 $n - 2 = 31 - 2 = 29$ ，查得临界值 $t_{0.025}(29) = 2.045$ ，由 $t = 5.076 > 2.045$ ，认为残差绝对值 $|e_i|$ 与自变量 x_i 显著相关，误差项存在异方差。

等级相关系数的检验可以使用 R 软件实现，首先需要计算出残差绝对值，然后以 cor.test 语句进行 Spearman 等级相关性检验，计算代码及输出结果如下：

```
abse<-abs(e)                              #计算残差 e 的绝对值
cor.test(data4.3$x,abse,alternative="two.sided",method="spearman",
        conf.level=0.95)                  #记号$用来选取数据框中的某个特定变量
```

输出结果 4.2

```
        Spearman's rank correlation rho
data:  data4.3$x and abse
S = 1558, p-value = 3.316e-05
alternative hypothesis: true rho is not equal to 0
sample estimates:
     rho
0.6858871
```

从以上结果中看到，等级相关系数 $r_s = 0.685\,887\,1$ ， P 值 $= 3.316e{-}05$ ，认为残差绝对值 $|e_i|$ 与自变量 x_i 显著相关，存在异方差。

计算残差绝对值 $|e_i|$ 与自变量 x_i 的相关性时采用 Spearman 等级相关系数，而不采用 Pearson 简单相关系数，这是因为等级相关系数可以反映非线性相关的情况，而简单相关系数不能如实地反映非线性相关的情况。例如 x 与 y 的取值见表 4-2。

表 4-2

序号	1	2	3	4	5	6	7	8	9	10
x	1	2	3	4	5	6	7	8	9	10
y	1	4	9	16	25	36	49	64	81	100

可以看出， y_i 与 x_i 之间的关系为 $y_i = x_i^2$ $(i = 1, 2, \cdots, 10)$ ，具有完全的曲线相关。容易计算出 y 与 x 的简单相关系数 $r = 0.974\,6$ ，而 y 与 x 的等级相关系数 $r_s = 1$ 。与简单相关系数相比，等级相关系数可以更准确地反映非线性相关的情况。等级相关系数可

以如实地反映单调递增或单调递减趋势的变量间的相关性，而简单相关系数只适宜衡量直线趋势的变量间的相关性。

4.2.2 一元加权最小二乘估计

当我们所研究的问题具有异方差性时，就违反了线性回归模型的基本假定。此时，不能用普通最小二乘法进行参数估计，必须寻求适当的补救方法，对原来的模型进行变换，使变换后的模型满足同方差性假设，然后进行模型参数的估计，即可得到理想的回归模型。消除异方差性的方法通常有加权最小二乘法、BOX-COX 变换法、方差稳定性变换法（参见参考文献[2]）。下面结合例 4-3 介绍加权最小二乘法。加权最小二乘法（Weighted Least Square，WLS）是一种最常用的消除异方差性的方法。

对一元线性回归方程来说，普通最小二乘法的离差平方和为

$$
\begin{aligned}
Q(\beta_0, \beta_1) &= \sum_{i=1}^{n} [y_i - E(y_i)]^2 \\
&= \sum_{i=1}^{n} (y_i - \beta_0 - \beta_1 x_i)^2
\end{aligned}
\tag{4.3}
$$

其中，每个观测值的权数相同。在等方差的条件下，平方和中的每一项的地位是相同的。然而，在异方差的条件下，平方和中的每一项的地位是不同的，误差项方差 σ_i^2 大的项，在式（4.3）平方和中的作用就偏大，因而普通最小二乘估计的回归线就被拉向方差大的项，而方差小的项的拟合程度就差。加权最小二乘法是在平方和中加入一个适当的权数 w_i，以调整各项在平方和中的作用。一元线性回归的加权最小二乘的离差平方和为

$$
\begin{aligned}
Q_w(\beta_0, \beta_1) &= \sum_{i=1}^{n} w_i [y_i - E(y_i)]^2 \\
&= \sum_{i=1}^{n} w_i (y_i - \beta_0 - \beta_1 x_i)^2
\end{aligned}
\tag{4.4}
$$

式（4.4）中，w_i 为给定的第 i 个观测值的权数。加权最小二乘估计就是寻找参数 β_0, β_1 的估计值 $\hat{\beta}_{0w}, \hat{\beta}_{1w}$，使式（4.4）的离差平方和 Q_w 达到极小。如果所有的权数相等，即 w_i 都等于某个常数，该方法就成为普通最小二乘法。可以证明加权最小二乘估计为

$$
\begin{cases}
\hat{\beta}_{0w} = \bar{y}_w - \hat{\beta}_{1w} \bar{x}_w \\
\hat{\beta}_{1w} = \dfrac{\displaystyle\sum_{i=1}^{n} w_i (x_i - \bar{x}_w)(y_i - \bar{y}_w)}{\displaystyle\sum_{i=1}^{n} w_i (x_i - \bar{x}_w)^2}
\end{cases}
\tag{4.5}
$$

式（4.5）中，$\bar{x}_w = \dfrac{1}{\sum w_i} \sum w_i x_i$ 为自变量的加权平均；$\bar{y}_w = \dfrac{1}{\sum w_i} \sum w_i y_i$ 为因变量的加权

平均。

在使用加权最小二乘法时，为了消除异方差性的影响，使式 (4.4) 中的各项地位相同，观测值的权数应该是观测值误差项方差的倒数，即

$$w_i = \frac{1}{\sigma_i^2}$$

式中，σ_i^2 为第 i 个观测值误差项的方差。所以误差项方差较大的观测值接受较小的权数；误差项方差较小的观测值接受较大的权数。

在实际问题的研究中，误差项的方差 σ_i^2 通常是未知的，但是，当误差项方差随自变量水平以系统的形式变化时，我们可以利用这种关系。例如，已知误差项方差 σ_i^2 与 x_i^2 成比例，那么 $\sigma_i^2 = kx_i^2$，其中 k 为比例系数。

权数 w_i 为

$$w_i = \frac{1}{kx_i^2}$$

因为比例系数 k 在参数估计中可以消去，所以可以直接使用权数

$$w_i = \frac{1}{x_i^2}$$

在社会、经济研究中，经常会遇到这种特殊的权数，即误差项方差与 x 的幂函数 x^m 成比例，其中，m 为待定的未知参数。

此时权函数为

$$w_i = \frac{1}{x_i^m} \tag{4.6}$$

4.2.3　寻找最优权函数

利用 R 软件可以确定式 (4.6) 幂指数 m 的最优取值，一般情况下，幂指数的取值为 -2.0，-1.5，-1.0，-0.5，0，0.5，1.0，1.5，2.0，可以根据实际情况对其进行调整。寻找最优的权函数，即为确定 m 的取值，使回归方程最优。此处我们计算当 m 取不同值时，回归估计中对数极大似然统计量的值，显然对数似然统计量的值越大，回归方程越好。R 软件中具体的实现代码及运行结果如下：

计算代码

```
s<-seq(-2,2,0.5)                        #生成序列-2.0,-1.5,-1.0,…,1.5,2.0
result1 <- vector(length = 9, mode = "list")
#生成一个列表向量，以存储下面循环过程中的回归方程估计的对数似然统计量结果
result2 <- vector(length = 9, mode = "list")
#生成一个列表，以存储下面循环过程中所建立回归方程的估计系数及显著性检验等结果
for (j in 1:9)
```

```
{w<-data4.3$x^(-s[j])              #计算权向量
 lm4<-lm(y~x,weights=w,data4.3)#使用加权最小二乘估计建立回归方程
 result1[[j]]<-logLik(lm4)
 #将第 j 次计算的对数似然统计量保存在 result1 的第 j 个元素中
 result2[[j]]<-summary(lm4)}
 #将 j 次建立的回归方程的结果保存在 result2 的第 j 个元素中
result1#输出所有的对数似然统计量
```

输出结果 4.3

```
[[1]]
'log Lik.' -224.2251 (df=3)
[[2]]
'log Lik.' -221.4813 (df=3)
[[3]]
'log Lik.' -218.7985 (df=3)
[[4]]
'log Lik.' -216.2186 (df=3)
[[5]]
'log Lik.' -213.8226 (df=3)
[[6]]
'log Lik.' -211.7397 (df=3)
[[7]]
'log Lik.' -210.1523 (df=3)
[[8]]
'log Lik.' -209.2824 (df=3)
[[9]]
'log Lik.' -209.346 (df=3)


> result2[8]
Call:
lm(formula = y ~ x, data = data4.3, weights = w)

Weighted Residuals:
  Min       1Q        Median    3Q        Max
-0.20907 -0.09330  0.01518  0.08321  0.23307

Coefficients:
              Estimate    Std. Error    t value    Pr(>|t|)
(Intercept)  -7.191e+02   7.832e+01    -9.182    4.41e-10 ***
x             8.793e-02   4.272e-03    20.585    < 2e-16 ***
---
Signif. codes: 0 '***' 0.001 '**' 0.01 '*' 0.05 '.' 0.1 ' ' 1

Residual standard error: 0.1253 on 29 degrees of freedom
```

```
Multiple R-squared:  0.9359,    Adjusted R-squared:  0.9337
F-statistic: 423.7 on 1 and 29 DF,  p-value: < 2.2e-16
```

根据上述输出结果可知，m 取第 8 个值即 $m = 1.5$ 时对数似然函数达到极大，因而幂指数 m 的最优取值为 1.5。然后，输出 $m = 1.5$ 时使用加权最小二乘法得到的回归方程，可以看到此时 $R^2 = 0.935\,9$，F 值 $= 423.7$；而普通最小二乘估计的 $R^2 = 0.912$，F 值 $= 300.7$。这说明加权最小二乘估计的效果好于普通最小二乘估计的效果。然后，绘制加权最小二乘估计的残差图，如图 4-2 所示。

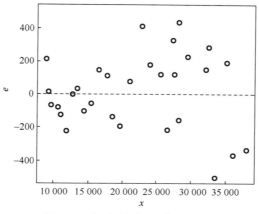

图 4-2　加权最小二乘残差图

比较图 4-1 普通残差图和图 4-2 加权最小二乘残差图，我们可能看不出两张图之间的差异。这是否表明加权最小二乘回归没有达到效果？现在进一步计算出 $n = 31$ 组数据的普通残差 e_i 和加权最小二乘残差 e_{iw}，比较两者数值的差异，由此来说明加权最小二乘法的作用。两种残差的具体数值列在表 4-3 中（为保持与表 4-1 的连贯性，残差保留一位小数）。

这个例子共有 31 对数据，把数据分为 3 组，第 1～10 对数据为第 1 组，是小方差组；第 11～21 对数据为第 2 组，是中等方差组；第 22～31 对数据为第 3 组，是大方差组。

从表 4-3 中看到，第 1 组 10 个普通残差 e_i 中有 8 个是负值，说明普通残差图中小残差有整体的负偏。而 10 个加权残差 e_{iw} 中只有 6 个是负值，说明加权残差针对小残差整体负偏的情况已经有了明显的改进。10 个普通残差中绝对值最大的是 $e_6 = -253.4$，加权回归后改善为 $e_{6w} = -221.3$。

第 3 组 10 个普通残差 e_i 和加权残差 e_{iw} 的正负性相同，正负值各有 5 个，说明普通最小二乘和加权最小二乘对大残差项拟合得都好。仔细观察这组的两种残差还是能发现区别的，10 个普通残差中绝对值最大的是 $e_{29} = -499.8$，加权回归后成为 $e_{29} = -546.4$。不是像小残差组那样得到改善，而是误差变得更大。其道理也很简单，加权最小二乘估计照顾小残差项是以牺牲大残差项为代价的，有得必有失，也是有一定局限性的。

表 4-3　两种残差的数值

	序　号	y_i	x_i	w_i	e_i	e_{iw}
小方差组	1	264	8 777	1.216 1E−06	169.0	211.3
	2	105	9 210	1.131 4E−06	−26.6	14.3
	3	90	9 954	1.006 9E−06	−104.6	−66.1
	4	131	10 508	9.283 7E−07	−110.5	−73.9
	5	122	10 979	8.692 7E−07	−159.4	−124.3
	6	107	11 912	7.691 7E−07	−253.4	−221.3
	7	406	12 747	6.948 5E−07	−25.1	4.3
	8	503	13 499	6.376 0E−07	8.2	35.1
	9	431	14 269	5.866 9E−07	−129.0	−104.6
	10	588	15 522	5.171 0E−07	−78.0	−57.7
中等方差组	11	898	16 730	4.621 2E−07	129.7	146.0
	12	950	17 663	4.259 9E−07	102.7	116.0
	13	779	18 575	3.950 1E−07	−145.5	−135.2
	14	819	19 635	3.634 6E−07	−195.3	−188.4
	15	1 222	21 163	3.248 1E−07	78.4	80.2
	16	1 702	22 880	2.889 5E−07	413.0	409.3
	17	1 578	24 127	2.668 4E−07	183.4	175.6
	18	1 654	25 604	2.440 8E−07	134.4	121.7
	19	1 400	26 500	2.318 1E−07	−195.5	−211.1
	20	1 829	27 670	2.172 6E−07	134.4	115.1
	21	2 200	28 300	2.100 5E−07	452.1	430.7
大方差组	22	2 017	27 430	2.201 2E−07	342.8	324.2
	23	2 105	29 560	1.967 6E−07	250.4	224.9
	24	1 600	28 150	2.117 3E−07	−135.2	−156.1
	25	2 250	32 100	1.738 8E−07	180.4	146.5
	26	2 420	32 500	1.706 8E−07	316.5	281.3
	27	2 570	35 250	1.511 0E−07	233.7	189.5
	28	1 720	33 500	1.630 9E−07	−468.2	−506.6
	29	1 900	36 000	1.464 0E−07	−499.8	−546.4
	30	2 100	36 200	1.451 9E−07	−316.7	−364.0
	31	2 300	38 200	1.339 4E−07	−286.1	−339.9

　　从上面的分析看到，当回归模型存在异方差性时，加权最小二乘估计只是对普通最小二乘估计的改进，这种改进有可能是细微的，不能理解为加权最小二乘估计一定会得到与普通最小二乘估计截然不同的回归方程，或者一定有大幅度的改进。实际上，可以构造出这样的数据，其回归模型具有明显的异方差性，但是普通最小二乘与加权最小二乘所得的回归方程却完全一样。

　　另外，加权最小二乘以牺牲大方差项的拟合效果为代价改善了小方差项的拟合效果，这也并不总是研究者所需要的。在社会经济现象中，通常变量取值大时方差也大，在以经济总量为研究目标时，更关心的是变量取值大的项，而普通最小二乘恰好能满足这个要求。所以在这样一些特定场合下，即使数据存在异方差性，也可以选择使用普通最小二乘估计。

 ## 4.3　多元加权最小二乘估计

4.3.1　多元加权最小二乘法

对于一般的多元线性回归模型

$$y_i = \beta_0 + \beta_1 x_{i1} + \beta_2 x_{i2} + \cdots + \beta_p x_{ip} + \varepsilon_i, \quad i = 1, 2, \cdots, n$$

当误差项 ε_i 存在异方差性时，加权离差平方和为

$$Q_w = \sum_{i=1}^{n} w_i (y_i - \beta_0 - \beta_1 x_{i1} - \beta_2 x_{i2} - \cdots - \beta_p x_{ip})^2 \tag{4.7}$$

式 (4.7) 中，w_i 为给定的第 i 个观测值的权数。加权最小二乘估计就是寻找参数 $\beta_0, \beta_1, \beta_2, \cdots, \beta_p$ 的估计值 $\hat{\beta}_{0w}, \hat{\beta}_{1w}, \hat{\beta}_{2w}, \cdots, \hat{\beta}_{pw}$，使式 (4.7) 的 Q_w 达到极小。记

$$W = \begin{bmatrix} w_1 & & & \vdots \\ & w_2 & & \\ & & \ddots & \\ \vdots & & & w_n \end{bmatrix}$$

可以证明，加权最小二乘估计的矩阵表达为

$$\hat{\beta}_w = (X'WX)^{-1} X'Wy \tag{4.8}$$

4.3.2　权函数的确定方法

多元线性回归有多个自变量，通常取权函数 W 为某个自变量 $x_j (j = 1, 2, \ldots, p)$ 的幂函数，即 $W = x_j^m$。在 $x_1, x_2, \cdots, x_p$ 这 p 个自变量中，应该取哪一个自变量呢？只需计算每个自变量 x_j 与普通残差的等级相关系数，选取等级相关系数最大的自变量构造权函数。

例 4-4

续例 3-2，研究北京市各经济开发区经济发展与招商投资的关系，因变量 y 为各开发区的销售收入（百万元），选取两个自变量：x_1 为截至 2008 年底各开发区累计招商数

目，x_2 为招商企业注册资本（百万元）。

计算出普通残差的绝对值 $\text{ABSE} = |e_i|$ 与 x_1, x_2 的等级相关系数，见输出结果 4.4。

输出结果 4.4

```
>e<-resid(lm3.2)
>abse<-abs(e)
> cor.test(data3.2$x1,abse,method="spearman")
        Spearman's rank correlation rho
data: data3.2$x1 and abse
S = 312, p-value = 0.1002
alternative hypothesis: true rho is not equal to 0
sample estimates:
     rho
0.4428571


> cor.test(data3.2$x2,abse,method="spearman")
Spearman's rank correlation rho
data: data3.2$x2 and abse
S = 156, p-value = 0.003345
alternative hypothesis: true rho is not equal to 0
sample estimates:
     rho
0.7214286
```

从输出结果 4.4 中看出，残差绝对值与自变量 x_1 的等级相关系数为 $r_{e1} = 0.442\,9$，与自变量 x_2 的等级相关系数为 $r_{e2} = 0.721\,4$，因而选 x_2 构造权函数。

仿照例 4-3，首先在 $-2.0, \cdots, 2.0$ 的范围内寻找 m 的最优取值，得到的计算结果为 $m=2$ 时取得最优估计，由于是在范围 $[-2, 2]$ 的边界，因而应该扩大 m 的取值范围重新计算。然后，取 m 从 1 到 5，步长仍为 0.5，得到最优值为 $m=2.5$，输出结果如下所示。

输出结果 4.5

```
[[1]]
'log Lik.' -106.5221 (df=4)
[[2]]
'log Lik.' -104.4535 (df=4)
[[3]]
'log Lik.' -103.0883 (df=4)
[[4]]
'log Lik.' -102.5093 (df=4)
[[5]]
'log Lik.' -102.6596 (df=4)
[[6]]
'log Lik.' -103.3777 (df=4)
[[7]]
'log Lik.' -104.4779 (df=4)
[[8]]
```

```
'log Lik.' -105.8104 (df=4)
[[9]]
'log Lik.' -107.28 (df=4)

> result2[4]
Call:
lm(formula = y ~ x1 + x2, data = data3.2, weights = w)

Weighted Residuals:
     Min        1Q      Median        3Q        Max
-0.042593  -0.030151    0.008592   0.028264   0.035379

Coefficients:
               Estimate   Std. Error   t value   Pr(>|t|)
(Intercept)  -266.9621    106.7421     -2.501    0.02786  *
x1              1.6964       0.4044      4.195    0.00124  **
x2              0.4703       0.1493      3.150    0.00838  **
---
Signif. codes:  0 '***' 0.001 '**' 0.01 '*' 0.05 '.' 0.1 ' ' 1

Residual standard error: 0.03238 on 12 degrees of freedom
Multiple R-squared:  0.8494,   Adjusted R-squared:  0.8243
F-statistic: 33.84 on 2 and 12 DF,  p-value: 1.166e-05
```

根据以上输出结果，加权最小二乘的 $R^2 = 0.849\,4$，F 值 $= 33.84$；而普通最小二乘估计的 $R^2 = 0.841\,9$，F 值 $= 31.96$。这说明对本例的数据加权最小二乘估计的拟合效果好于普通最小二乘估计的效果，选用加权最小二乘估计是正确的。

加权最小二乘的回归方程为

$$\hat{y} = -266.962 + 1.696x_1 + 0.470x_2$$

普通最小二乘的回归方程为

$$\hat{y} = -327.04 + 2.036x_1 + 0.468x_2$$

 # 4.4　自相关性问题及其处理

无论是在介绍一元还是多元线性回归模型时，我们总假定其随机误差项是不相关的，即

$$\mathrm{cov}(\varepsilon_i, \varepsilon_j) = 0, \quad i \neq j \tag{4.9}$$

式 (4.9) 表示不同时点的误差项之间不相关。如果一个回归模型不满足式 (4.9)，即 $\mathrm{cov}(\varepsilon_i, \varepsilon_j) \neq 0$，则称随机误差项之间存在自相关现象。这里的自相关现象不是指两个或两个以上的变量之间的相关关系，而是指一个变量前后期数值之间的相关关系。

本节主要讨论自相关现象产生的背景和原因，自相关现象对回归分析带来的影响，诊断自相关是否存在的方法，以及如何克服自相关现象产生的影响。

4.4.1 自相关性产生的背景和原因

在实际问题的研究中，经常遇到时间序列出现正的序列相关的情形。产生序列自相关的背景及其原因通常有以下几个方面。

（1）遗漏关键变量时会产生序列的自相关性。在回归分析的建模过程中，如果忽略了一个或几个重要的变量，而这些遗漏的关键变量在时间顺序上的影响是正相关的，回归模型中的误差项就会具有明显的正相关性，这是因为误差包含了遗漏变量的影响。例如，我们利用新中国成立以来的有关统计数据建立我国居民消费模型时，居民可支配收入是一个重要的变量，它对居民的消费产生重要的影响，如果把这个重要的变量漏掉了，就可能使得误差项正自相关，因为居民可支配收入对居民消费的影响很可能在时间上是正相关的。

（2）经济变量的滞后性会给序列带来自相关性。许多经济变量都会产生滞后影响，如物价指数、基建投资、国民收入、消费、货币发行量等都有一定的滞后性。如前期消费额对后期消费额一般会有明显的影响。有时，经济变量的这种滞后表现出一种不规则的循环波动，当经济情况处于衰退的谷底时，经济扩张期随之开始，这时，大多数经济时间序列上升得快一些。在经济扩张期，经济时间序列内部有一种内在的冲力，受此影响，时间序列一直上升到循环的顶点，在顶点时刻，经济收缩随之开始。因此，在这样的时间序列数据中，顺序观测值之间的相关现象是很自然的。经济现象中的自相关一般是正的。

（3）采用错误的回归函数形式也可能引起自相关性。例如，假定某实际问题的正确回归函数应由指数形式

$$y = \beta_0 \exp(\beta_1 x + \varepsilon)$$

来表示，但研究者误用线性回归模型

$$y = \beta_0 + \beta_1 x + \varepsilon'$$

表示，这时，误差项 ε' 也表现为自相关性。

（4）蛛网现象（Cobweb Phenomenon）可能带来序列的自相关性。蛛网现象是微观经济学中研究商品市场运行规律所用的一个名词，它表示某种商品的供给量因受前一期价格影响而表现出来的某种规律性，即呈蛛网状收敛或发散于供需的均衡点。规律性的作用使得所用回归模型的误差项不再是随机的，而产生了某种自相关性。例如，许多农产品的供给呈现出蛛网现象，即供给量受前一期价格的影响。这样，今年某种产品的生产和供给计划取决于上一年的价格。因此，农产品的供给函数可表示为

$$S_t = \beta_0 + \beta_1 P_{t-1} + \varepsilon_t, \quad t = 1, 2, \cdots, n$$

式中，S_t 为 t 期农产品供给量；P_{t-1} 为 $t-1$ 期农产品的价格。

假定 t 期的农产品价格 P_t 低于 $t-1$ 期的农产品价格 P_{t-1}，那么，$t+1$ 期的农产品供

给量将低于 t 期的供给量。在这种情况下，干扰项 ε_t 不能预测，成为随机的，因为农民在第 t 年多生产了，很可能导致他们在第 $t+1$ 年少生产。比如我们都有过上年某种农产品的价格低，本年这种农产品就供应紧张、价格上涨的经验。

（5）因对数据加工整理而导致误差项之间产生自相关性。在回归分析建模中，经常要对原始数据进行一些处理，如在具有季节性时序资料的建模中，我们常常要消除季节性，对数据做修匀处理。但如果采用了不恰当的差分变换，也会带来序列的自相关性。

自相关问题在时序资料的建模中会经常碰到，在截面样本数据中有时也会存在。大多数经济时间序列由于受经济波动规律的作用，一般随着时间的推移有一种向下或向上变动的趋势，所以，随机误差项 ε_t 一般表现为正自相关情形。负自相关的情形有时也会出现，但并不多见。

4.4.2　自相关性带来的问题

当一个线性回归模型的随机误差项存在序列相关时，就违背了线性回归方程的基本假设，如果仍然直接用普通最小二乘法估计未知参数，将会产生严重后果。一般情况下，序列相关性会带来下列问题：

（1）参数的估计值不再具有最小方差线性无偏性。

（2）均方误差（MSE）可能严重低估误差项的方差。

（3）容易导致对 t 值评价过高，常用的 F 检验和 t 检验失效。如果忽视这一点，可能导致得出回归参数统计检验为显著，但实际上并不显著的严重错误结论。

（4）当存在序列相关时，$\hat{\boldsymbol{\beta}}$ 仍然是 $\boldsymbol{\beta}$ 的无偏估计量，但在任一特定的样本中，$\hat{\boldsymbol{\beta}}$ 可能严重歪曲 $\boldsymbol{\beta}$ 的真实情况，即最小二乘估计量对抽样波动非常敏感。

（5）如果不加处理地运用普通最小二乘法估计模型参数，那么用此模型进行预测和结构分析将会带来较大的方差甚至错误的解释。

4.4.3　自相关性的诊断

由于随机扰动项存在序列相关会给普通最小二乘法的应用带来非常严重的后果，因此，如何诊断随机扰动项是否存在序列相关就成为一个极其重要的问题。下面介绍两种主要的诊断方法。

1. 图示检验法

图示检验法是一种直观的诊断方法，它是对给定的回归模型直接用普通最小二乘法估计参数，求出残差项 e_t，e_t 作为随机项 ε_t 的真实值的估计值，再描绘 e_t 的散点图，根据 e_t 的相关性来判断随机项 ε_t 的序列相关性。残差 e_t 的散点图通常有两种绘制方式。

（1）绘制 e_t，e_{t-1} 的散点图。用 $(e_{t-1}, e_t)(t = 2, 3, \cdots, n)$ 作为散布点绘图。如果大部

分点落在第Ⅰ，Ⅲ象限，表明随机扰动项 ε_t 存在正的序列相关，如图 4-3（a）所示；如果大部分点落在第Ⅱ，Ⅳ象限，表明随机扰动项 ε_t 存在负相关，如图 4-3（b）所示。

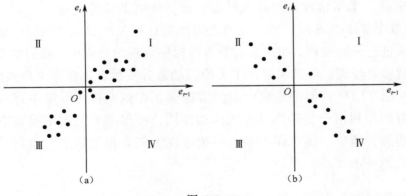

图 4-3

（2）按照时间顺序绘制回归残差项 e_t 的图形。如果 $e_t(t = 1, 2, \cdots, n)$ 随着 t 的变化逐次有规律地呈现锯齿形或循环形状的变化，就可断言 e_t 存在相关，表明 ε_t 存在序列相关。如果 e_t 随着 t 的变化逐次变化并不断地改变符号，如图 4-4（a）所示，那么随机扰动项 ε_t 存在负的序列相关，这种现象称为蛛网现象。如果 e_t 随着 t 的变化逐次变化并不频繁地改变符号，而是几个正的 e_t 后面跟着几个负的，如图 4-4（b）所示，则表明随机扰动项 ε_t 存在正的序列相关。

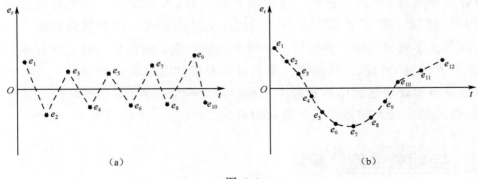

图 4-4

2．自相关系数法

误差序列 $\varepsilon_1, \varepsilon_2, \cdots, \varepsilon_n$ 的自相关系数定义为

$$\rho = \frac{\sum_{t=2}^{n} \varepsilon_t \varepsilon_{t-1}}{\sqrt{\sum_{t=2}^{n} \varepsilon_t^2} \sqrt{\sum_{t=2}^{n} \varepsilon_{t-1}^2}} \tag{4.10}$$

自相关系数 ρ 的取值范围是 $[-1, 1]$，当 ρ 接近 1 时，表明误差序列存在正相关；

当 ρ 接近 -1 时，表明误差序列存在负相关。在实际应用中，误差序列 $\varepsilon_1, \varepsilon_2, \cdots, \varepsilon_n$ 的真实值是未知的，需要用其估计值 e_t 代替，得自相关系数的估计值为

$$\hat{\rho} = \frac{\sum_{t=2}^{n} e_t e_{t-1}}{\sqrt{\sum_{t=2}^{n} e_t^2} \sqrt{\sum_{t=2}^{n} e_{t-1}^2}} \tag{4.11}$$

$\hat{\rho}$ 作为自相关系数 ρ 的估计值与样本量有关，需要做统计显著性检验才能确定自相关性是否存在，通常采用下面介绍的 DW 检验代替对 $\hat{\rho}$ 的检验。

3. DW 检验

DW 检验是杜宾 (J.Durbin) 和沃特森 (G.S.Watson) 于 1951 年提出的适用于小样本的一种检验方法。DW 检验只能用于检验随机扰动项具有一阶自回归形式的序列相关问题。这种检验方法是建立计量经济学模型时最常用的方法，一般的计算机软件都可以计算出 DW 值。

随机扰动项的一阶自回归形式为

$$\varepsilon_t = \rho \varepsilon_{t-1} + u_t \tag{4.12}$$

为了检验序列的相关性，构造的假设是

$$H_0: \ \rho = 0$$

为了检验上述假设，构造 DW 统计量，首先要求算出回归估计式的残差 e_t，定义 DW 统计量为

$$DW = \frac{\sum_{t=2}^{n} (e_t - e_{t-1})^2}{\sum_{t=2}^{n} e_t^2} \tag{4.13}$$

式中，$e_t = y_t - \hat{y}_t \ (t = 1, 2, \cdots, n)$。

下面我们推导出 DW 值的取值范围。由式 (4.13) 有

$$DW = \frac{\sum_{t=2}^{n} e_t^2 + \sum_{t=2}^{n} e_{t-1}^2 - 2\sum_{t=2}^{n} e_t e_{t-1}}{\sum_{t=2}^{n} e_t^2} \tag{4.14}$$

如果认为 $\sum_{t=2}^{n} e_t^2$ 与 $\sum_{t=2}^{n} e_{t-1}^2$ 近似相等，则由式 (4.14) 得

$$DW \approx 2\left(1 - \frac{\sum_{t=2}^{n} e_t e_{t-1}}{\sum_{t=2}^{n} e_t^2}\right) \tag{4.15}$$

同样，在认为 $\sum\limits_{t=2}^{n} e_t^2$ 与 $\sum\limits_{t=2}^{n} e_{t-1}^2$ 近似相等时，由式(4.11)得

$$\hat{\rho} \approx \frac{\sum\limits_{t=2}^{n} e_t e_{t-1}}{\sum\limits_{t=2}^{n} e_t^2} \tag{4.16}$$

因此，式(4.15)可以写为

$$\mathrm{DW} \approx 2(1-\hat{\rho}) \tag{4.17}$$

因而 DW 值与 $\hat{\rho}$ 的对应关系见表4-4。

由上述讨论可知 DW 的取值范围为 $0 \leqslant \mathrm{DW} \leqslant 4$。

根据样本量 n 和解释变量的数目 k（这里包括常数项）查 DW 分布表，得临界值 d_L 和 d_U，然后依下列准则考察计算得到的 DW 值，决定模型的自相关状态，见表4-5。

表 4-4

$\hat{\rho}$	DW	误差项的自相关性
-1	4	完全负自相关
$(-1,\ 0)$	$(2,\ 4)$	负自相关
0	2	无自相关
$(0,\ 1)$	$(0,\ 2)$	正自相关
1	0	完全正自相关

表 4-5

$0 \leqslant \mathrm{DW} \leqslant d_L$	误差项 $\varepsilon_1, \varepsilon_2, \cdots, \varepsilon_n$ 间存在正自相关
$d_L < \mathrm{DW} \leqslant d_U$	不能判定是否有自相关
$d_U < \mathrm{DW} < 4-d_U$	误差项 $\varepsilon_1, \varepsilon_2, \cdots, \varepsilon_n$ 间无自相关
$4-d_U \leqslant \mathrm{DW} < 4-d_L$	不能判定是否有自相关
$4-d_L \leqslant \mathrm{DW} \leqslant 4$	误差项 $\varepsilon_1, \varepsilon_2, \cdots, \varepsilon_n$ 间存在负自相关

上述判别准则结合图4-5容易记忆。由图4-5可看到 DW = 2 的左右有一个较大的无自相关区，所以，通常当 DW 的值在 2 左右时，无须查表即可放心地认为模型不存在序列自相关性。

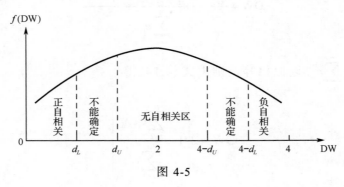

图 4-5

需要注意的是，DW 检验尽管有着广泛的应用，但也有明显的缺点和局限性：

（1）DW 检验有两个不能确定的区域，一旦 DW 值落在这两个区域，就无法判断，这时，只能增大样本量或选取其他方法。

（2）DW 统计量的上、下界表要求 $n>15$，这是因为样本如果再小，利用残差就很难对自相关性的存在做出比较正确的诊断。

（3）DW 检验不适合随机项具有高阶序列相关的情形。

4.4.4　自相关问题的处理

当一个回归模型存在序列相关性时，首先要查明序列相关性产生的原因。如果是回归模型选用不当，则应改用适当的回归模型；如果是缺少重要的自变量，则应增加自变量；如果以上两种方法都不能消除序列相关性，则需采用迭代法、差分法等方法处理。

1. 迭代法

以一元线性回归模型为例，设一元线性回归模型的误差项存在一阶自相关

$$y_t = \beta_0 + \beta_1 x_t + \varepsilon_t \tag{4.18}$$

$$\varepsilon_t = \rho \varepsilon_{t-1} + u_t \tag{4.19}$$

$$\begin{cases} E(u_t) = 0, & t = 1, 2, \cdots, n \\ \operatorname{cov}(u_t, u_s) = \begin{cases} \sigma^2, & t = s \\ 0, & t \neq s \end{cases} & t, s = 1, 2, \cdots, n \end{cases} \tag{4.20}$$

式（4.19）表明误差项 ε_t 存在一阶自相关，式（4.20）表明 u_t 满足关于随机扰动项的基本假设。

根据回归模型式（4.18），有

$$y_{t-1} = \beta_0 + \beta_1 x_{t-1} + \varepsilon_{t-1} \tag{4.21}$$

将式（4.21）两端乘以 ρ，用式（4.18）减去乘以 ρ 的式（4.21），则有

$$(y_t - \rho y_{t-1}) = (\beta_0 - \rho \beta_0) + \beta_1 (x_t - \rho x_{t-1}) + (\varepsilon_t - \rho \varepsilon_{t-1}) \tag{4.22}$$

在式（4.22）中，令

$$y_t' = y_t - \rho y_{t-1}$$
$$x_t' = x_t - \rho x_{t-1} \tag{4.23}$$
$$\beta_0' = \beta_0 (1 - \rho), \quad \beta_1' = \beta_1$$

于是式（4.22）变成

$$y_t' = \beta_0' + \beta_1' x_t' + u_t \tag{4.24}$$

模型式（4.24）有不相关的随机误差项，它满足线性回归模型的基本假设，用普通最小二乘法得到的参数估计量具有通常的优良性。

由于式(4.23)中的自相关系数 ρ 是未知的，需要用式(4.17)对 ρ 做估计。根据式(4.17)，$\hat{\rho} \approx 1 - \frac{1}{2}\mathrm{DW}$ ，计算出 ρ 的估计值 $\hat{\rho}$ 后，代入式(4.23)，计算变换因变量 y_t' 与变换自变量 x_t'，然后用式(4.24)做普通最小二乘回归。如果误差项确实是式(4.19)的一阶自相关模型，那么通过以上变换，模型式(4.24)已经消除了自相关，迭代法到此结束。

在实际问题中，有时误差项并不是简单的一阶自相关，而是更复杂的自相关形式，式(4.24)的误差项 u_t 可能仍然存在自相关，这就需要进一步对式(4.24)的误差项 u_t 做 DW 检验，以判断 u_t 是否存在自相关。如果检验表明误差项 u_t 不存在自相关，迭代法到此结束。如果检验表明误差项 u_t 存在自相关，那么对回归模型式(4.24)重复用迭代法，这个过程可能要重复几次，直至最终消除误差项的自相关。这种通过迭代消除自相关的过程正是迭代法名称的由来。

2．差分法

差分法就是用增量数据代替原来的样本数据，将原来的回归模型变为差分形式的模型。一阶差分法通常适用于原模型存在较高程度的一阶自相关的情况。

在迭代法式(4.22)中，当 $\rho = 1$ 时，得

$$(y_t - y_{t-1}) = \beta_1(x_t - x_{t-1}) + (\varepsilon_t - \varepsilon_{t-1}) \tag{4.25}$$

以 $\Delta y_t = y_t - y_{t-1}$，$\Delta x_t = x_t - x_{t-1}$ 代之，得

$$\Delta y_t = \beta_1 \Delta x_t + u_t \tag{4.26}$$

式(4.26)不存在序列的自相关，它是以差分数据 Δy_t 和 Δx_t 为样本的回归方程。

对式(4.26)这样不带常数项的回归方程用最小二乘法，但它与前面带常数项的情形稍有不同，它是回归直线过原点的回归方程。根据第 2 章章末 2.2 题得

$$\hat{\beta}_1 = \frac{\sum_{t=2}^{n} \Delta y_t \Delta x_t}{\sum_{t=2}^{n} \Delta x_t^2}$$

一阶差分法的应用条件是自相关系数 $\rho = 1$，在实际应用中，ρ 接近 1 时就采用差分法而不用迭代法。这有两个原因：(1)迭代法需要用样本估计自相关系数 ρ，对 ρ 的估计误差会影响迭代法的使用效率；(2)差分法比迭代法简单，人们在建立时序数据的回归模型时，更习惯于用差分法。

4.4.5　自相关实例分析

 例 4-5

续例 2-2，表 2-2 的数据是时间序列数据，因变量 y 为城镇家庭平均每人全年消费

性支出，自变量 x 为城镇家庭平均每人可支配收入。加载 lmtest 包后用函数 dwtest() 检验该回归方程的自相关性，得到 DW=0.429 7，P 值 =1.252e-08，故在显著性水平为 0.05 时拒绝原假设，认为存在自相关性。如果仅知道 DW 值，可通过查 DW 表来判定残差是否存在自相关。具体地，当 $n=30$，$k=2$，显著性水平 $\alpha=0.05$ 时，得 $d_L=1.35$，$d_U=1.49$，由 DW=0.429 7<1.35，可知残差存在正的自相关。另外，由图 2-7 中可以看到残差有明显的趋势变动，表明误差项存在自相关。自相关系数 $\rho \approx 1-\frac{1}{2}\mathrm{DW}=1-\frac{1}{2}\times 0.429\,7=0.785\,2$，说明误差项存在较强自相关性。

(1) 用迭代法消除自相关。依照式 (4.23) 计算变换因变量 y_t' 与变换自变量 x_t'，见表 4-6。然后用 y_t' 对 x_t' 做普通最小二乘回归，计算代码及运行结果见输出结果 4.6，残差 e_t' 列在表 4-6 中。从输出结果 4.6 中看到，新回归残差 e_t' 的 DW=2.267 7，P 值 =0.596，在显著水平为 0.05 时，认为误差项不存在自相关性。具体地，查 DW 表，当 $n=29$，$k=2$，显著性水平 $\alpha=0.05$ 时，得 $d_L=1.34$，$d_U=1.48$。由于 $d_U<2.2677<4-d_U$，因而 DW 值落入无自相关区域。另外，误差项 u_t 的标准差 $\hat{\sigma}_u=156.2$，小于 ε_t 的标准差 $\hat{\sigma}=264.6$。y_t' 对 x_t' 的回归方程为

$$y_t' = 238.2 + 0.64x_t'$$

把 $y_t' = y_t - 0.785\,2y_{t-1}$，$x_t' = x_t - 0.785\,2x_{t-1}$ 代入，还原为原始变量的方程

$$\hat{y}_t = 238.2 + 0.785\,2y_{t-1} + 0.64(x_t - 0.785\,2x_{t-1})$$
$$= 238.2 + 0.785\,2y_{t-1} + 0.64x_t - 0.502\,5x_{t-1}$$

表 4-6

年份	序号	x_t'	y_t'	e_t'	年份	序号	x_t'	y_t'	e_t'
1991	2	514.82	449.62	−118.10	2006	17	3 520.40	2 459.80	−31.47
1992	3	691.29	530.18	−150.48	2007	18	4 552.24	3 168.94	17.30
1993	4	986.11	798.18	−71.16	2008	19	4 956.15	3 392.84	−17.31
1994	5	1 472.43	1 193.90	13.32	2009	20	4 783.60	3 436.66	136.95
1995	6	1 537.73	1 298.73	76.35	2010	21	5 623.86	3 841.33	3.85
1996	7	1 475.93	1 141.80	−41.02	2011	22	6 805.10	4 583.11	−10.35
1997	8	1 360.80	1 108.01	−1.13	2012	23	7 439.65	4 769.99	−229.58
1998	9	1 373.23	1 045.07	−72.03	2013	24	7 178.80	5 394.82	562.20
1999	10	1 594.21	1 214.73	−43.79	2014	25	8 062.01	5 451.72	53.84
2000	11	1 683.42	1 373.60	57.98	2015	26	8 546.57	5 713.45	5.46
2001	12	1 928.56	1 384.58	−87.92	2016	27	9 122.04	6 281.59	205.30
2002	13	2 316.64	1 861.29	140.41	2017	28	10 000.76	6 323.45	−315.22
2003	14	2 423.96	1 776.25	−13.31	2018	29	10 672.50	6 918.09	−150.49
2004	15	2 769.23	2 069.71	59.18	2019	30	11 539.07	7 560.02	−63.15
2005	16	3 095.16	2 303.50	84.37					

输出结果 4.6

```
> data2.2<-read.csv("D:/newdata2.2.csv",head=TRUE)    #表 4.6 中的数据保存
在名为 newdata2.2 的 csv 文件中，其中 y'_t 和 x'_t 所对应的变量名分别为 yy 和 xx
> lm2.2new<-lm(yy~xx,data=data2.2)
> summary(lm2.2new)

Call:
lm(formula = yy ~ xx, data = data2.2)

Residuals:
    Min      1Q    Median    3Q      Max
-315.22  -71.16   -10.35   57.98   562.20

Coefficients:
            Estimate Std. Error t value Pr(>|t|)
(Intercept) 2.382e+02  4.831e+01   4.931  3.66e-05 ***
xx          6.400e-01  8.753e-03  73.115  < 2e-16 ***
---
Signif. codes: 0 '***' 0.001 '**' 0.01 '*' 0.05 '.' 0.1 ' ' 1

Residual standard error: 156.2 on 27 degrees of freedom
Multiple R-squared: 0.995, Adjusted R-squared: 0.9948
F-statistic: 5346 on 1 and 27 DF, p-value: < 2.2e-16

> library(lmtest)
> dwtest(lm2.2new, alternative="two.sided")      # DW 检验


        Durbin-Watson test

data: lm2.2new
DW = 2.2677, p-value = 0.596
alternative hypothesis: true autocorrelation is not 0

> newe<-resid(lm2.2new)     #计算残差 e'
```

（2）用一阶差分法消除自相关。首先计算差分 $\Delta y_t = y_t - y_{t-1}$，$\Delta x_t = x_t - x_{t-1}$，差分结果列在表 4-7 中，然后用 Δy_t 对 Δx_t 做过原点的最小二乘回归，计算代码及运行结果见输出结果 4.7，残差 e'_t 列在表 4-7 中。从输出结果 4.7 中看到，新回归残差 e'_t 的 DW=2.324 2，P 值=0.372 3，在显著性水平为 0.05 时认为残差序列不存在自相关性。具体地，查 DW 表，当 n=29，k=2，显著性水平 α=0.05 时，得 d_L=1.34，d_U=1.48，由于 d_U<2.324 2<4-d_U，可知 DW 值落入无自相关区域。误差项 u_t 的标准差 $\hat{\sigma}_u$=168 小于 ε_t 的标准差。Δy_t 对 Δx_t 的回归方程为

$$\Delta y_t = 0.6319 \Delta x_t$$

将 $\Delta y_t = y_t - y_{t-1}$，$\Delta x_t = x_t - x_{t-1}$ 代入，还原为原始变量的方程

$$y_t = y_{t-1} + 0.6319(x_t - x_{t-1}) \tag{4.27}$$

表 4-7

年份	序号	Δx_t	Δy_t	e_t'	年份	序号	Δx_t	Δy_t	e_t'
1991	2	190.44	174.91	54.56	2006	17	1 266.50	753.67	−46.67
1992	3	326.00	217.90	11.89	2007	18	2 026.30	1 300.92	20.44
1993	4	550.80	439.10	91.03	2008	19	1 994.96	1 245.38	−15.30
1994	5	918.80	740.50	159.88	2009	20	1 393.89	1 021.70	140.86
1995	6	786.75	686.27	189.10	2010	21	1 934.75	1 206.90	−15.73
1996	7	555.95	381.93	30.61	2011	22	2 700.40	1 689.44	−17.03
1997	8	321.40	266.10	63.00	2012	23	2 754.90	1 513.43	−227.48
1998	9	264.80	146.00	−21.34	2013	24	1 902.30	1 813.18	611.06
1999	10	428.90	284.30	13.26	2014	25	2 376.90	1 480.60	−21.44
2000	11	425.98	382.10	112.91	2015	26	2 350.90	1 424.30	−61.31
2001	12	579.62	311.01	−55.27	2016	27	2 421.40	1 686.50	156.34
2002	13	843.20	720.91	188.07	2017	28	2 780.00	1 366.10	−390.67
2003	14	769.40	481.02	−5.19	2018	29	2 854.60	1 667.30	−136.61
2004	15	949.40	671.16	71.20	2019	30	3 108.00	1 951.10	−12.94
2005	16	1 071.40	760.78	83.73					

输出结果 4.7

```
> data2.2<-read.csv("D:/new2data2.2.csv",head=TRUE)      #表 4.7 中的
数据保存在名为 new2data2.2 的 csv 文件中，其中 Δxₜ 和 Δyₜ 的变量名分别为 dx 和 dy
> dlm<-lm(dy~dx-1,data2.2)      #-1 表示回归方程中不包含常数项
> summary(dlm)

Call:
lm(formula = dy ~ dx - 1, data = data2.2)

Residuals:
   Min      1Q    Median    3Q     Max
-390.67  -21.34   13.26   91.03  611.06

Coefficients:
   Estimate Std. Error t value Pr(>|t|)
dx  0.63193   0.01845   34.25   <2e-16 ***
---
Signif. codes:  0 '***' 0.001 '**' 0.01 '*' 0.05 '.' 0.1 ' ' 1

Residual standard error: 168 on 28 degrees of freedom
Multiple R-squared:  0.9767,  Adjusted R-squared:  0.9759
F-statistic:  1173 on 1 and 28 DF,  p-value: < 2.2e-16

> dwtest(dlm)      # DW 检验

      Durbin-Watson test
```

```
data: dlm
DW = 2.3242, p-value = 0.3723
alternative hypothesis: true autocorrelation is greater than 0

> de<-resid(dlm)        #计算残差 e'
```

（3）预测。使用迭代法和差分法需要手工计算回归预测值 $\hat{y}_t$，计算 $\hat{y}_t$ 有两种方法，下面以迭代法为例说明回归预测值 $\hat{y}_t$ 和残差 e_t' 的计算方法。

在自相关回归中，回归预测值 $\hat{y}_t$ 不是使用估计值 $\hat{\beta}_0 + \hat{\beta}_1 x_t$ 计算，而是用式（4.27）计算，其一般性的公式为

$$\hat{y}_t = \hat{\beta}_0' + \hat{\rho} y_{t-1} + \hat{\beta}_1'(x_t - \hat{\rho} x_{t-1}) \tag{4.28}$$

计算出 $\hat{y}_t$ 后，再用 $y_t - \hat{y}_t$ 计算 e_t'，这里 e_t' 是随机误差项 u_t 的估计值。

另外一种计算 $\hat{y}_t$ 的方法是对 $\hat{\beta}_0 + \hat{\beta}_1 x_t$ 做修正。在误差项没有自相关时，我们实际上就是直接用估计值 $\hat{\beta}_0 + \hat{\beta}_1 x_t$ 作为回归预测值 $\hat{y}_t$。现在误差项存在自相关 $\varepsilon_t = \rho \varepsilon_{t-1} + u_t$，需要从残差 e_t 中提取出有用的信息对估计值 $\hat{\beta}_0 + \hat{\beta}_1 x_t$ 做修正，其中 $e_t = y_t - (\hat{\beta}_0 + \hat{\beta}_1 x_t)$ 是误差项的估计值。注意其中的系数估计值 $\hat{\beta}_0$ 和 $\hat{\beta}_1$ 是按照关系式 $\hat{\beta}_0 = \hat{\beta}_0'/(1-\hat{\rho})$ 和 $\hat{\beta}_1 = \hat{\beta}_1'$ 根据迭代法的参数估计值推算的，并不是普通最小二乘的估计值，残差 e_t 也不是普通最小二乘的残差。计算过程如下

$$t=1 \text{ 时，取 } \hat{y}_1 = \hat{\beta}_0 + \hat{\beta}_1 x_1, e_1 = y_1 - (\hat{\beta}_0 + \hat{\beta}_1 x_1)$$
$$t \geqslant 2 \text{ 时，取 } \hat{y}_t = \hat{\beta}_0 + \hat{\beta}_1 x_t + \hat{\rho} e_{t-1}, e_t = y_t - (\hat{\beta}_0 + \hat{\beta}_1 x_t) \tag{4.29}$$

例如，2020 年城镇居民人均可支配收入是 $x_{31}=43\,834$（元），则用迭代法计算的人均消费额的预测值是：

$$\hat{y}_{31} = 238.2 + 0.785\,2 \times 28\,063.4 + 0.64 \times (43\,834 - 0.785\,2 \times 42\,358.8) = 29\,040.86 \text{（元）}$$

用第二种方法：

$$\hat{\beta}_0 = 238.2/(1 - 0.785\,2) = 1\,108.939$$
$$e_{30} = 28\,063.4 - (1\,108.939 + 0.64 \times 42\,358.8) = -155.171$$
$$\hat{y}_{31} = 1\,108.939 + 0.64 \times 43\,834 + 0.785\,2 \times (-155.171) = 29\,040.86 \text{（元）}$$

两种方法得到的结果完全一样。

4.5　BOX-COX 变换

BOX-COX 变换是由博克斯（Box）与考克斯（Cox）在 1964 年提出的一种应用非常广泛的变换，它是对因变量 y 所做的如下变换

$$y^{(\lambda)} = \begin{cases} \dfrac{y^{\lambda}-1}{\lambda}, & \lambda \neq 0 \\ \ln y, & \lambda = 0 \end{cases}$$

式中，λ 是待定参数。此变换要求 y 的各分量都大于 0，否则可用下面推广的 BOX-COX 变换

$$y^{(\lambda)} = \begin{cases} \dfrac{(y+a)^{\lambda}-1}{\lambda}, & \lambda \neq 0 \\ \ln(y+a), & \lambda = 0 \end{cases}$$

即先对 y 做平移，使得 $y+a$ 的各个分量都大于 0 后再做 BOX-COX 变换。

对于不同的 λ，所做的变换也不同，所以这是一个变换族。它包含一些常用变换，如对数变换（$\lambda = 0$），平方根变换（$\lambda = 1/2$）和倒数变换（$\lambda = -1$）。

通过此变换，我们寻找合适的 λ，使得变换后

$$\boldsymbol{y}^{(\lambda)} = \begin{pmatrix} y_1^{(\lambda)} \\ y_2^{(\lambda)} \\ \vdots \\ y_n^{(\lambda)} \end{pmatrix} \sim N_n(\boldsymbol{X\beta}, \sigma^2 \boldsymbol{I})$$

从而符合线性回归模型的各项假设：误差各分量等方差、不相关等。事实上，BOX-COX 变换不仅可以处理异方差问题，还能处理自相关、误差非正态、回归函数非线性等情况。

经过计算可得 λ 的最大似然估计（参见参考文献[2]）

$$L_{\max}(\lambda) = (2\pi e \hat{\sigma}_{\lambda}^2)^{-\frac{n}{2}} |J|$$

式中，$\hat{\sigma}_{\lambda}^2 = \dfrac{1}{n}\mathrm{SSE}(\lambda, y^{(\lambda)})$，$|J| = \prod_{i=1}^{n} \left| \dfrac{\mathrm{d}y_i^{(\lambda)}}{\mathrm{d}y_i} \right| = \prod_{i=1}^{n} y_i^{\lambda-1}$

令 $z^{(\lambda)} = \dfrac{y^{(\lambda)}}{|J|}$，对 $L_{\max}(\lambda)$ 取对数并略去与 λ 无关的常数项，可得

$$\ln L_{\max}(\lambda) = -\frac{n}{2}\ln SSE(\lambda, z^{(\lambda)})$$

为找到 λ，使得 $L_{\max}(\lambda)$ 达到最大，只需使 $\mathrm{SSE}(\lambda, z^{(\lambda)})$ 达到最小即可。它的解析解比较难找。通常是给出一系列 λ 的值，计算对应的 $\mathrm{SSE}(\lambda, z^{(\lambda)})$，取使得 $\mathrm{SSE}(\lambda, z^{(\lambda)})$ 达到最小的 λ 即可。在 R 中，可调用 MASS 包中的 boxcox() 函数，计算出一系列 λ 的取值所对应的对数似然函数值 $\ln L_{\max}(\lambda)$，其中使对数似然函数值达到最大的 λ 即为我们需要的 λ 值。

1. 消除异方差

下面用 R 软件中的 BOX-COX 变换继续讨论例 3-2。

计算代码

```
install.packages("MASS")          #安装 MASS 包
library(MASS)                     #加载 MASS 包
```

```
bc3.2<-boxcox(y~x1+x2,data = data3.2,lambda = seq(-2,2,0.01))
#λ 的取值为区间[-2,2]上步长为 0.01 的值，bc3.2 中保存了 λ 的值及其对应的对数似然函数值
lambda<-bc3.2$x[which.max(bc3.2$y)]#将使对数似然函数值达到最大的 λ 赋给 lambda
lambda
y_bc<-(data3.2$y^lambda-1)/lambda              #计算变换后的 y 值
lm3.2_bc<-lm(y_bc~x1+x2,data = data3.2)  #使用变换后的 y 值建立回归方程
summary(lm3.2_bc)
abse<-abs(resid(lm3.2_bc))                     #计算残差的绝对值
cor.test(data3.2$x1,abse,method = "spearman")   #计算残差与 x1 的相关系数
cor.test(data3.2$x2,abse,method = "spearman")   #计算残差与 x2 的相关系数
```

输出结果 4.8

```
> lambda
[1] 0.47


> summary(lm3.2_bc)
Call:
lm(formula = y_bc ~ x1 + x2, data = data3.2)

Residuals:
    Min      1Q   Median      3Q     Max
-17.312  -6.236   1.334   6.769  22.040

Coefficients:
             Estimate  Std. Error  t value  Pr(>|t|)
(Intercept)  6.799653   5.736399    1.185   0.258821
x1           0.050077   0.011525    4.345   0.000953 ***
x2           0.013689   0.003244    4.220   0.001189 **
---
Signif. codes:  0 '***' 0.001 '**' 0.01 '*' 0.05 '.' 0.1 ' ' 1

Residual standard error: 12.52 on 12 degrees of freedom
Multiple R-squared: 0.845,    Adjusted R-squared: 0.8192
F-statistic: 32.72 on 2 and 12 DF,  p-value: 1.385e-05

> cor.test(data3.2$x1,abse,method = "spearman")
        Spearman's rank correlation rho
data:  data3.2$x1 and abse
S = 838, p-value = 0.06228
alternative hypothesis: true rho is not equal to 0
sample estimates:
        rho
-0.4964286


> cor.test(data3.2$x2,abse,method = "spearman")
```

```
                  Spearman's rank correlation rho
data:  data3.2$x2 and abse
S  =  412, p-value  =  0.3401
alternative hypothesis: true rho is not equal to 0
sample estimates:
         rho
0.2642857
```

本例中，λ 取值范围设定为 $[-2,2]$，根据输出结果，使似然函数取值最大的 $\lambda =$ 0.47。将因变量进行 BOX-COX 变换后的回归结果见输出结果 4.8。

$y^{(0.47)}$ 对 x_1, x_2 的回归方程为

$$\hat{y}^{(0.47)} = 6.80 + 0.05x_1 + 0.014x_2$$

将 $\hat{y}^{(0.47)} = \dfrac{\hat{y}^{0.47} - 1}{0.47}$ 代入，还原为原始变量的方程

$$\hat{y} = (4.196 + 0.024x_1 + 0.007x_2)^{\frac{1}{0.47}}$$

并求得残差绝对值与 x_1 和 x_2 的等级相关系数 t 检验的 P 值分别为 0.062 3 和 0.340 1，在显著性水平为 0.05 时都不显著，故可认为异方差被消除。

另外，经过 BOX-COX 变换后的 $R^2 = 0.845$，F 值 = 32.72；而普通最小二乘的 $R^2 = 0.842$，F 值 = 31.96；加权最小二乘的 $R^2 = 0.849$，F 值 = 33.84。这说明用 BOX-COX 变换和加权最小二乘估计都能消除异方差，但对于本例的数据用加权最小二乘的拟合效果要略好。对于不同的问题，结果可能不同，在实际应用时可以用两种方法都试一下。

2．消除自相关

下面我们对例 2-2 用 BOX-COX 变换消除残差序列自相关，计算代码及输出结果如下：

计算代码

```
bc2.2<-boxcox(y~x,data = data2.2,lambda = seq(-2,2,0.01))
lambda<-bc2.2$x[which.max(bc2.2$y)]
y_bc<-(data2.2$y^lambda-1)/lambda
summary(lm2.2_bc<-lm(y_bc~x-1,data = data2.2))  #截距项未能通过显著性
检验，故回归模型不包含截距项
lambda
```

输出结果 4.9

```
> summary(lm2.2_bc<-lm(y_bc~x-1,data=data2.2))

Call:
lm(formula = y_bc ~ x, data = data2.2)
```

```
      Residuals:
        Min      1Q     Median     3Q      Max
      -974.59 -126.40   18.06    215.65   747.67

      Coefficients:
        Estimate Std. Error t value Pr(>|t|)
      x 1.533444   0.003028   506.4   <2e-16 ***
      ---
      Signif. codes: 0 '***' 0.001 '**' 0.01 '*' 0.05 '.' 0.1 ' ' 1

      Residual standard error: 320.3 on 29 degrees of freedom
      Multiple R-squared: 0.9999, Adjusted R-squared: 0.9999
      F-statistic: 2.564e+05 on 1 and 29 DF,  p-value: < 2.2e-16

      > lambda
      [1] 1.09
```

本例中，λ 取值范围设定为 $[-2, 2]$，根据输出结果 4.9 可知，使似然函数取值最大的 $\lambda = 1.09$。将因变量进行 BOX-COX 变换后的回归结果见输出结果 4.9。

$y^{(1.09)}$ 对 x 的回归方程为：

$$\hat{y}^{(1.09)} = 1.533x$$

可计算得此时回归残差的 DW=1.342 9，P 值= 0.061 6。由此可知，在显著性水平为 0.05 时，新的残差序列不存在自相关，这表明 BOX-COX 方法消除了序列的自相关性。

将 $\hat{y}^{(1.09)} = \dfrac{\hat{y}^{1.09} - 1}{1.09}$ 代入，还原为原始变量的方程

$$\hat{y} = (1 + 1.671x)^{\frac{1}{1.09}}$$

将 x_{31}=43 834 代入得 $\hat{y}$ = 29 047.8，这与其他方法计算的结果近似。

4.6 异常值与强影响点

在回归分析的应用中，数据时常包含一些异常的或极端的观测值，这些观测值与其他数据远远分开，可能引起较大的残差，极大地影响回归拟合的效果。在一元回归的情况下，用散点图或残差图就可以方便地识别出异常值，而在多元回归的情况下，用简单画图法识别异常值就很困难，需要更有效的方法。

异常值分为两种情况：一种是关于因变量 y 异常；另一种是关于自变量 x 异常。以下分别讨论这两种情况。

4.6.1　关于因变量 y 的异常值

在残差分析中，认为超过 $\pm 3\hat{\sigma}$ 的残差为异常值。由于普通残差 $e_1, e_2, \cdots, e_n$ 的方差 $D(e_i) = (1-h_{ii})\sigma^2$ 不等，用 e_i 做判断会带来一定的麻烦。类似于一元线性回归，在多元线性回归中，同样可以引入标准化残差 ZRE_i 和学生化残差 SRE_i 的概念，以改进普通残差的性质。定义形式与式 (2.64) 和式 (2.65) 完全相同，分别为：

标准化残差

$$\text{ZRE}_i = \frac{e_i}{\hat{\sigma}} \tag{4.30}$$

学生化残差

$$\text{SRE}_i = \frac{e_i}{\hat{\sigma}\sqrt{1-h_{ii}}} \tag{4.31}$$

式 (4.31) 中，h_{ii} 为帽子矩阵 $\boldsymbol{H} = \boldsymbol{X}(\boldsymbol{X'X})^{-1}\boldsymbol{X'}$ 的主对角线元素。标准化残差使残差具有可比性，$|\text{ZRE}_i| > 3$ 的相应观测值即判定为异常值，这简化了判定工作，但是没有解决方差不等的问题。学生化残差则进一步解决了方差不等的问题，比标准化残差又有所改进。但是当观测数据中存在关于 y 的异常观测值时，普通残差、标准化残差、学生化残差这三种残差都不再适用。这是由于异常值把回归线拉向自身，使异常值本身的残差减少，而其余观测值的残差增大，这时回归标准差 $\hat{\sigma}$ 也会增大，因而用 "3σ" 准则不能正确分辨出异常值。解决这个问题的方法是改用删除残差。

删除残差的构造思想是：在计算第 i 个观测值的残差时，用删除掉第 i 个观测值的其余 $n-1$ 个观测值拟合回归方程，计算出第 i 个观测值的删除拟合值 $\hat{y}_{(i)}$，这个删除拟合值与第 i 个值无关，不受第 i 个值是否为异常值的影响，由此定义第 i 个观测值的删除残差为

$$e_{(i)} = y_i - \hat{y}_{(i)} \tag{4.32}$$

删除残差 $e_{(i)}$ 相比普通残差更能如实反映第 i 个观测值的异常性。可以证明

$$e_{(i)} = \frac{e_i}{1-h_{ii}}$$

进一步，我们可以给出第 i 个观测值的删除学生化残差，记为 $SRE_{(i)}$。删除学生化残差 $\text{SRE}_{(i)}$ 的公式推导比较复杂，本书在此不加证明地给出其表达式

$$\text{SRE}_{(i)} = \text{SRE}_i \left(\frac{n-p-2}{n-p-1-\text{SRE}_i^2} \right)^{\frac{1}{2}} \tag{4.33}$$

式 (4.33) 的证明参见参考文献 [2]。在实际运用中，我们可以直接用 R 软件的 rstudent() 函数计算出删除学生化残差 $\text{SRE}_{(i)}$ 的数值，$|\text{SRE}_{(i)}| > 3$ 的观测值即判定为

异常值。rstudent() 函数的使用方式为 rstudent(model)，其中 model 为所建立的回归方程。

4.6.2　关于自变量 x 的异常值对回归的影响

由式（3.24）知 $D(e_i) = (1-h_{ii})\sigma^2$，其中，$h_{ii}$ 为帽子矩阵中主对角线的第 i 个元素，它是调节 e_i 方差大小的杠杆，因而称 h_{ii} 为第 i 个观测值的杠杆值。类似于一元线性回归，多元线性回归的杠杆值 h_{ii} 也表示自变量的第 i 次观测值与自变量平均值之间距离的远近。根据式（3.24），较大的杠杆值的残差偏小，这是因为杠杆值大的观测点远离样本中心，能够把回归方程拉向自身，因而把杠杆值大的样本点称为强影响点。

强影响点并不一定是 y 值的异常值点，因此强影响点并不总会对回归方程造成不良影响。但是强影响点对回归效果通常有较强的影响，我们对强影响点应该有足够的重视，这是由于以下两个原因：（1）在实际问题中，因变量与自变量的线性关系只是在一定的范围内成立，强影响点远离样本中心，因变量与自变量之间可能不再是线性函数关系，因而在选择回归函数的形式时，要侧重于强影响点；（2）即使线性回归形式成立，但是强影响点远离样本中心，能够把回归方程拉向自身，使回归方程产生偏移。

由于强影响点并不总是 y 的异常值点，因此不能单纯根据杠杆值 h_{ii} 的大小判断强影响点是否异常。为此，我们引入库克距离，用来判断强影响点是否为 y 的异常值点。库克距离的计算公式为

$$D_i = \frac{e_i^2}{(p+1)\hat{\sigma}^2} \cdot \frac{h_{ii}}{(1-h_{ii})^2} \tag{4.34}$$

由式（4.34）可以看出，库克距离反映了杠杆值 h_{ii} 与残差 e_i 的综合效应。

根据式（3.22），$\mathrm{tr}(H) = \sum_{i=1}^{n} h_{ii} = p+1$，则杠杆值 h_{ii} 的平均值为

$$\bar{h} = \frac{1}{n}\sum_{i=1}^{n} h_{ii} = \frac{p+1}{n} \tag{4.35}$$

这样，如果一个杠杆值 h_{ii} 大于 2 倍或 3 倍的 $\bar{h}$，就认为是大的。

对于库克距离大小标准的判定比较复杂，较精确的方法请参见参考文献[2]。一个粗略的标准是：当 $D_i<0.5$ 时，认为不是异常值点；当 $D_i>1$ 时，认为是异常值点。

在 R 软件中可以直接用 hatvalues() 函数计算杠杆值 h_{ii}，用 cooks.distance() 函数计算库克距离，两者的使用方式同函数 rstudent()。

4.6.3　异常值实例分析

以下我们以例 3-2 的北京各经济开发区的数据为例，做异常值的诊断分析。分别计

算普通残差 e_i，学生化残差 SRE_i，删除学生化残差 $SRE_{(i)}$，杠杆值 h_{ii}，库克距离 D_i，见表 4-8。

表 4-8

序号	x_1	x_2	y	e_i	SRE_i	$SRE_{(i)}$	h_{ii}	D_i
1	25	3 547.79	553.96	−831.666	−2.340	−3.038	0.442	1.445
2	20	896.34	208.55	75.029	0.167	0.160	0.109	0.001
3	6	750.32	3.10	−33.522	−0.075	−0.072	0.121	0.000
4	1 001	2 087.05	2 815.40	126.828	0.376	0.363	0.499	0.047
5	525	1 639.31	1 052.12	−457.591	−1.034	−1.037	0.135	0.055
6	825	3357.7	3427.00	501.601	1.305	1.348	0.347	0.302
7	120	808.47	442.82	146.855	0.326	0.313	0.103	0.004
8	28	520.27	70.12	96.460	0.218	0.209	0.137	0.003
9	7	671.13	122.24	120.674	0.271	0.261	0.127	0.004
10	532	2 863.32	1 400.00	−697.282	−1.606	−1.735	0.167	0.172
11	75	1 160	464.00	95.001	0.209	0.201	0.088	0.001
12	40	862.75	7.50	−151.008	−0.336	−0.323	0.107	0.005
13	187	672.99	224.18	−144.740	−0.324	−0.312	0.119	0.005
14	122	901.76	538.94	195.207	0.431	0.416	0.095	0.007
15	74	3 546.18	2 442.79	958.154	2.613	3.810	0.406	1.555

　　从表 4-8 中看到，绝对值最大的学生化残差为 $SRE_{15} = 2.613$，小于 3，因而根据学生化残差诊断认为数据不存在异常值。绝对值最大的删除学生化残差为 $SRE_{(15)} = 3.81$，因而根据删除学生化残差诊断认为第 15 个数据为异常值。其杠杆值 $h_{15} = 0.406$ 位居第三，库克距离 $D_{15} = 1.555$ 位居第一。由于

$$\bar{h} = \frac{p+1}{n} = \frac{3}{15} = 0.2$$

第 15 个数据 $h_{15} = 0.406 > 2\bar{h}$，因而从杠杆值看第 15 个数据是自变量的异常值，同时库克距离 $D_{15} = 1.555 > 1$，这样第 15 个数据为异常值是由自变量异常与因变量异常两个原因共同引起的。

　　诊断出异常值后，进一步要判断引起异常值的原因。引起异常值的原因通常有几条，具体见表 4-9。

　　对引起异常值的不同原因，需要采取不同的处理方法。对本例的数据，通过核实认为不存在登记误差和测量误差。删除第 15 组数据，用其余 14 组数据拟合回归方程，发现第 6 组数据的删除学生化残差增加为 $SRE_{(6)} = 4.418$，仍然存在异常值现象，因而认为异常值不是由于数据的随机误差引起的。实际上，在 4.3 节中已经诊断出本例数据存在异方差，应该采用加权最小二乘回归。权数为 $W_i = x_2^{-2.5}$，用 R 软件计算出加权最小二乘回归的相关变量取值见表 4-10。

表 4-9

异常值原因	异常值消除方法
1. 数据登记误差，存在抄写或录入的错误	重新核实数据
2. 数据测量误差	重新测量数据
3. 数据随机误差	删除或重新观测异常值数据
4. 缺少重要自变量	增加必要的自变量
5. 缺少观测数据	增加观测数据，适当扩大自变量取值范围
6. 存在异方差	采用加权线性回归
7. 模型选用错误，线性模型不适用	改用非线性回归模型

表 4-10

序号	x_1	x_2	y	e_i	SRE_i	$SRE_{(i)}$	h_{ii}	D_i
1	25	3 547.79	553.96	−890.06	−1.149	−1.166	0.236	0.136
2	20	896.34	208.55	20.02	0.135	0.129	0.127	0.001
3	6	750.32	3.10	−93.00	−0.795	−0.782	0.154	0.038
4	1 001	2 087.05	2 815.40	402.66	1.175	1.196	0.437	0.358
5	525	1 639.31	1 052.12	−342.53	−1.135	−1.150	0.201	0.108
6	825	3357.70	3 427.00	715.24	0.937	0.932	0.150	0.051
7	120	808.47	442.82	125.98	0.949	0.945	0.096	0.032
8	28	520.27	70.12	44.89	0.717	0.702	0.394	0.111
9	7	671.13	122.24	61.69	0.617	0.601	0.184	0.029
10	532	2 863.32	1 400.00	−582.20	−0.926	−0.920	0.140	0.047
11	75	1160.00	464.00	58.17	0.281	0.270	0.110	0.003
12	40	862.75	7.50	−199.16	−1.391	−1.454	0.106	0.076
13	187	672.99	224.18	−142.61	−1.611	−1.742	0.364	0.495
14	122	901.76	538.94	174.83	1.137	1.153	0.077	0.036
15	74	3 546.18	2 442.79	916.41	1.173	1.194	0.223	0.132

从表 4-10 中看到，采用加权最小二乘回归后，删除学生化残差 $SRE_{(i)}$ 的绝对值最大者为 $|SRE_{(13)}| = 1.742$，库克距离小于 0.5，说明数据没有异常值。这个例子也说明了用加权最小二乘法处理异方差性问题的有效性。

4.7 本章小结与评注

4.7.1 异方差问题

本章介绍了诊断模型随机误差项是否存在异方差性以及克服异方差性的方法。关于异方差性诊断的方法很多，至于哪种检验方法最好，目前还没有一致的看法。残差图分析法直观但较粗糙，等级相关系数法要比残差图检验方法更为可取。如果残差散点图呈现无任何规律的分布，我们可认为无异方差性；如果残差点分布有明显的规律，可认为存在异方差性。对于既无明显分布规律，分布似乎又不随机的情况，我们就要慎重了，这时，需要借助等级相关系数检验或其他方法来判断异方差性。

当根据某种检验方法认为存在异方差性时，可以用自变量的幂函数作为权函数，做加权最小二乘回归，以解决异方差性带来的问题。多元线性回归有多个自变量，应该取哪一个自变量构造权函数呢？只需计算每个自变量 x_j 与残差绝对值的等级相关系数，选取等级相关系数最大的自变量构造权函数。

在实际应用中，实际工作者可能更多地从实际背景方面去分析和判断是否可能存在异方差性以及权函数的形式。有人认为，对异方差的检验及权函数的选择，依赖于人们对可能的异方差形式的先验认识。

检验方法尽管不同，但它们有一个共同的思路。各种检验都是设法检验 ε_i 的方差与解释变量 x_j 的相关性，一般是通过 ε_i 的估计值 e_i 来进行这些检验。如果 ε_i 与某一 x_j 之间存在相关性，则模型存在异方差。

需要注意的是，加权最小二乘估计并不能消除异方差，只是能够消除或减弱异方差的不良影响。当存在异方差时，普通最小二乘估计不再具有最小方差线性无偏估计等优良性质，而加权最小二乘估计可以改进估计的性质。加权最小二乘估计给误差项方差小的项加一个大的权数，给误差项方差大的项加一个小的权数，因此提高了小方差项的地位，使离差平方和中各项的作用相同。如果把误差项加权，那么加权的误差项 $\sqrt{w_i}\varepsilon_i$ 是等方差的。从残差图来看，普通最小二乘估计只能照顾到残差大的项，而小残差项往往有整体的正偏或负偏。加权最小二乘估计的残差图，对大残差和小残差拟合得都好，大残差和小残差都没有整体的正偏或负偏。

出现异方差时，消除异方差影响的方法也较多，用得最多的是加权最小二乘法。如果你使用的软件没有加权最小二乘功能，可以先对数据做变换，把第 i 组观测数据同乘以 $\sqrt{w_i}$，再对变换后的数据做普通最小二乘，这样可以得到与加权最小二乘等价的回归方程。只是使用这种方法时，变换后数据的回归方程中可能不含有回归常数项，给回归的拟合优度检验带来麻烦，具体方法参见参考文献[16]。当模型存在异方差时，人们往往还考虑对因变量做变换，使得变换后的数据，误差方差能够近似相等，即方差比较稳定，所以通常称这种变换为方差稳定变换（参见参考文献[2]）。常见的变量变换有如下几种：

(1) 如果 σ_i^2 与 $E(y_i)$ 存在一定的比例关系，使用 $y' = \sqrt{y}$。

(2) 如果 σ_i 与 $E(y_i)$ 存在一定的比例关系，使用 $y' = \ln(y)$。

(3) 如果 $\sqrt{\sigma_i}$ 与 $E(y_i)$ 存在一定的比例关系，使用 $y' = \dfrac{1}{y}$。

方差稳定变换在改变误差项方差的同时，也会改变误差项的分布和回归函数的形式。因而当误差项服从正态分布时，因变量与自变量之间遵从线性回归函数关系，只是误差项存在异方差时，应该采用加权最小二乘估计，以消除异方差的影响。当误差项不仅存在异方差，而且误差项不服从正态分布，因变量与自变量之间也不遵从线性回归函数关系时，应该采用方差稳定变换。

4.7.2 自相关问题

在4.4节中我们讨论了模型随机误差项存在序列相关时带来的严重后果，并给出了两种诊断方法，介绍了几种克服序列相关的方法。就诊断方法而言，残差图方法直观，但不够严谨；DW检验是最常用的一种方法，许多统计软件中都有DW值，用起来很方便，但DW检验也有局限性。尤其是DW检验有两个不能确定结果的区域，对于这种状况，一般需要增大样本量。但在实际问题的研究中，样本量的获取往往受到一定限制。为了克服DW检验的这一局限，杜宾和沃特森在参考文献[26]中给出了一个近似的检验，在使用下界 d_L 和上界 d_U 的DW检验得不到确定结果时可以使用。

另外，在DW表中，变量个数较多，样本量 n 较小时会出现 $d_U>2$ 的情形，这正是这种方法的一个不太合理的地方。在多元线性回归中，一定要注意 n 与 p 的匹配问题。

回归检验法也很受人们的推崇。回归检验法需要首先应用普通最小二乘法估计模型并求出 ε 的估计值 e，然后以 e_t 为被解释变量，以各种可能的相关量，诸如 e_{t-1}，e_{t-2} 等作为解释变量分别进行线性拟合

$$e_t = \beta e_{t-1} + u_t$$
$$e_t = \beta_1 e_{t-1} + \beta_2 e_{t-2} + u_t$$
$$\cdots\cdots$$

对各种拟合形式进行统计检验，选择显著的最优拟合形式作为序列相关的具体形式。这种方法的优点是确定了序列相关性存在时，也就确定了相关的形式，而且它适用于任何形式的序列相关检验。参考文献[9]中详细地介绍了这种方法的应用。

用迭代法处理序列相关并不总是有效，主要原因是当误差项正自相关时，式(4.16)往往低估自相关参数 ρ。如果这种偏差严重，就会显著地降低迭代法的效率。

对于误差项一阶自相关回归模型式(4.19)，用迭代法得到的式(4.28)回归方程适用于做短期预测。如果要做长期预测，可直接使用回归方程 $\hat{y}_t = \hat{\beta}_0 + \hat{\beta}_1 x_t$，这里 $\hat{\beta}_0$ 和 $\hat{\beta}_1$ 不是普通最小二乘估计值，而是根据式(4.23)，用公式 $\hat{\beta}_0 = \hat{\beta}_0' / (1-\hat{\rho})$ 和 $\hat{\beta}_1 = \hat{\beta}_1'$ 转换得到的。

一阶差分法是自相关参数 $\rho=1$ 时的迭代法，一阶差分模型的一个重要特征是它没有截距项，得到的差分回归线通过原点。

一阶差分法是对原始数据的一种修正，有时一阶差分法可能会过度修正，使得差分数据中出现负自相关的误差项。因此，从一定意义上说，使用差分法要慎重。只有当 $\rho=1$ 或者接近1时，差分法的效果才会好。

4.7.3　异常值问题

对异常值的分析是得到优良回归方程的一个必要组成部分，这项工作可以借助计算机软件实现，但是并不能由计算机软件自动完成，它需要统计分析人员进行有效的判断。

本书介绍了用删除学生化残差、杠杆值、库克距离等识别异常值的方法，在识别出异常值后，必须决定对这些异常观测值采取什么措施。对异常观测值，不能总是简单地剔除了事，有时异常观测值是正确的，它说明了回归模型为什么失败。失败的原因可能是遗漏了一个重要的自变量，或者是选择了不正确的回归函数形式。

如果一个异常值数据是准确的，但是找不到对它的合理解释，那么与剔除这个观测值相比，一种更稳健的方法是抑制它的影响。最小绝对离差和法是一种稳健估计方法，它具有对异常值和不合适模型不敏感的性质。最小绝对离差和法是寻找参数 β_0，β_1，β_2，$\cdots$，β_p 的估计值 $\hat{\beta}_0$，$\hat{\beta}_1$，$\hat{\beta}_2$，$\cdots$，$\hat{\beta}_p$，使绝对离差和达到极小，即寻找 $\hat{\beta}_0$，$\hat{\beta}_1$，$\hat{\beta}_2$，$\cdots$，$\hat{\beta}_p$，满足

$$
\begin{aligned}
Q(\hat{\beta}_0,\hat{\beta}_1,\hat{\beta}_2,\cdots,\hat{\beta}_p) &= \sum_{i=1}^{n} | y_i - \hat{\beta}_0 - \hat{\beta}_1 x_{i1} - \hat{\beta}_2 x_{i2} - \cdots - \hat{\beta}_p x_{ip} | \\
&= \min_{\beta_0,\beta_1,\beta_2,\cdots,\beta_p} \sum_{i=1}^{n} | y_i - \beta_0 - \beta_1 x_{i1} - \beta_2 x_{i2} - \cdots - \beta_p x_{ip} |
\end{aligned}
\tag{4.36}
$$

依照式 (4.36) 求出的 $\hat{\beta}_0,\hat{\beta}_1,\hat{\beta}_2,\cdots,\hat{\beta}_p$ 就称为回归参数 β_0，β_1，β_2，$\cdots$，β_p 的最小绝对离差和估计，在有些软件中可以使用非线性回归功能计算。

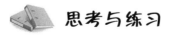 思考与练习

4.1　试举例说明产生异方差的原因。

4.2　异方差性带来的后果有哪些?

4.3　简述用加权最小二乘法消除一元线性回归中异方差性的思想与方法。

4.4　简述用加权最小二乘法消除多元线性回归中异方差性的思想与方法。

4.5　验证一元加权最小二乘回归系数估计公式 (4.5)。

4.6　验证多元加权最小二乘回归系数估计公式 (4.8)。

4.7　有同学认为当数据存在异方差时，加权最小二乘回归方程与普通最小二乘回归方程之间必然有很大的差异，异方差越严重，两者之间的差异就越大。你是否同意这位同学的观点?说明原因。

4.8　对例 4-3 的数据，用公式 $e'_{iw} = \sqrt{w_i} \cdot e_{iw}$ 计算出加权变换残差 e'_{iw}，绘制加权变换残差图，根据绘制出的图形说明加权最小二乘估计的效果。

4.9 参见参考文献[2]，表4-11是用电高峰每小时用电量 y 与每月总用电量 x 的数据。

(1)用普通最小二乘法建立 y 与 x 的回归方程，并画出残差散点图。

(2)诊断该问题是否存在异方差。

(3)如果存在异方差，用幂指数型的权函数建立加权最小二乘回归方程。

(4)用方差稳定变换 $y' = \sqrt{y}$ 消除异方差。

表 4-11

用户序号	x	y	用户序号	x	y
1	679	0.79	28	1 748	4.88
2	292	0.44	29	1 381	3.48
3	1 012	0.56	30	1 428	7.58
4	493	0.79	31	1 255	2.63
5	582	2.70	32	1 777	4.99
6	1 156	3.64	33	370	0.59
7	997	4.73	34	2 316	8.19
8	2 189	9.50	35	1 130	4.79
9	1 097	5.34	36	463	0.51
10	2 078	6.85	37	770	1.74
11	1 818	5.84	38	724	4.10
12	1 700	5.21	39	808	3.94
13	747	3.25	40	790	0.96
14	2 030	4.43	41	783	3.29
15	1 643	3.16	42	406	0.44
16	414	0.50	43	1 242	3.24
17	354	0.17	44	658	2.14
18	1 276	1.88	45	1 746	5.71
19	745	0.77	46	468	0.64
20	435	1.39	47	1 114	1.90
21	540	0.56	48	413	0.51
22	874	1.56	49	1 787	8.33
23	1 543	5.28	50	3 560	14.94
24	1 029	0.64	51	1 495	5.11
25	710	4.00	52	2 221	3.85
26	1 434	0.31	53	1 526	3.93
27	837	4.20			

4.10 试举一个可能产生随机误差项序列相关的经济例子。

4.11 序列相关性带来的严重后果是什么？

4.12 总结 DW 检验的优缺点。

4.13 某软件公司的月销售额数据见表 4-12,其中,x 为总公司的月销售额(万元);y 为某分公司的月销售额(万元)。

(1)用普通最小二乘法建立 y 与 x 的回归方程。

(2)用残差图及 DW 检验诊断序列的自相关性。

(3)用迭代法处理序列相关,并建立回归方程。

(4)用一阶差分法处理数据,并建立回归方程。

(5)比较以上各方法所建回归方程的优良性。

表 4-12

序　号	x	y	序　号	x	y
1	127.3	20.96	11	148.3	24.54
2	130.0	21.40	12	146.4	24.28
3	132.7	21.96	13	150.2	25.00
4	129.4	21.52	14	153.1	25.64
5	135.0	22.39	15	157.3	26.46
6	137.1	22.76	16	160.7	26.98
7	141.1	23.48	17	164.2	27.52
8	142.8	23.66	18	165.6	27.78
9	145.5	24.10	19	168.7	28.24
10	145.3	24.01	20	172.0	28.78

4.14 某乐队经理研究其乐队 CD 盘的销售额(y),两个有关的影响变量是每周演出场次 x_1 和乐队网站的周点击率 x_2,数据见表 4-13。

(1)用普通最小二乘法建立 y 与 x_1 和 x_2 的回归方程,用残差图及 DW 检验诊断序列的自相关性。

(2)用迭代法处理序列相关,并建立回归方程。

(3)用一阶差分法处理数据,并建立回归方程。

(4)比较以上各方法所建回归方程的优良性。

表 4-13

周　次	销售额 y	每周演出场次 x_1	周点击率 x_2	周　次	销售额 y	每周演出场次 x_1	周点击率 x_2
1	893.93	5	292	13	171.79	4	166
2	1 091.27	5	252	14	135.79	4	204
3	1 229.97	5	267	15	925.95	5	335
4	1 045.85	5	379	16	1 574.01	5	352
5	997.24	5	318	17	1 405.33	5	274
6	1 495.14	6	393	18	971.27	4	333
7	1 200.56	5	331	19	1 165.20	5	302
8	747.24	4	204	20	597.85	4	324
9	866.43	5	266	21	490.34	4	327
10	603.00	5	253	22	709.59	5	206
11	343.52	5	315	23	987.30	5	310
12	472.10	6	271	24	954.60	6	306

续表

周　次	销售额 y	每周演出场次 x_1	周点击率 x_2	周　次	销售额 y	每周演出场次 x_1	周点击率 x_2
25	1 216.89	6	350	39	1 514.84	6	368
26	1 491.52	5	275	40	1 442.08	5	357
27	668.30	4	173	41	767.64	5	260
28	915.03	5	360	42	1 020.03	5	298
29	565.92	4	340	43	1 067.49	5	350
30	1 267.98	5	380	44	1 484.12	6	320
31	930.24	6	285	45	957.68	4	227
32	379.38	4	232	46	1 344.91	5	261
33	500.74	5	294	47	1 361.78	5	303
34	83.65	5	220	48	1 424.69	6	263
35	982.94	6	391	49	1 158.21	4	215
36	722.28	4	279	50	827.56	4	294
37	1 337.44	5	322	51	803.16	4	288
38	1 150.51	4	231	52	1 447.46	6	257

4.15　说明引起异常值的原因和消除异常值的方法。

4.16　对第 3 章"思考与练习"中第 11 题做异常值检验。

第 5 章

自变量选择与逐步回归

　　回归自变量的选择无疑是建立回归模型的一个极为重要的问题。在建立一个实际问题的回归模型时，首先碰到的问题便是如何确定回归自变量，一般情况下，我们大多是根据所研究问题的目的，结合经济理论罗列出对因变量可能有影响的一些因素作为自变量。如果遗漏了某些重要的变量，回归方程的效果肯定不好；如果担心遗漏了重要的变量而考虑过多的自变量，在这些变量中，某些自变量对问题的研究可能并不重要，有些自变量数据的质量可能很差，有些变量可能和其他变量有很大程度的重叠，不仅导致计算量增大许多，而且得到的回归方程稳定性很差，直接影响到回归方程的应用。

　　从 20 世纪 60 年代开始，关于回归自变量的选择便成为统计学中研究的热点问题。统计学家提出了许多回归选元的准则，并提出了许多行之有效的选元方法。本章从回归选元对回归参数估计和预测的影响开始，介绍自变量选择常用的几个准则；扼要介绍所有子集回归选元的几种方法；详细讨论逐步回归方法及其应用。

5.1　自变量选择对估计和预测的影响

5.1.1　全模型与选模型

　　设我们研究的某一实际问题涉及对因变量有影响的因素共有 m 个，由因变量 y 和 m 个自变量 $x_1, x_2, \cdots, x_m$ 构成的回归模型为

$$y = \beta_0 + \beta_1 x_1 + \beta_2 x_2 + \cdots + \beta_m x_m + \varepsilon \tag{5.1}$$

因为模型式 (5.1) 是因变量 y 与所有自变量 $x_1, x_2, \cdots, x_m$ 的回归模型，故称式 (5.1) 为全

回归模型。

如果从所有可供选择的 m 个变量中挑选出 p 个，记为 $x_1, x_2, \cdots, x_p$，由所选的 p 个自变量组成的回归模型为

$$y = \beta_{0p} + \beta_{1p}x_1 + \beta_{2p}x_2 + \cdots + \beta_{pp}x_p + \varepsilon_p \tag{5.2}$$

相对全模型而言，我们称模型式(5.2)为选模型。选模型式(5.2)的 p 个自变量 $x_1, x_2, \cdots, x_p$ 并不一定是全体 m 个自变量 $x_1, x_2, \cdots, x_m$ 中的前 p 个，$x_1, x_2, \cdots, x_p$ 是在 m 个自变量 $x_1, x_2, \cdots, x_m$ 中按某种规则挑选出的 p 个，不过为了方便，我们不妨认为 $x_1, x_2, \cdots, x_p$ 就是 $x_1, x_2, \cdots, x_m$ 中的前 p 个。

自变量的选择问题可以看成对一个实际问题是用式(5.1)全模型还是用式(5.2)选模型去描述。如果应该用式(5.1)全模型去描述实际问题，而误选了式(5.2)选模型，则说明在建模时丢掉了一些有用的变量；如果应该选用式(5.2)选模型，而误选了式(5.1)全模型，则说明我们把一些不必要的自变量引进了模型。

模型选择不当会给参数估计和预测带来什么影响？下面将分别给予讨论。

为了方便，把模型式(5.1)的参数向量 $\boldsymbol{\beta}$ 和 σ^2 的估计记为

$$\hat{\boldsymbol{\beta}}_m = (\boldsymbol{X}_m' \boldsymbol{X}_m)^{-1} \boldsymbol{X}_m' \boldsymbol{y} \tag{5.3}$$

$$\hat{\sigma}_m^2 = \frac{1}{n-m-1}\text{SSE}_m \tag{5.4}$$

把模型式(5.2)的参数向量 $\boldsymbol{\beta}$ 和 σ^2 的估计记为

$$\hat{\boldsymbol{\beta}}_p = (\boldsymbol{X}_p' \boldsymbol{X}_p)^{-1} \boldsymbol{X}_p' \boldsymbol{y} \tag{5.5}$$

$$\hat{\sigma}_p^2 = \frac{1}{n-p-1}\text{SSE}_p \tag{5.6}$$

5.1.2　自变量选择对预测的影响

假设全模型式(5.1)与选模型式(5.2)不同，即要求 $p<m$，$\beta_{p+1}x_{p+1}+\cdots+\beta_m x_m$ 不恒为 0。在此条件下，当全模型式(5.1)正确而误用了选模型式(5.2)时，本书不加证明地引用以下性质。

性质 1　在 x_j 与 $x_{p+1}, \cdots, x_m$ 的相关系数不全为 0 时，选模型回归系数的最小二乘估计是全模型相应参数的有偏估计，即 $E(\hat{\beta}_{jp}) = \beta_{jp} \neq \beta_j (j = 1, 2, \cdots, p)$。

性质 2　选模型的预测是有偏的。给定新自变量值，$\boldsymbol{x}_{0m} = (x_{01}, x_{02}, \cdots, x_{0m})'$，因变量新值为 $y_0 = \beta_0 + \beta_1 x_{01} + \beta_2 x_{02} + \cdots + \beta_m x_{0m} + \varepsilon_0$，用选模型的预测值 $\hat{y}_{0p} = \hat{\beta}_{0p} + \hat{\beta}_{1p} x_{01} + \hat{\beta}_{2p} x_{02} + \cdots + \hat{\beta}_{pp} x_{0p}$，作为 y_0 的预测值是有偏的，即 $E(\hat{y}_{0p} - y_0) \neq 0$。

性质 3　选模型的参数估计有较小的方差。选模型的最小二乘参数估计为 $\hat{\boldsymbol{\beta}}_p =$

$(\hat{\beta}_{0p}, \hat{\beta}_{1p}, \cdots, \hat{\beta}_{pp})'$，全模型的最小二乘参数估计为 $\hat{\boldsymbol{\beta}}_m = (\hat{\beta}_{0m}, \hat{\beta}_{1m}, \cdots, \hat{\beta}_{mm})'$，这一性质说明 $D(\hat{\beta}_{jp}) \leqslant D(\hat{\beta}_{jm})$（$j = 0, 1, \cdots, p$）。

性质 4　选模型的预测残差有较小的方差。选模型的预测残差为 $e_{0p} = y_0 - \hat{y}_{0p}$，全模型的预测残差为 $e_{0m} = y_0 - \hat{y}_{0m}$，其中 $y_0 = \beta_0 + \beta_1 x_{01} + \beta_2 x_{02} + \cdots + \beta_m x_{0m} + \varepsilon_0$，则有 $D(e_{0p}) \leqslant D(e_{0m})$。

性质 5　记 $\boldsymbol{\beta}_{m-p} = (\beta_{p+1}, \cdots, \beta_m)'$，用全模型对 $\boldsymbol{\beta}_{m-p}$ 的最小二乘估计为 $\hat{\boldsymbol{\beta}}_{m-p} = (\hat{\beta}_{p+1}, \cdots, \hat{\beta}_m)'$，则在 $D(\hat{\boldsymbol{\beta}}_{m-p}) \geqslant \boldsymbol{\beta}_{m-p} \boldsymbol{\beta}'_{m-p}$ 的条件下，$E(e_{0p})^2 = D(e_{0p}) + (E(e_{0p}))^2 \leqslant D(e_{0m})$，即选模型预测的均方误差比全模型预测的方差更小。

以上性质的证明参见参考文献[2]。

性质 1 和性质 2 表明，当全模型式(5.1)正确，而我们舍去了 $m-p$ 个自变量，用剩下的 p 个自变量去建立选模型式(5.2)时，参数估计值是全模型相应参数的有偏估计，用其做预测，预测值也是有偏的。这是误用选模型产生的弊端。

性质 3 和性质 4 表明，用选模型去做预测，残差的方差比用全模型去做预测的方差小，尽管用选模型所做的预测是有偏的，但得到的预测残差的方差下降了。这说明尽管全模型正确，但误用选模型是有弊也有利的。

性质 5 说明即使全模型正确，但如果其中有一些自变量对因变量影响很小或回归系数方差过大，则我们丢掉这些变量之后，用选模型去预测可以提高预测的精度。由此可见，如果模型中包含一些不必要的自变量，模型的预测精度就会下降。

上述结论告诉我们，一个好的回归模型，并不是考虑的自变量越多越好。在建立回归模型时，选择自变量的基本指导思想是少而精。即使我们丢掉了一些对因变量 y 有些影响的自变量，由选模型估计的保留变量的回归系数的方差也比由全模型所估计的相应变量的回归系数的方差小。对于所预测的因变量的方差来说也是如此。丢掉了一些对因变量 y 有影响的自变量后，所付出的代价是估计量产生了有偏性。然而，尽管估计量是有偏的，但预测偏差的方差会下降。因此，自变量的选择有重要的实际意义。在建立实际问题的回归模型时，应尽可能地剔除那些可有可无的自变量。

5.2　所有子集回归

5.2.1　所有子集的数目

设在一个实际问题的回归建模中，有 m 个可供选择的变量 $x_1, x_2, \cdots, x_m$，由于每个自变量都有入选和不入选两种情况，因此 y 关于这些自变量的所有可能的回归方程就有 $2^m - 1$ 个，这里减 1 是要求回归模型中至少包含一个自变量，即减去模型中只包含常数项的这种情况。如果把回归模型中只包含常数项的情况也算在内，那么所有可能的回归方程就有 2^m 个。

从另一个角度看，选模型包含的自变量数目 p 有从 0 到 m 共 $m+1$ 种不同情况，而对选模型中恰包含 p 个自变量的情况，从全部 m 个自变量中选出 p 个的方法共有组合数 C_m^p 个（或记为 $\begin{pmatrix} m \\ p \end{pmatrix}$），因而所有选模型的数目为

$$C_m^0 + C_m^1 + \cdots + C_m^m = 2^m$$

5.2.2　自变量选择的几个准则

对于有 m 个自变量的回归建模问题，一切可能的回归子集有 2^m 个，在这些回归子集中如何选择一个最优的回归子集，衡量最优子集的标准是什么，这是我们这一节要讨论的问题。

在第 3 章，我们从数据与模型拟合优劣的角度出发，认为残差平方和 SSE 最小的回归方程就是最好的，还用复相关系数 R 来衡量回归拟合的好坏。然而，通过下面的讨论将会看到上述两种方法都有明显的不足。

我们把选模型式 (5.2) 的残差平方和记为 SSE_p，当再增加一个新的自变量 x_{p+1} 时，相应的残差平方和记为 SSE_{p+1}。根据最小二乘估计的原理，增加自变量时残差平方和将减少，减少自变量时残差平方和将增加。因此有

$$\mathrm{SSE}_{p+1} \leqslant \mathrm{SSE}_p$$

又记它们的复决定系数分别为：$R_{p+1}^2 = 1 - \mathrm{SSE}_{p+1} / \mathrm{SST}$，$R_p^2 = 1 - \mathrm{SSE}_p / \mathrm{SST}$。由于 SST 是因变量的离差平方和，与自变量无关，因而

$$R_{p+1}^2 \geqslant R_p^2$$

即当自变量子集扩大时，残差平方和随之减小，而复决定系数 R^2 随之增大。因此，如果按残差平方和越小越好的原则来选择自变量子集，或者按复决定系数越大越好的原则，则毫无疑问选的变量越多越好。这样由于变量的多重共线性，给变量的回归系数估计值带来不稳定性，加上变量的测量误差积累和参数数目增加，将使估计值的误差增大。如此构造的回归模型稳定性差，为增大复相关系数 R 而付出了模型参数估计稳定性差的代价。因此残差平方和、复相关系数或样本决定系数都不能作为选择变量的准则。

下面从不同的角度给出几个常用的准则。

准则 1　自由度调整复决定系数达到最大。

前面我们已看到，当给模型增加自变量时，复决定系数也随之逐步增大，然而复决定系数增大的代价是残差自由度的减小，因为残差自由度等于样本个数与参数个数之差。自由度小意味着估计和预测的可靠性低。这表明当一个回归方程涉及的自变量

很多时，回归模型的拟合从表面上看是良好的，而区间预测和区间估计的精确度却变低，以致失去实际意义。这里回归模型的拟合良好掺杂了一些虚假成分。为了克服样本决定系数的这一缺点，我们设法对 R^2 进行适当的修正，使得只有加入有意义的变量时，经过修正的样本决定系数才会增加，这就是所谓的自由度调整复决定系数。

设 R_a^2 为调整的复决定系数，n 为样本量，p 为自变量的个数，则

$$R_a^2 = 1 - \frac{n-1}{n-p-1}(1-R^2) \tag{5.7}$$

显然有 $R_a^2 \leqslant R^2$，R_a^2 随着自变量的增加并不一定增大。由式 (5.7) 可以看到，尽管 $1-R^2$ 随着变量的增加而减少，但由于其前面的系数 $(n-1)/(n-p-1)$ 起折扣作用，才使 R_a^2 随着自变量的增加并不一定增大。当所增加的自变量对回归的贡献很小时，R_a^2 反而可能减少。

在一个实际问题的回归建模中，自由度调整复决定系数 R_a^2 越大，所对应的回归方程越好。从拟合优度的角度追求最优，则所有回归子集中 R_a^2 最大者对应的回归方程就是最优方程。

从另外一个角度考虑回归的拟合效果，回归误差项方差 σ^2 的无偏估计为

$$\hat{\sigma}^2 = \frac{1}{n-p-1}\mathrm{SSE}$$

此无偏估计式中也加入了惩罚因子 $n-p-1$，$\hat{\sigma}^2$ 实际上就是用自由度 $n-p-1$ 做平均的平均残差平方和。当自变量个数从 0 开始增加时，SSE 逐渐减少，作为除数的惩罚因子 $n-p-1$ 也随之减少。一般来说，当自变量个数从 0 开始增加时，$\hat{\sigma}^2$ 先是开始下降，而后稳定下来，当自变量个数增加到一定数量后，$\hat{\sigma}^2$ 又开始增加。这是因为刚开始时，随着自变量个数的增加，SSE 能够快速减少，虽然作为除数的惩罚因子 $n-p-1$ 也随之减少，但由于 SSE 减小的速度更快，因而 $\hat{\sigma}^2$ 是趋于减少的。当自变量数目增加到一定程度，重要的自变量基本选上了，这时再增加自变量，SSE 减少的幅度不大，以至于抵消不了除数 $n-p-1$ 的减少，最终又导致了 $\hat{\sigma}^2$ 的增加。

由以上分析可知，用平均残差平方和 $\hat{\sigma}^2$ 作为自变量选元准则是合理的，那么它和调整的复决定系数 R_a^2 准则有什么关系呢？实际上，这两个准则是等价的，容易证明以下关系式成立

$$R_a^2 = 1 - \frac{n-1}{\mathrm{SST}}\hat{\sigma}^2 \tag{5.8}$$

由于 SST 是与回归无关的固定值，因此 R_a^2 与 $\hat{\sigma}^2$ 是等价的。

准则 2　赤池信息量 AIC 达到最小。

AIC 准则是日本统计学家赤池 (Akaike) 于 1974 年根据最大似然估计原理提出的一种模型选择准则，人们称之为赤池信息量准则 (Akaike information criterion，AIC)。AIC 准则既可用来做回归方程自变量的选择，又可用于时间序列分析中自回归模型的

定阶。该方法的广泛应用使得赤池乃至日本统计学家在该领域中声名鹊起。

对一般情况，设模型的似然函数为 $L(\theta, x)$，θ 的维数为 p，x 为随机样本［在回归分析中随机样本为 $\boldsymbol{y} = (y_1, y_2, \cdots, y_n)'$］，则 AIC 定义为

$$\text{AIC} = -2\ln L(\hat{\theta}_L, x) + 2p \tag{5.9}$$

式 (5.9) 中，$\hat{\theta}_L$ 为 θ 的最大似然估计；p 为未知参数的个数。式 (5.9) 中右边第一项是似然函数的对数乘以 -2，第二项惩罚因子是未知参数个数的 2 倍。我们知道，似然函数越大的估计量越好，而 AIC 是似然函数的对数乘以 -2 再加上惩罚因子 $2p$，因而使 AIC 达到最小的模型是最优模型。

下面我们讨论把 AIC 用于回归模型的选择。假定回归模型的随机误差项 ε 服从正态分布，即

$$\varepsilon \sim N(0, \sigma^2)$$

在这个正态假定下，回归参数的最大似然估计已在 3.2 节中给出，根据式 (3.28)

$$\ln L_{\max} = -\frac{n}{2}\ln(2\pi) - \frac{n}{2}\ln(\hat{\sigma}_L^2) - \frac{1}{2\hat{\sigma}_L^2}\text{SSE}$$

将 $\hat{\sigma}_L^2 = \dfrac{1}{n}\text{SSE}$ 代入得

$$\ln L_{\max} = -\frac{n}{2}\ln(2\pi) - \frac{n}{2}\ln\left(\frac{\text{SSE}}{n}\right) - \frac{n}{2}$$

将上式代入式 (5.9) 中，这里似然函数中的未知参数个数为 $p+2$，略去与 p 无关的常数，得回归模型的 AIC 公式为

$$\text{AIC} = n\ln(\text{SSE}) + 2p \tag{5.10}$$

在回归分析的建模过程中，对每一个回归子集计算 AIC，其中 AIC 最小者所对应的模型是最优回归模型。

准则 3 C_p 统计量达到最小。

1964 年，马洛斯（Mallows）从预测的角度提出了一个可以用来选择自变量的统计量，这就是我们常说的 C_p 统计量。根据性质 5，即使全模型正确，但仍有可能选模型有更小的预测误差。C_p 正是根据这一原理提出来的。

考虑在 n 个样本点上，用选模型式 (5.2) 做回归预测，预测值与期望值的相对偏差平方和为

$$J_p = \frac{1}{\sigma^2}\sum_{i=1}^{n}[\hat{y}_{ip} - E(y_i)]^2$$

$$= \frac{1}{\sigma^2}\sum_{i=1}^{n}[\hat{\beta}_{0p} + \hat{\beta}_{1p}x_{i1} + \cdots + \hat{\beta}_{pp}x_{ip} - (\beta_0 + \beta_1 x_{i1} + \cdots + \beta_m x_{im})]^2$$

可以证明，J_p 的期望值是

$$E(J_p) = \frac{E(\mathrm{SSE}_p)}{\sigma^2} - n + 2(p+1)$$

对以上证明有兴趣的读者请参见参考文献[5]。略去无关的常数 2，据此构造出 C_p 统计量为

$$
\begin{aligned}
C_p &= \frac{\mathrm{SSE}_p}{\hat{\sigma}^2} - n + 2p \\
&= (n-m-1)\frac{\mathrm{SSE}_p}{\mathrm{SSE}_m} - n + 2p
\end{aligned}
\tag{5.11}
$$

式（5.11）中，$\hat{\sigma}^2 = \dfrac{1}{n-m-1}\mathrm{SSE}_m$，为全模型中 σ^2 的无偏估计。这样我们得到一个选择变量的 C_p 准则：选择使 C_p 最小的自变量子集，这个自变量子集对应的回归方程就是最优回归方程。

上面从不同角度介绍了 3 个准则，自变量选择的准则还有一些，我们就不一一列举了。我们讲的最优是相对而言的，在实际问题的选模中应综合考虑，或根据实际问题的研究目的从不同角度来考虑。如有时希望模型各项衡量准则较优，得到的模型又能给出合理的经济解释；有时只从拟合角度考虑，有时只从预测角度考虑，并不计较回归方程能否有合理解释；有时要求模型的各个衡量准则较优，而模型最好简单一些，涉及变量少一些；有时还要看回归模型参数估计的标准误差大小等。因此，上述准则只给了我们选择模型的一些参考，最终的选择既应以上述几个准则做基本参考根据，又要考虑实际问题的性质和需要。

5.2.3　用 R 软件寻找最优子集

R 软件中提供了用 R_a^2 准则、C_p 准则和 AIC 准则选元的功能，寻找最优子集的函数为 regsubestes()，在使用该函数前需要加载 leaps 包。下面结合例 3-1 的数据，介绍使用 R 软件中的函数 regsubsets() 寻找最优子集的方法。

例 5-1

对例 3-1 中的数据，用调整的复决定系数 R_a^2 准则选择最优子集回归模型。

计算代码

```
data3.1<-read.csv("D:/data3.1.csv",head = TRUE)
install.packages("leaps")        #下载 leaps 包
library(leaps)                   #加载 leaps 包
exps<-regsubsets(y~x1+x2+x3+x4+x5+x6+x7+x8+x9,data = data3.1,
                 nbest = 1,really.big = T)      #进行全子集回归
expres<-summary(exps)            #将回归结果赋给 expres
res<-data.frame(expres$outmat,调整 R 平方 = expres$adjr2)
```

```
res                              #选择输出计算结果中的 R² 这一指标
```

第四行调用 regsubsets 函数是对数据做所有子集（除了全模型）回归分析，共有 2^m-2 个变量子集的模型回归结果，并将结果赋给 exps，回归结果中计算了 R_a^2，C_p 和 AIC 的值，此时只选择输出 R_a^2 的值。其中 nbest 可以任意赋大于等于 1 的值 n，其主要用于展示包含不同变量个数（1 个、2 个或多个解释变量）的子集的前 n 个最佳模型。对于本例，若 nbest = 3，结果中将首先展示 3 个最佳的单解释变量的模型，然后展示 3 个最佳的含有两个解释变量的模型，依次类推，直至展示 3 个最佳的包含 8 个解释变量的模型。当 nbest = 126 时，将显示所有的回归子集，但不包含全模型。

后面三行命令，主要是为了将各模型所对应的 R_a^2（调整 R 平方）的输出结果显示在窗口中。

运行以上命令得到的部分结果见输出结果 5.1。

输出结果 5.1

		x1	x2	x3	x4	x5	x6	x7	x8	x9	调整 R 平方
1	(1)			*							0.9027102
2	(1)	*		*							0.9518005
3	(1)	*		*	*						0.9738136
4	(1)	*	*	*			*				0.9854218
5	(1)	*	*	*	*	*					0.9938722
6	(1)	*	*	*	*	*			*		0.9951625
7	(1)	*	*	*	*	*	*		*		0.9951314
8	(1)	*	*	*	*	*	*	*	*		0.9950122

由以上输出结果可知，依据 R_a^2 准则选出的最优子集为 $x_1, x_2, x_3, x_4, x_5, x_8$，同时也可看到包含变量 $x_1, x_2, x_3, x_4, x_5, x_6, x_8$ 和仅不包含 x_9 的回归模型的 R_a^2 均与最优子集回归模型的 R_a^2 差别很小。如果仅考虑 R_a^2 这一个准则时，则 $x_1, x_2, x_3, x_4, x_5, x_8$ 为最优子集，但是实际应用中应该综合考虑几个准则来确定最优子集。

例 5-2

对例 3-1 中的数据，用 C_p 准则选择最优子集回归模型。

计算代码

```
data.frame(expres$outmat,Cp = expres$cp)   #对于上例中已经得到的所有子集回归模型，输出子模型及对应的 C_p 统计量
```

输出结果 5.2

		x1	x2	x3	x4	x5	x6	x7	x8	x9	Cp
1	(1)			*							513.401303
2	(1)	*		*							233.494911
3	(1)	*		*	*						112.422206
4	(1)	*	*	*			*				51.598453

5	(1)	*	*	*	*	*				10.342435
6	(1)	*	*	*	*	*			*	5.237429
7	(1)	*	*	*	*	*	*		*	6.447798
8	(1)	*	*	*	*	*	*	*	*	8.017646

由以上输出结果可知，依据 C_p 准则选出的最优子集为 $x_1, x_2, x_3, x_4, x_5, x_8$，而且 C_p=5.237 与其他七个子集所对应的 C_p 的取值相差均较明显。因此，综合输出结果 5.1 和 5.2，我们可以选择包含变量 $x_1, x_2, x_3, x_4, x_5, x_8$ 的回归模型作为最优子集回归模型。

5.3　逐　步　回　归

在第 3 章的多元线性回归分析中，我们看到并不是所有的自变量都对因变量 y 有显著的影响，这就存在着如何挑选出对因变量影响较大的自变量的问题。自变量的所有可能子集构成了 2^m-1 个回归方程，当可供选择的自变量不太多时，用前面的方法可以求出一切可能的回归方程，然后用几个选元准则去挑选最优的方程，但是当自变量的个数较多时，要求出所有可能的回归方程是非常困难的。为此，人们提出了一些较为简便、实用、快速的最优方法。人们所给出的方法各有优缺点，至今还没有绝对最优的方法，目前常用的方法有前进法、后退法、逐步回归法，而逐步回归法最受推崇。

R 软件提供了非常方便地进行逐步回归分析的计算函数 step()，它是以 AIC 信息统计量为准则，通过选择最小的 AIC 信息统计量，来达到剔除或添加变量的目的。其中，step() 函数的使用格式为：

```
step(object,scope,scale = 0,direction = c("both","backward","forward"),
     trace = 1,keep = NULL,steps = 1000,k = 2,…)
```

其中 object 是初始的回归方程；scope 是确定逐步搜索中模型的范围；scale = 0 指使用 AIC 统计量；direction 确定逐步搜索的方式，其他参数参见在线帮助。

5.3.1　前进法

前进法的思想是变量由少到多，每次增加一个，直至没有可引入的变量为止。在 R 软件中使用前进法做变量选择时，通常将初始模型设定为不包含任何变量，只含有常数项的回归模型，此时回归模型有相应的 AIC 统计量的值，不妨记为 C_0。然后，将全部 m 个自变量分别对因变量 y 建立 m 个一元线性回归方程，并分别计算这 m 个一元回归方程的 AIC 统计量的值，记为 $\{C_1^1, C_2^1, \cdots, C_m^1\}$，选其中最小值记为：$C_j^1 = \min\{C_1^1, C_2^1, \cdots, C_m^1, C_0\}$。因此，变量 x_j 将首先被引入回归模型，为了方便进一步地说明前进法，不妨将 x_j 记作 x_1，此时回归方程对应的 AIC 值记为 C_1。

接下来，因变量 y 分别对 (x_1, x_2)，(x_1, x_3)，…，(x_1, x_m) 建立 $m-1$ 个二元线性回归方程，对这 $m-1$ 个回归方程分别计算其 AIC 统计量的值，记为 $\{C_1^2, C_2^2, \cdots, C_{m-1}^2\}$，选其中最小值记为：$C_j^2 = \min\{C_1^2, C_2^2, \cdots, C_{m-1}^2, C_1\}$，则接着将变量 x_j 引入回归模型，此时模型中包含的变量为 x_1 和 x_j。

依上述方法接着做下去，直至再次引入新变量时，所建立的新回归方程的 AIC 值不会更小，此时得到的回归方程即为最终确定的方程。由此可知，使用前进法在较大程度上减少了寻找最优方程的计算量。

 例 5-3

对例 3-1 城镇居民消费性支出 y 关于 9 个自变量做回归的数据，使用前进法做变量选择。

在 R 中使用 step() 函数做前进法的变量选择时，需要将方向 direction 设为 "forward"。以下为使用前进法做变量选择的计算代码及输出结果。

计算代码

```
lmo3.1<-lm(y~1,data = data3.1)    #建立初始模型
lm3.1.for<-step(lmo3.1,scope=list(upper=~x1+x2+x3+x4+x5+x6+x7+x8+
x9, lower=~1),direction = "forward")    #将模型的搜索范围定义为至多加入所有变
量，至少包含常数项，使用前进法寻找最优回归模型
summary(lm3.1.for)    #输出最优回归模型及其回归系数的显著性检验
```

输出结果 5.3

```
Start:  AIC=550.32
y ~ 1


          Df    Sum of Sq             RSS           AIC
+ x3       1    1349507465      140092110      479.04
+ x7       1    1288622243      200977332      490.23
+ x6       1    1284500820      205098755      490.86
+ x1       1    1085179234      404420341      511.90
+ x5       1     838830153      650769422      526.65
+ x4       1     680421102      809178473      533.40
+ x2       1     308914322     1180685254      545.12
+ x8       1     125289577     1364309998      549.60
<none>                         1489599575      550.32
+ x9       1      13858072     1475741504      552.03


Step:  AIC=479.04
y ~ x3
```

```
           Df  Sum of Sq        RSS          AIC
  + x1     1   73080618     67011492       458.18
  + x5     1   48472272     91619839       467.87
  + x2     1   24746976    115345135       475.01
  + x6     1   18847049    121245061       476.56
  + x7     1   18671936    121420175       476.60
  <none>                   140092110       479.04
  + x4     1    4448103    135644008       480.04
  + x9     1     318026    139774084       480.97
  + x8     1      50504    140041606       481.03
```

......　#此处省略中间的运行结果

```
Step:  AIC=390.13
y ~ x3 + x1 + x4 + x5 + x2 + x8

           Df   Sum of Sq       RSS       AIC
<none>                      5764769    390.13
  + x6     1     204702     5560067    391.01
  + x7     1      39651     5725118    391.92
  + x9     1       9189     5755580    392.08
```

> summary(lm3.1.for)

```
Call:
lm(formula = y ~ x3 + x1 + x4 + x5 + x2 + x8, data = data3.1)

Residuals:
    Min      1Q    Median     3Q      Max
-840.07 -299.43  -35.29   338.74   992.49

Coefficients:
              Estimate    Std. Error  t value     Pr(>|t|)
(Intercept) -7.142e+04    2.511e+04    -2.845     0.00895  **
x3           9.554e-01    5.523e-02    17.300     4.68e-15 ***
x1           1.457e+00    9.436e-02    15.444     5.74e-14 ***
x4           1.401e+00    2.133e-01     6.569     8.55e-07 ***
x5           1.479e+00    1.818e-01     8.135     2.34e-08 ***
x2           2.086e+00    2.984e-01     6.990     3.15e-07 ***
x8           6.907e+02    2.494e+02     2.769     0.01067  *
---
Signif. codes:  0 '***' 0.001 '**' 0.01 '*' 0.05 '.' 0.1 ' ' 1
```

```
Residual standard error: 490.1 on 24 degrees of freedom
Multiple R-squared: 0.9961, Adjusted R-squared: 0.9952
F-statistic: 1030 on 6 and 24 DF, p-value: < 2.2e-16
```

由上述结果可看到，前进法依次引入了 x_3、x_1、x_4、x_5、x_2、x_8，最优回归模型为

$$\hat{y} = -71\,420 + 1.457x_1 + 2.086x_2 + 0.955x_3 + 1.401x_4 + 1.479x_5 + 690.7x_8$$

模型整体上高度显著，且各变量的回归系数均显著，复决定系数 $R^2 = 0.996$，调整的复决定系数 $R_a^2 = 0.995$。

5.3.2　后退法

后退法与前进法相反，通常先用全部 m 个变量建立一个回归方程，然后计算在剔除任意一个变量后回归方程所对应的 AIC 统计量的值，选出最小的 AIC 值所对应的需要剔除的变量，不妨记作 x_1；然后，建立剔除变量 x_1 后因变量 y 对剩余 $m-1$ 个变量的回归方程，计算在该回归方程中再任意剔除一个变量后所得回归方程的 AIC 值，选出最小的 AIC 值并确定应该剔除的变量；依此类推，直至回归方程中剩余的 p 个变量中再任意剔除一个 AIC 值都会增加，此时已经没有可以继续剔除的自变量，因此包含这 p 个变量的回归方程就是最终确定的方程。

续例 5-3

对例 3-1 城镇居民消费性支出 y 关于 9 个自变量做回归的数据，用后退法做变量选择。

使用后退法挑选最优方程时，需要在 step() 函数中将方向设为 "backward"，计算代码及运行结果见输出结果 5.4。

输出结果 5.4

```
> lm3.1.back<-step(lm3.1,direction="backward")      #lm3.1 为例 3-1
中建立的全模型
    Start: AIC=394.36
    y ~ x1 + x2 + x3 + x4 + x5 + x6 + x7 + x8 + x9

           Df  Sum of Sq       RSS       AIC
    - x9    1       4574   5448555    392.38
    - x7    1     113998   5557979    393.00
    - x6    1     267960   5711941    393.85
    <none>                 5443981    394.36
    - x8    1    1647003   7090983    400.55
    - x4    1    9246270  14690250    423.13
    - x2    1   11094851  16538832    426.80
    - x5    1   14314904  19758885    432.32
    - x3    1   23787915  29231896    444.46
```

```
- x1     1  39118174  44562155  457.53


Step:  AIC=392.38
y ~ x1 + x2 + x3 + x4 + x5 + x6 + x7 + x8

         Df  Sum of Sq      RSS       AIC
- x7     1      111511   5560067  391.01
- x6     1      276563   5725118  391.92
<none>                   5448555  392.38
- x8     1     1921635   7370191  399.75
- x4     1     9463399  14911954  421.59
- x2     1    11449305  16897860  425.47
- x5     1    14674727  20123282  430.89
- x3     1    23837898  29286453  442.52
- x1     1    39766399  45214955  455.98


         ……


Step:  AIC=390.13
y ~ x1 + x2 + x3 + x4 + x5 + x8

         Df  Sum of Sq      RSS       AIC
<none>                   5764769  390.13
- x8     1     1841882   7606650  396.73
- x4     1    10365856  16130624  420.03
- x2     1    11737086  17501855  422.56
- x5     1    15897169  21661937  429.17
- x1     1    57292380  63057148  462.29
- x3     1    71886325  77651094  468.75


> summary(lm3.1.back)     #输出最优回归模型及其回归系数的显著性检验
Call:
lm(formula = y ~ x1 + x2 + x3 + x4 + x5 + x8, data = data3.1)

Residuals:
  Min     1Q    Median    3Q      Max
-840.07 -299.43  -35.29  338.74  992.49


Coefficients:
              Estimate    Std. Error  t value    Pr(>|t|)
(Intercept) -7.142e+04   2.511e+04    -2.845    0.00895  **
x1           1.457e+00   9.436e-02    15.444    5.74e-14 ***
x2           2.086e+00   2.984e-01     6.990    3.15e-07 ***
x3           9.554e-01   5.523e-02    17.300    4.68e-15 ***
```

```
x4              1.401e+00      2.133e-01      6.569      8.55e-07 ***
x5              1.479e+00      1.818e-01      8.135      2.34e-08 ***
x8              6.907e+02      2.494e+02      2.769      0.01067  *
---
Signif. codes:  0 '***' 0.001 '**' 0.01 '*' 0.05 '.' 0.1 ' ' 1

Residual standard error: 490.1 on 24 degrees of freedom
Multiple R-squared:  0.9961,  Adjusted R-squared:  0.9952
F-statistic:  1030 on 6 and 24 DF,  p-value: < 2.2e-16
```

其中，初始模型是全模型，接着依次剔除变量 x_9, x_7, x_6，最优回归模型为

$$\hat{y} = -71\,420 + 1.457x_1 + 2.086x_2 + 0.955x_3 + 1.401x_4 + 1.479x_5 + 690.7x_8$$

复决定系数 $R^2 = 0.996$，调整的复决定系数 $R_a^2 = 0.995$，该最优回归模型和使用前进法选出的模型一致。

前进法和后退法显然都有明显的不足。前进法可能存在这样的问题，它不能反映引进新的自变量后的变化情况。因为某个自变量开始被引入变量后得到回归方程对应的 AIC 值最小，但是当再引入其他变量后，可能将其从回归方程中剔除会使得 AIC 值变小，但是使用前进法就没有机会将其剔除，即一旦引入，就是"终身制"的。这种只考虑引入而没有考虑剔除的做法显然是不全面的。类似地，后退法中一旦某个自变量被剔除，它就再也没有机会重新进入回归方程。

根据前进法和后退法的思想及方法以及它们的不足，人们比较自然地想到构造一种方法，吸收前进法和后退法的优点，克服它们的不足，把两者结合起来，这就产生了逐步回归。

5.3.3 逐步回归法

逐步回归的基本思想是有进有出。step() 函数的具体做法是在给定了包含 p 个变量的初始模型后，计算初始模型的 AIC 值，并在此模型基础上分别剔除 p 个变量和添加剩余 $m-p$ 个变量中的任一变量后的 AIC 值，然后选择最小的 AIC 值决定是否添加新变量或剔除已存在初始模型中的变量。如此反复进行，直至既不添加新变量也不剔除模型中已有的变量时所对应的 AIC 值最小，即可停止计算，并返回最终结果。

 例 5-4

本例为回归分析中经典的 Hald 水泥问题。某种水泥在凝固时放出的热量 y（卡/克，cal/g）与水泥中的四种化学成分的含量（%）有关，这四种化学成分分别是 x_1 铝酸三钙（$3CaO \cdot Al_2O_3$），x_2 硅酸三钙（$3CaO \cdot SiO_2$），x_3 铁铝酸四钙（$4CaO \cdot Al_2O_3 \cdot Fe_2O_3$），$x_4$ 硅酸二钙（$2CaO \cdot SiO_2$）。现观测到 13 组数据，见表 5-1。本例用逐步回归法做变量选择，希望从中选出主要的变量，建立 y 关于四种成分的线性回归方程。

表 5-1

x_1	x_2	x_3	x_4	y
7	26	6	60	78.5
1	29	15	52	74.3
11	56	8	20	104.3
11	31	8	47	87.6
7	52	6	33	95.9
11	55	9	22	109.2
3	71	17	6	102.7
1	31	22	44	72.5
2	54	18	22	93.1
21	47	4	26	115.9
1	40	23	34	83.8
11	66	9	12	113.3
10	68	8	12	109.4

在 step() 函数中将方向选为 "both"，以逐步回归法挑选最优方程，计算代码及运行结果见输出结果 5.5a。

输出结果 5.5a

```
> lm5.5<-lm(y~.,data = data5.5)    # y~.表示将 y 对 data5.5 中其余的
所有变量做回归
> lm5.5_step<-step(lm5.5,direction = "both")    #初始模型包含所有变量
Start:  AIC = 26.94
y ~ x1 + x2 + x3 + x4

        Df    Sum of Sq    RSS      AIC
- x3     1    0.1091       47.973   24.974
- x4     1    0.2470       48.111   25.011
- x2     1    2.9725       50.836   25.728
<none>                     47.864   26.944
- x1     1    25.9509      73.815   30.576


Step:  AIC = 24.97
y ~ x1 + x2 + x4

        Df    Sum of Sq    RSS      AIC
<none>                     47.97    24.974
- x4     1    9.93         57.90    25.420
+ x3     1    0.11         47.86    26.944
- x2     1    26.79        74.76    28.742
- x1     1    820.91       868.88   60.629


> summary(lm5.5_step)    #输出依据 AIC 选出的最优模型的结果
Call:
lm(formula = y ~ x1 + x2 + x4, data = data5.5)
```

```
Residuals:
     Min      1Q    Median      3Q      Max
 -3.0919  -1.8016   0.2562    1.2818   3.8982

Coefficients:
              Estimate   Std. Error  t value    Pr(>|t|)
 (Intercept)  71.6483    14.1424      5.066     0.000675  ***
 x1            1.4519     0.1170      12.410     5.78e-07  ***
 x2            0.4161     0.1856       2.242     0.051687  .
 x4           -0.2365     0.1733      -1.365     0.205395
 ---
 Signif. codes:  0 '***' 0.001 '**' 0.01 '*' 0.05 '.' 0.1 ' ' 1

 Residual standard error: 2.309 on 9 degrees of freedom
 Multiple R-squared: 0.9823,    Adjusted R-squared: 0.9764
 F-statistic: 166.8 on 3 and 9 DF,  p-value: 3.323e-08
```

从输出结果 5.5a 看到，逐步回归筛选的最优子集为 x_1, x_2, x_4，但在显著性水平为 0.05 时 x_4 的回归系数不显著，从上述输出结果可知，由最小的 AIC 值选出的模型在整体上最优，但是可能会包含不显著的变量。故需要删去不显著的变量 x_4，得到新的回归结果见输出结果 5.5b。

输出结果 5.5b

```
> summary(lm(y~x1+x2,data = data5.5))
Call:
lm(formula = y ~ x1 + x2, data = data5.5)

Residuals:
    Min      1Q    Median      3Q      Max
 -2.893  -1.574   -1.302    1.363    4.048
Coefficients:
              Estimate   Std. Error  t value   Pr(>|t|)
 (Intercept)  52.57735    2.28617     23.00    5.46e-10  ***
 x1            1.46831     0.12130     12.11    2.69e-07  ***
 x2            0.66225     0.04585     14.44    5.03e-08  ***
 ---
 Signif. codes:  0 '***' 0.001 '**' 0.01 '*' 0.05 '.' 0.1 ' ' 1

 Residual standard error: 2.406 on 10 degrees of freedom
 Multiple R-squared: 0.9787,    Adjusted R-squared: 0.9744
 F-statistic: 229.5 on 2 and 10 DF,  p-value: 4.407e-09
```

从上述输出结果知，回归方程为

$$\hat{y} = 52.577 + 1.468x_1 + 0.662x_2$$

由回归方程可看出，对水泥凝固时释放热量有显著影响的是水泥中铝酸三钙和硅酸三钙的含量，回归方程中两个自变量的系数都为正，即水泥中铝酸三钙和硅酸三钙的含量越高，每克水泥凝固时放出的热量越多。具体地说，在 x_2 含量保持不变时，x_1 含量每增加一个百分点，每克水泥凝固时放出的热量平均增多 1.468 cal；在 x_1 含量保持不变时，x_2 含量每增加一个百分点，每克水泥凝固时放出的热量平均增多 0.662 cal。

5.4 本章小结与评注

5.4.1 逐步回归实例

为了系统掌握逐步回归的思想及其应用，再举一个实际经济问题用逐步回归方法建模的例子。

 例 5-5

为了研究香港股市的变化规律，以恒生指数为例，建立回归方程，分析影响股票价格趋势变动的因素。这里研究的股票价格指数并非某一种股票的价格，它是综合反映股票市场上所有上市股票价格整体水平变化的指标。这里我们选了 7 个影响股票价格指数的经济变量：x_2 为 99 金价(港元/两)(两为香港现行黄金计量单位，因本题为实际课题，故不做变动)；x_3 为港汇指数；x_4 为人均生产总值(现价港元)；x_5 为建筑业总开支(现价百万港元)；x_6 为房地产买卖金额(百万港元)；x_7 为优惠利率(最低%)。其中，x_2, x_3, x_7 分别从贵金属、汇率和利率方面反映金融环境的影响；x_4, x_5, x_6 则从不同方面反映了整体经济状况。由于市场环境状况对股价也有十分重要的影响，我们选择成交额 x_1(百万港元)来反映市场状况。y 为恒生指数。我们收集了以上变量 1974—1988 年这 15 年的数据资料，见表 5-2。逐步回归的部分输出结果见输出结果 5.6。

表 5-2

年 份	y	x_1	x_2	x_3	x_4	x_5	x_6	x_7
1974	172.90	11 246	681	105.9	10 183	4 110	11 242	9.00
1975	352.94	10 335	791	107.4	10 414	3 996	12 693	6.50
1976	447.67	13 156	607	114.4	13 134	4 689	16 681	6.00
1977	404.02	6 127	714	110.8	15 033	6 876	22 131	4.75
1978	409.51	27 419	911	99.4	17 389	8 636	31 353	4.75
1979	619.71	25 633	1 231	91.1	21 715	12 339	43 528	9.50
1980	1 121.17	95 684	2 760	90.8	27 075	16 623	70 752	10.00
1981	1 506.84	105 987	2 651	86.3	31 827	19 937	125 989	16.00
1982	1 105.79	46 230	2 105	125.3	35 393	24 787	994 68	10.50
1983	933.03	37 165	3 030	107.4	38 832	25 112	82 478	10.50

续表

年　份	y	x_1	x_2	x_3	x_4	x_5	x_6	x_7
1984	1 008.54	48 787	2 810	106.6	46 079	24 414	54 936	8.50
1985	1 567.56	75 808	2 649	115.7	47 871	22 970	87 135	6.00
1986	1 960.06	123 128	3 031	110.1	54 372	24 403	129 884	6.50
1987	2 884.88	371 406	3 644	105.8	65 602	30 531	153 044	5.00
1988	2 556.72	198 569	3 690	101.6	74 917	37 861	215 033	5.25

相关系数矩阵和逐步回归的部分输出结果如下：

输出结果 5.6

```
> cor(data5.6)        #data5.6中只保存了因变量 y 和 7 个自变量的值
       y        x1       x2        x3        x4       x5        x6        x7
y  1.00000   0.9171   0.8841  -0.04106   0.93820  0.87862   0.93717  -0.09557
x1 0.91715   1.0000   0.7375  -0.12777   0.78414  0.69734   0.78171  -0.17323
x2 0.88410   0.7375   1.0000  -0.10642   0.91948  0.94769   0.87475   0.15171
x3 -0.04106 -0.1278  -0.1064   1.00000   0.07359  0.04781  -0.09379  -0.41632
x4 0.93820   0.7841   0.9195   0.07359   1.00000  0.96014   0.91367  -0.14089
x5 0.87862   0.6973   0.9477   0.04781   0.96014  1.00000   0.91666   0.06658
x6 0.93717   0.7817   0.8747  -0.09379   0.91367  0.91666   1.00000   0.06165
x7 -0.09557 -0.1732   0.1517  -0.41632  -0.14089  0.06658   0.06165   1.00000


> lm5.6<-lm(y~.,data = data5.6)
> summary(step(lm5.6,direction = "both"))
Start:  AIC = 146.63
y ~ x1 + x2 + x3 + x4 + x5 + x6 + x7
        Df  Sum of Sq      RSS       AIC
- x7     1       9441    100269    146.11
<none>                    90827    146.63
- x2     1      23454    114281    148.07
- x3     1      31641    122469    149.11
- x4     1      74069    164896    153.57
- x5     1      77233    168061    153.86
- x6     1     161585    252413    159.96
- x1     1     281448    372275    165.79


......
Call:
lm(formula = y ~ x1 + x2 + x3 + x4 + x5 + x6, data = data5.6)
Residuals:
     Min       1Q     Median       3Q        Max
 -147.775  -35.735    3.347    36.121    152.492
Coefficients:
               Estimate    Std. Error   t value    Pr(>|t|)
(Intercept)  -5.252e+02    4.028e+02    -1.304     0.22855
```

```
x1           2.893e-03    6.211e-04    4.659    0.00163 **
x2           2.021e-01    1.022e-01    1.978    0.08337 .
x3           5.433e+00    3.782e+00    1.437    0.18879
x4           1.812e-02    6.712e-03    2.699    0.02711 *
x5          -3.845e-02    1.651e-02   -2.329    0.04823 *
x6           6.575e-03    1.600e-03    4.109    0.00339 **
---
Signif. codes:  0 '***' 0.001 '**' 0.01 '*' 0.05 '.' 0.1 ' ' 1
Residual standard error: 112 on 8 degrees of freedom
Multiple R-squared:  0.9894,   Adjusted R-squared:  0.9815
F-statistic: 124.8 on 6 and 8 DF,  p-value: 1.843e-07

> summary(lm(y~x1+x4+x6,data = data5.6))
Call:
lm(formula  =  y ~ x1 + x4 + x6, data  =  data5.6)

Residuals:
  Min      1Q      Median    3Q      Max
-138.57  -99.64   -18.70    66.48   221.97

Coefficients:
              Estimate  Std. Error   t value   Pr(>|t|)
(Intercept)  7.581e+01  7.111e+01    1.066     0.3092
x1           3.549e-03  5.831e-04    6.087     7.89e-05 ***
x4           1.286e-02  4.233e-03    3.038     0.0113 *
x6           4.419e-03  1.448e-03    3.052     0.0110 *
---
Signif. codes:  0 '***' 0.001 '**' 0.01 '*' 0.05 '.' 0.1 ' ' 1

Residual standard error: 126.5 on 11 degrees of freedom
Multiple R-squared:  0.9814,   Adjusted R-squared:  0.9764
F-statistic: 193.9 on 3 and 11 DF,  p-value: 8.405e-10
```

　　下面将根据相关系数矩阵和逐步回归方程，从定性和定量的结合上分析股票价格指数的成因。

　　在相关矩阵中，我们看到 $r_{y,3} = 0.0411$，$r_{y,7} = 0.0956$。这说明港汇指数和优惠利率对恒生指数的影响不大。中国香港作为国际金融中心之一，它的证券市场是向国际开放的。事实上，1987 年以前，香港证券市场上的股份所有权有 50% 以上掌握在外国经营机构手中，因此，从理论上讲，作为反映港币汇率水平的主要指标港汇指数应该与股票价格高度相关，但事实并非如此。原因何在？观察 1974—1988 年的港汇指数值，可以看出除 1981 年、1982 年出现大起大落外，港汇指数一直处于比较平稳的状态，说明港币比较坚挺（至于 1981 年、1982 年，应把它们视为特殊年份，1981 年提出香港回归问题，1982 年英国首相访华，正是这一连串的政治事件造成了港币汇率的大幅波动）。由于汇率波动不大，自然对股价不会产生很大的影响。其次，优惠利率 x_7 指的是贷款利率，而从股份所有权估计看，香港股市投资活动中绝大部分是由国外经营机构和私人进行的，因而优惠利率对股价影响不大。这样看来，回归方程中没有引进 x_3 和 x_7 也是合乎情理的。

从自变量之间的关系来看，有两组自变量之间都高度相关。一组是 x_4, x_5, x_6，其中

$$r_{4,5} = 0.960\ 1, \quad r_{4,6} = 0.913\ 7, \quad r_{5,6} = 0.916\ 7$$

先看建筑业总开支 x_5 与房地产买卖金额 x_6，建筑业的发达自然会引起房地产买卖的兴旺，同样房地产炒得热也会刺激建筑业的发展，二者存在正相关关系。人均生产总值 x_4 综合反映香港地区的经济发展水平，自然也包括建筑业的发展。所以 x_4 与 x_5 是包含与被包含的关系，可以认为 x_5 所反映的内容被包含于 x_4 反映的内容之中，x_5 即成为多余变量。由于 x_4 与 x_5，x_5 与 x_6 高度相关，必然引起 x_4 与 x_6 高度相关，从实际意义来看，可以得到同样的结论。由于不动产是香港投资商致富的主要源泉，房地产买卖是香港经济十分重要的组成部分，因此它与经济总水平必然高度相关，这就造成了 x_4, x_6 的相关系数较高。另一组高度相关的变量是 x_2 与 x_4, x_5, x_6，其中

$$r_{2,4} = 0.919\ 5, \quad r_{2,5} = 0.947\ 7, \quad r_{2,6} = 0.874\ 7$$

99 金价 x_2 变动频繁，黄金市场对环境因素的影响十分敏感，这都造成了金价与外部经济因素密切相关。而 x_4, x_5, x_6 都是反映经济状况的指标，因而都与 x_2 密切相关。

综上所述，可以看到使用逐步回归得到的方程中包含变量 $x_1, x_2, x_3, x_4, x_5, x_6$，但在 0.05 的显著性水平上，$x_2$ 和 x_3 的回归系数均不显著，x_2 不显著是由于 x_4, x_5, x_6 均与 x_2 密切相关，x_3 不显著是由于其本身对 y 的影响不显著，因此考虑删除这两变量。但是，在删除 x_2 和 x_3 后的回归方程中变量 x_5 的回归系数变得不再显著，因此需要继续删除变量 x_5。最后得到的回归方程中只保留 x_1, x_4, x_6 是合适的，即

$$y = 75.807 + 0.003\ 55x_1 + 0.012\ 9x_4 + 0.004\ 42x_6$$

如果进一步做回归诊断，可以发现该回归模型满足正态性假设，无异方差，无序列相关等。因此，运用该回归方程可以对恒生指数的变动成因做一些分析。

从上述回归方程来看，影响恒生指数的主要因素为成交额、人均生产总值和房地产买卖金额。成交额作为反映市场因素的主要指标对股票价格有重要的影响。香港股市上，成交额每增长 100 万港元，恒生指数平均上涨 0.003 55 个百分点。人均生产总值是反映经济状况的主要指标，它代表了经济环境对股票价格的影响，香港人均生产总值每上升 100 港元，恒生指数平均上涨 1.29 个百分点。另外，房地产买卖金额每增加 100 万港元，恒生指数平均上涨 0.004 42 个百分点，香港的证券市场反映了香港的财政与贸易活动，但证券市场的大部分资金却投入了房地产部门，因为不动产是香港投资商致富的主要源泉。因此，房地产事业相应地对股票市场产生了重大影响，它的影响程度甚至大于其他所有因素，这是香港股市的一大特色。

5.4.2　评注

从本章 5.1 节讨论的自变量选择对参数估计和预测的影响来看，自变量的选择是回归分析建模中的一个非常重要的基本问题。在对一个实际经济问题建立回归模型时，我们首先根据经济理论和采集样本数据的条件限制，来定性地确定一些对所研究的经济现象有重要影响的因素，这些因素就是所谓的自变量。由于人们认识事物的水平的局限，从事物的表面很难分清哪些自变量对因变量有重要影响，哪些自变量间存在密切的相关性。人们通常认为研究某个经济现象的回归问题，考虑得越细越周到肯定越好，自然就会罗列出很多自变量。通过分析自变量选择对参数估计和预测的影响，我们得到的重要结论是，回归方程并非自变量越多越好，当一些对因变量影响不大的自变量进入回归方程后，反而会使参数估计的稳定性变差，预测误差的方差增大。因此，回归模型中应该保留对因变量影响最显著的变量，即变量的个数和质量要求是少而精。

由于变量之间的相关性，自变量间不同的组合对因变量 y 的影响是不一样的，到底哪些自变量子集对应的回归方程是最优的方程，这要根据我们介绍的几个衡量准则在所有自变量子集中挑选。当所研究的问题有 m 个自变量时，就有 2^m-1 个自变量子集，每个自变量子集对应一个回归方程，这个回归方程称为回归子集。挑选最优的回归方程就是选择最优自变量子集。这里的最优实际上是指一个相对好的回归方程，没有绝对的最优。我们所选的最优回归方程也是根据研究问题的性质和目的，用不同的准则来衡量的结果。同一个回归子集在不同的准则衡量下结果可能是不一样的。

选择哪一个回归子集，用哪一个衡量准则要根据我们研究问题的目的来决定。回归模型常用的三个方面是：结构分析、预测、控制。如果我们想通过回归模型去研究经济变量之间的相互关系，即做结构分析，则在选元时可考虑适当放宽选元标准，让回归方程保留较多的自变量，但这时需注意回归系数的正负号，看它们是否符合经济意义。如果我们希望回归方程简单明了，易于理解，则应采用较严的选元标准。如果我们建立回归方程的目的是用于控制，就应采用能使回归参数的估计标准误差值尽可能小的准则。如果建立回归方程的目的是用于预测，就应考虑使得预测值的均方误差尽量小的准则，如 C_p 准则。

一般来说，一个好的回归方程往往在几个准则衡量下都较优，如例 5-1 中分别用 R_a^2，AIC 和 C_p 准则确定的最优回归方程是相同的，其中最优回归子集均为 $x_1, x_2, x_3, x_4, x_5, x_8$。

当所研究的问题涉及的自变量较多时，即使针对某一给定的用途，根据某种准则也往往会发现自变量子集有几组几乎同样好，这时就要附加其他信息。整个选择过程应该注重实效，并要进行大量的主观判断。有学者认为统计学是研究、分析数据的艺术。实际上是说，我们不应过于依赖什么准则，不应单纯地机械搬用，要注意运用的技巧，综合各方面信息，选择最优回归模型。

还需说明的是，由所选择的自变量子集并不能完全决定要使用的模型，还必须做其他的判定，如自变量是不是线性的，是否要用变换的形式或者是否要用二次项，以及模型是否应该包含交互作用项等。比如有三个基本变量 x_1, x_2, x_3，还可考虑 $x_4 = x_1 x_3$，$x_5 = x_2^2$，$x_6 = \ln x_2$ 等，这些问题将在第 9 章非线性回归中进一步讨论。本章所介绍的选元方法假定研究人员已考虑好了回归关系的函数形式，自变量或者因变量是否要首先进行变换，以及是否要包括交互作用项。这些工作都可看作数据的预处理，如上面的 $x_4 = x_1 x_3$，$x_5 = x_2^2$，$x_6 = \ln x_2$ 等。在上述前提下，使用选元方法，以达到寻求最优回归方程的目的。

对 p 个自变量的线性回归问题，所有可能的回归方程有 $2^m - 1$ 个，从 $2^m - 1$ 个回归方程中如何选择出某种准则意义上的最优回归方程，计算方法是十分重要的。20 世纪 60 年代，一些统计学家提出的一些算法基本上只能处理含 10～12 个自变量的回归问题。而弗尼尔（Furnial）和威尔逊（Wilson）提出的算法较完美地解决了节省计算量、存储量以及减少计算误差的问题，它可以计算含 30 多个自变量的所有可能的子集回归，而所需的计算时间与逐步回归大体相当(参见参考文献[2])。弗尼尔和威尔逊的方法尽管设计得很巧妙，但自变量多于 30 的大型回归问题，其计算量仍然很大。逐步回归目前被认为是研究多个自变量建模较为理想的方法，其应用已非常普遍。

 思考与练习

5.1　自变量选择对回归参数的估计有何影响？

5.2　自变量选择对回归预测有何影响？

5.3　如果所建模型主要用于预测，应该用哪个准则来衡量回归方程的优劣？

5.4　试述前进法的思想、方法。

5.5　试述后退法的思想、方法。

5.6　前进法、后退法各有哪些优缺点？

5.7　试述逐步回归法的思想、方法。

5.8　使用 R 软件对例 3-3 中国民航客运量数据使用逐步回归方法建立合适的回归模型。

5.9　在研究国家财政收入时，财政收入按收入形式通常分为：各项税收收入、专项收入、行政事业性收费收入、罚没收入、国有资本经营收入、国有资源有偿使用收入、其他收入等。为了建立国家财政收入回归模型，我们选取财政收入 y（亿元）为因变量，6 个相关变量为自变量。6 个自变量如下：x_1 为金融业增加值（亿元），x_2 为工业增加值（亿元）；x_3 为农林牧渔业增加值（亿元）；x_4 为全国人口数（万人）；x_5 为全国居民人均消费支出（元）；x_6 为全国受灾面积（万公顷）。根据历年《中国统计年鉴》收集获得 2000—2021 年共 22 个年份的数据，见表 5-3。由定性分析值，所选自变量均与因变量 y 有较强的相关性，请分别用后退法和逐步回归法做自变量选择。

表 5-3

年份	y	x_1	x_2	x_3	x_4	x_5	x_6
2000	13395	4842.21	40258.54	14943.61	126743	2914	5469
2001	16386	5202.78	43854.28	15779.99	127627	3139	5221
2002	18904	5555.79	47774.86	16535.69	128453	3548	4695
2003	21715	6045.69	55362.17	17380.57	129227	3889	5451
2004	26397	6600.19	65774.9	21410.73	129988	4395	3711
2005	31649	7486.03	77958.31	22416.23	130756	5035	3882
2006	38760	9972.28	92235.8	24036.36	131448	5634	4109
2007	51322	15199.95	111690.83	28483.75	132129	6592	4899
2008	61330	18345.57	131724	33428.12	132802	7548	3999
2009	68518	21836.85	138092.58	34659.66	133450	8377	4721
2010	83102	25733.08	165123.12	39618.98	134091	9378	3743
2011	103874	30747.22	195139.13	46122.59	134735	10820	3247
2012	117254	35272.17	208901.43	50581.2	135404	12054	2496
2013	129210	41293.38	222333.15	54692.43	136072	13220	3135
2014	140370	46853.39	233197.37	57472.24	136782	14491	2489
2015	152269	56299.85	234968.91	59852.63	137462	15712.4	2177
2016	159605	59963.98	245406.44	62451.03	138271	17110.7	2622
2017	172593	64844.3	275119.25	64660.04	139008	18322.1	1848
2018	183360	70610.26	301089.35	67558.75	139538	19853.1	2081
2019	190390	76250.65	311858.65	73576.92	140005	21558.9	1926
2020	182914	83617.72	312902.93	81396.54	141178	21209.9	1996
2021	202555	90308.7	374545.6	86994.8	141260	24100.1	1174

第 6 章
多重共线性的情形及其处理

多元线性回归模型有一个基本假设，就是要求设计矩阵 X 的秩 $\mathrm{rank}(X) = p+1$，即要求 X 中的列向量之间线性无关。如果存在不全为零的 $p+1$ 个数 $c_0, c_1, c_2, \cdots, c_p$，使得

$$c_0 + c_1 x_{i1} + c_2 x_{i2} + \cdots + c_p x_{ip} = 0, \qquad i = 1, 2, \cdots, n \tag{6.1}$$

则自变量 $x_1, x_2, \cdots, x_p$ 之间存在完全多重共线性。在实际问题中，完全的多重共线性并不多见，常见的是式 (6.1) 近似成立的情况，即存在不全为零的 $p+1$ 个数 $c_0, c_1, c_2, \cdots, c_p$，使得

$$c_0 + c_1 x_{i1} + c_2 x_{i2} + \cdots + c_p x_{ip} \approx 0, \qquad i = 1, 2, \cdots, n \tag{6.2}$$

当自变量 $x_1, x_2, \cdots, x_p$ 存在式 (6.2) 的关系时，称自变量 $x_1, x_2, \cdots, x_p$ 之间存在多重共线性 (multi-collinearity)，也称为复共线性。在实际经济问题的多元回归分析中，出现多重共线性的情形很多，如何诊断变量间的多重共线性，多重共线性会给多元线性回归分析带来什么影响，以及如何克服多重共线性的影响，这些问题就是我们在本章要讨论的主要内容。

6.1 多重共线性产生的背景和原因

解释变量之间完全不相关的情形是非常少见的，尤其是研究某个经济问题时，涉及的自变量较多，我们很难找到一组自变量，它们之间互不相关，而且它们又都对因变量有显著影响。客观地说，当某一经济现象涉及多个影响因素时，这些影响因素之间大多具有一定的相关性。当它们之间的相关性较弱时，我们一般就认为符合多元线性回归模型设计矩阵的要求；当这一组变量间有较强的相关性时，就认为是一种违背多元线性回归模型基本假设的情形。

当所研究的经济问题涉及时间序列资料时，由于经济变量随时间往往存在共同的变化趋势，它们之间容易出现共线性。例如，我国近年来的经济增长态势很好，经济增长对各种经济现象都产生影响，使得多种经济指标相互密切关联。比如要研究我国居民消费状况，影响居民消费的因素很多，一般有职工平均工资、农民平均收入、银行利率、全国零售物价指数、国债利率、货币发行量、储蓄额、前期消费额等，这些因素显然既对居民消费产生重要影响，彼此之间又有很强的相关性。

对于许多利用截面数据建立回归方程的问题，常常也存在自变量高度相关的情形。例如，以企业的截面数据为样本估计生产函数，由于投入要素资本 K、劳动力投入 L、科技投入 S、能源供应 E 等都与企业的生产规模有关，所以它们之间存在较强的相关性。

又如，有人在建立某地区粮食产量的回归模型时，以粮食产量为因变量 y，以化肥用量 x_1，水浇地面积 x_2，农业资金投入 x_3 等作为自变量。从表面上我们看到 x_1, x_2, x_3 都是影响粮食产量 y 的重要因素，可是建立的 y 关于 x_1, x_2, x_3 的回归方程效果很差，原因是什么？后来发现尽管所选自变量 x_1, x_2, x_3 都是影响因变量 y 的重要因素，但是农业投入资金 x_3 与化肥用量 x_1、水浇地面积 x_2 有很强的相关性，农业资金投入主要用于购买化肥和开发水利，也就是说，资金投入的效应已被化肥用量和水浇地面积体现出来。进一步计算 x_3 分别与 x_1, x_2 的简单相关系数，得 $r_{13}=0.98$，$r_{23}=0.99$，呈现高度相关。剔除 x_3 后重新建立回归模型，结果无论从预测还是结构分析来看都十分理想。

在研究社会、经济问题时，鉴于问题本身的复杂性，涉及的因素往往很多。在建立回归模型时，由于研究者认识水平的局限性，很难在众多因素中找到一组互不相关又对因变量 y 有显著影响的变量，不可避免地会出现所选自变量相关的情形。当自变量之间有较强的相关性时，会给回归模型的参数估计带来什么样的后果，就是下面我们要讨论的问题。

6.2　多重共线性对回归建模的影响

设回归模型

$$y = \beta_0 + \beta_1 x_1 + \beta_2 x_2 + \ldots + \beta_p x_p + \varepsilon$$

存在完全的多重共线性，即对设计矩阵 X 的列向量存在不全为零的一组数 $c_0, c_1, c_2, \cdots, c_p$，使得

$$c_0 + c_1 x_{i1} + c_2 x_{i2} + \cdots + c_p x_{ip} = 0, \qquad i = 1, 2, \cdots, n$$

设计矩阵 X 的秩 $\mathrm{rank}(X) < p+1$，此时 $|X'X| = 0$，正规方程组 $X'X\hat{\beta} = X'y$ 的解不唯一，$(X'X)^{-1}$ 不存在，回归参数的最小二乘估计表达式 $\hat{\beta} = (X'X)^{-1}X'y$ 不成立。

在实际问题的研究中，经常见到的是近似共线性的情形，即存在不全为零的一组

数 $c_0, c_1, c_2, \cdots, c_p$，使得

$$c_0 + c_1 x_{i1} + c_2 x_{i2} + \cdots + c_p x_{ip} \approx 0, \qquad i = 1, 2, \cdots, ns$$

此时设计矩阵 $\boldsymbol{X}$ 的秩 $\mathrm{rank}(\boldsymbol{X}) = p+1$ 虽然成立，但是 $|\boldsymbol{X'X}| \approx 0$，$(\boldsymbol{X'X})^{-1}$ 的对角线元素很大，$\hat{\boldsymbol{\beta}}$ 的方差阵 $D(\hat{\boldsymbol{\beta}}) = \sigma^2 (\boldsymbol{X'X})^{-1}$ 的对角线元素很大，而 $D(\hat{\boldsymbol{\beta}})$ 的对角线元素即 $\mathrm{var}(\hat{\beta}_0), \mathrm{var}(\hat{\beta}_1), \cdots, \mathrm{var}(\hat{\beta}_p)$，因而 $\beta_0, \beta_1, \cdots, \beta_p$ 的估计精度很低。这样，虽然用普通最小二乘估计能得到 $\boldsymbol{\beta}$ 的无偏估计，但估计量 $\hat{\boldsymbol{\beta}}$ 的方差很大，不能正确判断解释变量对被解释变量的影响程度，甚至导致估计量的经济意义无法解释。这样的情况在进行实际问题的回归分析时会经常碰到。

从下面的二元回归的简单例子的讨论中，能够看到当自变量间的相关性从小到大增加时，估计量的方差增大得很快。

建立 y 对两个自变量 x_1, x_2 的线性回归模型，假定 y 与 x_1, x_2 都已经中心化，此时回归常数项为零，回归方程为

$$\hat{y} = \hat{\beta}_1 x_1 + \hat{\beta}_2 x_2$$

记 $L_{11} = \sum_{i=1}^{n} x_{i1}^2$，$L_{12} = \sum_{i=1}^{n} x_{i1} x_{i2}$，$L_{22} = \sum_{i=1}^{n} x_{i2}^2$，则 x_1 与 x_2 之间的相关系数为

$$r_{12} = \frac{L_{12}}{\sqrt{L_{11} L_{22}}}$$

$\hat{\boldsymbol{\beta}} = (\hat{\beta}_1, \hat{\beta}_2)'$ 的协方差阵为

$$\mathrm{cov}(\hat{\boldsymbol{\beta}}) = \sigma^2 (\boldsymbol{X'X})^{-1}$$

$$\boldsymbol{X'X} = \begin{bmatrix} L_{11} & L_{12} \\ L_{12} & L_{22} \end{bmatrix}$$

$$(\boldsymbol{X'X})^{-1} = \frac{1}{|\boldsymbol{X'X}|} \begin{bmatrix} L_{22} & -L_{22} \\ -L_{22} & L_{11} \end{bmatrix}$$

$$= \frac{1}{L_{11} L_{22} - L_{12}^2} \begin{bmatrix} L_{22} & -L_{12} \\ -L_{12} & L_{11} \end{bmatrix}$$

$$= \frac{1}{L_{11} L_{22} (1 - r_{12}^2)} \begin{bmatrix} L_{22} & -L_{12} \\ -L_{12} & L_{11} \end{bmatrix}$$

由此可得

$$\mathrm{var}(\hat{\beta}_1) = \frac{\sigma^2}{(1 - r_{12}^2) L_{11}} \tag{6.3}$$

$$\mathrm{var}(\hat{\beta}_2) = \frac{\sigma^2}{(1 - r_{12}^2) L_{22}} \tag{6.4}$$

可知，随着自变量 x_1 与 x_2 的相关性增强，$\hat{\beta}_1$ 和 $\hat{\beta}_2$ 的方差将逐渐增大。当 x_1 与 x_2 完全相关时，$r = 1$，方差将变为无穷大。

当给定不同的 r_{12} 值时，我们由表 6-1 可看出方差增大的速度。为了方便，我们假设 $\sigma^2 / L_{11} = 1$，相关系数从 0.5 变为 0.9 时，回归系数的方差增加了 295%；相关系数从 0.5 变为 0.95 时，回归系数的方差增加了 671%。回归自变量 x_1 与 x_2 的相关程度越高，多重共线性越严重，回归系数的估计值方差就越大，回归系数的置信区间就变得很宽，估计的精确性大幅度降低，使估计值稳定性变得很差，进一步导致在回归方程整体高度显著时，一些回归系数通不过显著性检验，回归系数的正负号也可能出现倒置，使回归方程无法得到合理的经济解释，直接影响到最小二乘法的应用效果，降低回归方程的应用价值。

表 6-1

r_{12}	0.20	0.50	0.70	0.80	0.90	0.95	0.99	1.00
$\text{Var}(\hat{\beta}_1)$	1.04	1.33	1.96	2.78	5.26	10.26	50.25	∞

在第 3 章的例 3-3 中，我们建立的中国民航客运量回归方程为

$$\hat{y} = -8\,805 + 0.706x_1 - 1.773x_2 + 0.157x_3 + 0.139x_4 + 25.82x_5$$

式中，y 为民航客运量（万人），x_1 为人均 GDP（元），x_2 为人均居民消费水平（元），x_3 为普通铁路客运量（万人），x_4 为高速铁路客运量（万人），x_5 为民航航线里程（万公里）。回归方程中 x_2 的回归系数的符号与定性分析的结果明显不符。问题出在哪里？这正是自变量之间的多重共线性造成的。

由上述实际例子我们看到，当自变量存在多重共线性时，利用普通最小二乘估计得到的回归参数估计值很不稳定，回归系数的方差随着多重共线性强度的增加而加速增长，会造成回归方程高度显著的情况下，有些回归系数通不过显著性检验，甚至导致回归系数的正负号得不到合理的经济解释。但从中国民航客运量一例的回归方程来看，尽管有的回归系数得不到合理的经济解释，但它们对历史数据拟合得很好，其复决定系数 $R^2 = 0.997$。

以上的分析表明，如果利用模型去做经济结构分析，要尽可能地避免多重共线性；如果利用模型去做经济预测，只要保证自变量的相关类型在未来时期中保持不变，即未来时期自变量间仍具有当初建模时数据的关系特征，即使回归模型中含有严重多重共线性的变量，也可以得到较好的预测结果；如果不能保证自变量的相关类型在未来时期中保持不变，那么多重共线性就会对回归预测产生严重的影响。

6.3　多重共线性的诊断

从前面的例子我们已能大致体会到诊断变量间多重共线性的思想。一般情况下，当回归方程的解释变量之间存在很强的线性关系，回归方程的检验高度显著时，有些与因变量 y 的简单相关系数绝对值很大的自变量，其回归系数不能通过显著性检验，

甚至出现有的回归系数所带符号与实际经济意义不符，这时我们就认为变量间存在多重共线性。近年来，关于多重共线性的诊断及多重共线性严重程度的度量是统计学家讨论的热点，他们已经提出了许多可行的判断方法，下面我们只介绍两种主要方法。

6.3.1 方差扩大因子法

对自变量做中心标准化记作 $\boldsymbol{X}^*$，则 $\boldsymbol{X}^{*'}\boldsymbol{X}^*/(n-1)=\boldsymbol{r}$ 为自变量 $\boldsymbol{X}$ 的相关阵。记

$$C=(c_{ij})=\boldsymbol{r}^{-1}=(n-1)(\boldsymbol{X}^{*'}\boldsymbol{X}^*)^{-1} \tag{6.5}$$

称其主对角线元素 $\mathrm{VIF}_j=c_{jj}$ 为自变量 x_j 的方差扩大因子（Variance Inflation Factor，VIF）。根据式（3.31）可知

$$\mathrm{var}(\hat{\beta}_j)=c_{jj}\sigma^2/L_{jj}, \qquad j=1,2,\cdots,p \tag{6.6}$$

式（6.6）中，L_{jj} 为 x_j 的离差平方和，由式（6.6）可知，用 c_{jj} 作为衡量自变量 x_j 的方差扩大程度的因子是恰如其分的。记 R_j^2 为以 x_j 作因变量对其余 $p-1$ 个自变量进行回归得到的复决定系数，可以证明

$$c_{jj}=\frac{1}{1-R_j^2} \tag{6.7}$$

式（6.7）也可以作为方差扩大因子 VIF_j 的定义，由此式可知 $\mathrm{VIF}_j \geqslant 1$。式（6.7）的证明参见参考文献[2]。

R_j^2 度量了自变量 x_j 与其余 $p-1$ 个自变量的线性相关程度，这种相关程度越强，说明自变量之间的多重共线性越严重，R_j^2 越接近 1，VIF_j 就越大。反之，x_j 与其余 $p-1$ 个自变量的线性相关程度越弱，自变量间的多重共线性就越弱，R_j^2 就越接近零，VIF_j 就越接近 1。由此可见，VIF_j 的大小反映了自变量之间是否存在多重共线性，因此可由它来度量多重共线性的严重程度。经验表明，当 $\mathrm{VIF}_j \geqslant 10$ 时，就说明自变量 x_j 与其余自变量之间有严重的多重共线性，且这种多重共线性可能会过度地影响最小二乘估计值。

也可以用 p 个自变量所对应的方差扩大因子的平均数来度量多重共线性。当

$$\overline{\mathrm{VIF}}=\frac{1}{p}\sum_{j=1}^{p}\mathrm{VIF}_j \tag{6.8}$$

远远大于 1 时，就表示存在严重的多重共线性问题。

对于只含两个解释变量 x_1 和 x_2 的回归方程，判断它们是否存在多重共线性，实际上就是计算 x_1 和 x_2 的样本决定系数 R_{12}^2，如果 R_{12}^2 很大，则认为 x_1 与 x_2 可能存在严重的多重共线性。为什么我们只说可能存在严重的多重共线性而没有下定论呢？这是因为 R^2 和样本量 n 有关，当样本量较小时，R^2 容易接近 1，就像我们曾说的，$n=2$ 时，两点总能连成一条直线，$R^2=1$。所以我们认为当样本量还不算小，而 R^2 接近 1 时，可

以肯定存在严重的多重共线性。

以下以例 3-3 中国民航客运量为例，用 R 软件计算方差扩大因子以诊断其多重共线性问题。由于计算方差扩大因子 VIF 的函数 vif() 在 car 包中，而该包不是基本包，所以首先要安装并加载 car 包，以下是计算代码及其运行结果。

计算代码

```
lm3.3<-lm(y~x1+x2+x3+x4+x5,data3.3)
install.packages("car")
library(car)
vif(lm3.3)
cor(data3.3$x1,data3.3$x2)
```

输出结果 6.1

```
> vif(lm3.3)
         x1            x2            x3            x4            x5
1100.547966  1458.277001     4.568939     58.655118    120.376297

> cor(data3.3$x1,data3.3$x2)
[1] 0.9974064
```

从输出结果 6.1 看到，x_1 和 x_2 的方差扩大因子很大，分别为 VIF_1=1 100.548，VIF_2=1 458.277，远远超过 10，说明民航客运量回归方程存在着严重的多重共线性。x_1 是人均国民收入，x_2 是人均居民消费，计算两者的简单相关系数得 r_{12}=0.997，说明 x_1 与 x_2 高度相关。另外，这两个自变量与其余自变量之间也可能存在严重的共线性。

一般情况下，当一个回归方程存在严重的多重共线性时，有若干个自变量所对应的方差扩大因子大于 10，这个回归方程多重共线性的存在就是由方差扩大因子超过 10 的这几个变量引起的，说明这几个自变量间有一定的多重共线性的关系存在。知道了这一点，对于我们消除回归方程的多重共线性非常有用。

6.3.2　特征根判定法

1．特征根分析

根据矩阵行列式的性质，矩阵的行列式等于其特征根的连乘积。因而，当行列式 $|\boldsymbol{X}'\boldsymbol{X}| \approx 0$ 时，矩阵 $\boldsymbol{X}'\boldsymbol{X}$ 至少有一个特征根近似为零。反之可以证明，当矩阵 $\boldsymbol{X}'\boldsymbol{X}$ 至少有一个特征根近似为零时，$\boldsymbol{X}$ 的列向量间必然存在多重共线性，证明如下：

记 $\boldsymbol{X} = (\boldsymbol{X}_0, \boldsymbol{X}_1, \cdots, \boldsymbol{X}_p)$，其中 $\boldsymbol{X}_i(i = 0, 1, \ldots, p)$ 为 $\boldsymbol{X}$ 的列向量，$\boldsymbol{X}_0 = (1, 1, \ldots, 1)'$ 是元素全为 1 的 n 维列向量。λ 是矩阵 $\boldsymbol{X}'\boldsymbol{X}$ 的一个近似为零的特征根，即 $\lambda \approx 0$，$\boldsymbol{c} = (c_0, c_1, \ldots, c_p)'$ 是对应于特征根 λ 的单位特征向量，则

$$X'Xc = \lambda c \approx 0$$

上式两边左乘 c'，得

$$c'X'X\,c \approx 0$$

从而有

$$Xc \approx 0$$

即

$$c_0X_0 + c_1X_1 + \cdots + c_pX_p \approx 0$$

写成分量形式即

$$c_0 + c_1x_{i1} + c_2x_{i2} + \cdots + c_px_{ip} \approx 0, \qquad i = 1, 2, \cdots, n \tag{6.9}$$

这正是式（6.2）定义的多重共线性关系。

如果矩阵 $X'X$ 有多个特征根近似为零，在上面的证明中，取每个特征根的特征向量为标准化正交向量，即可证明：$X'X$ 有多少个特征根接近零，设计矩阵 X 就有多少个多重共线性关系，并且这些多重共线性关系的系数向量就等于接近零的那些特征根对应的特征向量。

2. 条件数

根据对特征根的分析可知，当矩阵 $X'X$（这里的 X 已经过标准化处理）有一个特征根近似为零时，设计矩阵 X 的列向量间必定存在多重共线性，并且 $X'X$ 有多少个特征根接近零，X 就有多少个多重共线性关系。那么特征根近似为零的标准如何确定呢？可以用下面介绍的条件数确定。记 $X'X$ 的最大和最小特征根分别为 $\lambda_{\max}$ 和 $\lambda_{\min}$，我们称

$$k(X'X) = \frac{\lambda_{\max}}{\lambda_{\min}}$$

为矩阵 $X'X$ 的条件数。由于在 X 是标准化的情况下，样本相关阵 $r = X'X/(n-1)$，所以 $k(r) = k(X'X)$。条件数度量了矩阵的特征根的散布程度，可以用它来判断多重共线性是否存在以及多重共线性的严重程度。通常认为 $k < 100$ 时，设计矩阵 X 多重共线性的程度很小；$100 \leqslant k \leqslant 1000$ 时，存在较强的多重共线性；$k > 1\,000$ 时，存在严重的多重共线性。在 R 软件中，通常用 kappa() 函数计算矩阵的条件数，其使用方法为：kappa(z,exact=FALSE,...)，其中，z 为矩阵，exact 是逻辑变量，当 exact=TRUE 时，精确计算条件数，否则近似计算条件数。

对例 3-3 中国民航客运量的例子，使用 R 软件计算矩阵的条件数，计算代码及结果如下。

输出结果 6.2

```
> XX<-cor(data3.3[3:7])    #计算样本相关阵，其中 data3.3 的 3~7 列为自变
                            量 x1-x5
```

```
> kappa(XX,exact=TRUE)
[1] 10119.1
```

根据条件数 $k = 10\ 119.1 > 1\ 000$，说明自变量之间存在严重的多重共线性。进一步，为找出哪些变量是多重共线的，需要计算矩阵的特征值和相应的特征向量，在 R 命令窗口输入代码 eigen(XX)，得到其最小的特征值和相应的特征向量为

$$\lambda_{\min} = 0.000\ 39$$

$$\varphi = (-0.651, 0.750, 0.024, -0.116, 0.014)^{\mathrm{T}}$$

即 $-0.651X_1^* + 0.750X_2^* + 0.024X_3^* - 0.116X_4^* + 0.014X_5^* \approx 0$。由于 X_3^*，X_5^* 的系数近似为 0，故 X_1^*，X_2^* 和 X_4^* 之间存在着多重共线性，尤其是变量 X_1^* 和 X_2^*。

6.3.3　直观判定法

上述方法是诊断共线性是否存在的专门方法，此外，还有一些在建模过程中可以直观判断的非正规方法。

（1）如果增加或剔除一个自变量或者改变一个观测值，回归系数的估计值发生较大变化，就认为回归方程存在严重的多重共线性。

（2）从定性分析角度来看，当一些重要的自变量在回归方程中没有通过显著性检验时，可初步判断存在严重的多重共线性。

（3）当有些自变量的回归系数所带正负号与定性分析结果相违背时，认为存在多重共线性。

（4）自变量的相关矩阵中，当自变量间的相关系数较大时，认为可能存在多重共线性。

（5）当一些重要的自变量的回归系数的标准误差较大时，认为可能存在多重共线性。

 ## 6.4　消除多重共线性的方法

当通过某种检验发现解释变量中存在严重的多重共线性时，就要设法消除这种共线性。消除多重共线性的方法很多，常用的有下面几种。

6.4.1　剔除不重要的解释变量

通常在经济问题的建模中，由于我们认识水平的局限，容易考虑过多的自变量。当涉及的自变量较多时，大多数回归方程都受到多重共线性的影响。这时，最常用的

办法是首先用第 5 章的方法做自变量的选元，剔除一些自变量。当回归方程中的全部自变量都通过显著性检验后，若回归方程中仍然存在严重的多重共线性，有几个变量的方差扩大因子大于 10，我们可把方差扩大因子最大者所对应的自变量首先剔除，再重新建立回归方程，如果仍然存在严重的多重共线性，再继续剔除方差扩大因子最大者所对应的自变量，直到回归方程中不再存在严重的多重共线性为止。

有时，根据所研究问题的需要，当回归方程中存在严重的多重共线性时，也可以首先剔除方差扩大因子最大者所对应的自变量，依次剔除，直到消除了多重共线性为止，然后再做自变量的选元。或者根据所研究问题的经济意义，决定保留或剔除某自变量。

总之，在选择回归模型时，可以将回归系数的显著性检验、方差扩大因子 VIF 的多重共线性检验与自变量的经济含义结合起来考虑，以引进或剔除变量。

在民航客运量一例中自变量间存在着严重的多重共线性，x_2 的方差扩大因子 $VIF_2 = 1\,458.277$ 为最大，因此剔除 x_2，建立 y 对 4 个自变量 x_1, x_3, x_4, x_5 的回归方程。相关计算结果如输出结果 6.3 所示。

输出结果 6.3

```
> summary(lm3.3_drop2<-lm(y~x1+x3+x4+x5,data=data3.3))
Call:
lm(formula = y ~ x1 + x3 + x4 + x5, data = data3.3)

Residuals:
   Min      1Q    Median    3Q      Max
-1749.5  -655.2    27.8    907.4   1387.6

Coefficients:
             Estimate Std. Error t value Pr(>|t|)
(Intercept) -1.194e+04  2.714e+03  -4.398 0.000519 ***
x1           1.260e-01  8.018e-02   1.571 0.137035
x3           1.716e-01  1.598e-02  10.738 1.94e-08 ***
x4           1.119e-01  1.637e-02   6.831 5.69e-06 ***
x5           2.492e+01  1.697e+01   1.468 0.162678
---
Signif. codes:  0 '***' 0.001 '**' 0.01 '*' 0.05 '.' 0.1 ' ' 1

Residual standard error: 1114 on 15 degrees of freedom
Multiple R-squared:  0.9961,  Adjusted R-squared:  0.995
F-statistic: 951.6 on 4 and 15 DF,  p-value: < 2.2e-16

> vif(lm3.3_drop2)
       x1        x3        x4        x5
49.878782  3.445759 27.473463 120.240842
```

从输出结果 6.3 中看到，x_5 的方差扩大因子 $VIF_5 = 120.241$ 为最大，远大于 10，说明此回归模型仍然存在强多重共线性，应该继续剔除变量。剔除 x_5，用 y 与剩下的 3 个自变量 x_1, x_3, x_4，建立回归方程，相关计算结果如输出结果 6.4 所示。

输出结果 6.4

```
> summary(lm3.3_drop25<-lm(y~x1+x3+x4,data=data3.3))

Residuals:
   Min       1Q     Median      3Q       Max
-2376.26  -459.91   -24.28    788.91   2138.05

Coefficients:
              Estimate Std. Error t value Pr(>|t|)
(Intercept) -8.432e+03  1.337e+03  -6.304 1.05e-05 ***
x1           2.333e-01  3.404e-02   6.854 3.88e-06 ***
x3           1.522e-01  9.292e-03  16.375 2.04e-11 ***
x4           1.318e-01  9.483e-03  13.897 2.39e-10 ***
---
Signif. codes:  0 '***' 0.001 '**' 0.01 '*' 0.05 '.' 0.1 ' ' 1

Residual standard error: 1154 on 16 degrees of freedom
Multiple R-squared:  0.9955,  Adjusted R-squared:  0.9947
F-statistic:  1183 on 3 and 16 DF,  p-value: < 2.2e-16

> vif(lm3.3_drop25)
      x1        x3        x4
8.386483  1.086888  8.593924
```

从输出结果 6.4 中看到，3 个方差扩大因子都小于 10，而且回归系数均极显著，也都有合理的经济解释，说明此回归模型不存在强多重共线性，可以作为最终回归模型。回归方程为：

$$\hat{y} = -8\,432 + 0.233x_1 + 0.152x_3 + 0.132x_4 \tag{6.10}$$

在 R 软件中加载 QuantPsyc 包，用 lm.beta() 函数求标准化回归方程的系数，例 3-3 的标准化回归方程为：

$$\hat{y}^* = 0.332x_1^* + 0.286x_3^* + 0.682x_4^*$$

由标准化回归系数看到，对民航客运量影响最大的因素是高速铁路客运量 x_4，其次是人均 GDP x_1。高速铁路客运量每增加 1%，民航客运量会增加 0.682%，而人均 GDP 每增加 1%，民航客运量会增加 0.332%。

此回归方程的样本决定系数为 $R^2=0.996$，调整的样本决定系数 $R_a^2=0.995$，而 y 对 5 个自变量的全模型的样本决定系数为 $R^2=0.997$，调整的样本决定系数 $R_a^2=0.996$。与全模型相比，式 (6.10) 的拟合优度仍然很高，并且回归系数有合理的经济解释。

6.4.2 增大样本量

建立一个实际经济问题的回归模型，如果所收集的样本数据太少，也容易产生多重共线性。譬如，我们的问题涉及两个自变量 x_1 和 x_2，假设 x_1 和 x_2 都已经中心化。由式（6.3）和式（6.4）

$$\text{var}(\hat{\beta}_1) = \frac{\sigma^2}{(1 - r_{12}^2) L_{11}}$$

$$\text{var}(\hat{\beta}_2) = \frac{\sigma^2}{(1 - r_{12}^2) L_{22}}$$

式中，r_{12} 为 x_1 和 x_2 的相关系数，$L_{11} = \sum_{i=1}^{n} x_{i1}^2$，$L_{22} = \sum_{i=1}^{n} x_{i2}^2$。可以看到，在 r_{12} 固定不变时，当样本量 n 增大时，L_{11} 和 L_{22} 都会增大，两个回归系数估计值的方差均可减小，从而减弱多重共线性对回归方程的影响。因此，增大样本量也是消除多重共线性的一个途径。

在实践中，当我们所选的变量个数接近样本量 n 时，自变量间就容易产生共线性，所以在运用回归分析研究经济问题时，要尽可能使样本量 n 远大于自变量个数 p。

增大样本量的方法在有些经济问题中是不现实的，因为在经济问题中，许多自变量是不受控制的，或由于种种原因不可能再得到一些新的样本数据。在有些情况下，虽然可以增加一些样本数据，但当自变量个数较多时，我们往往难以确定增加什么样的数据才能克服多重共线性。

有时，增加了样本数据，但可能新数据距离原来样本数据的平均值较远，会产生一些新的问题，使模型拟合变差，没有收到增加样本数据期望的效果。

6.4.3 回归系数的有偏估计

消除多重共线性对回归模型的影响是近几十年来统计学家关注的热点课题之一，除以上方法被人们应用外，统计学家还致力于改进古典的最小二乘法，提出以采用有偏估计为代价来提高估计量稳定性的方法，如岭回归法、主成分法、偏最小二乘法等，这些方法已有不少应用效果很好的经济例子，而且在计算机如此发达的今天，具体计算也不难实现。我们将在本书第 7 章中详细介绍岭回归法，在第 8 章中介绍主成分回归和偏最小二乘。

6.5　本章小结与评注

因为大多数经济变量在时间上有共同的变化趋势，所以在建立经济问题的回归模型时经常会遇到多重共线性的诊断和处理。

本章从共线性产生的经济背景谈起，介绍了多重共线性对回归系数估计值和回归方程预测值的影响，给出了几种诊断共线性的方法，并就如何消除共线性对回归方程的影响介绍了几种方法。

关于多重共线性对回归参数的影响，我们认为这不仅取决于自变量中多重共线性的强弱程度，还取决于存在多重共线性的自变量在整个回归方程中的重要性。如果对因变量有重要影响的自变量中出现严重的多重共线性，那么给模型参数估计带来的危害要比次要因素中存在严重的多重共线性大得多。我们应尽量避免主要自变量中存在多重共线性。如果各自变量的取值可人为控制，可使设计矩阵 X 达到回归模型基本假设的要求。如果无法克服自变量间的多重共线性，那么在回归方程中尽量少引进一些解释变量是一种有效的方法，但这样得到的回归方程可能不利于结构分析。

我们在前面看到，有时一个回归模型存在严重的多重共线性，回归系数可能通不过显著性检验，回归系数的正负号不符合经济意义，但用这个方程去做预测，拟合效果还相当好，甚至比不存在共线性时还好。如果建模的目的就是预测，只要保证自变量的相关类型在预测期不变，即当初建模时自变量间共同的相关趋势在预测时仍基本保持，用具有较强的多重共线性的方程去做预测效果仍会不错。但这里我们要强调，如果自变量的相关类型在预测期发生了变化，那么用具有很强共线性的模型去做预测，效果肯定不好。

在建立经济问题的回归模型时，如果发现解释变量之间的简单相关系数很大，可以断定自变量间存在严重的多重共线性，但是，当一个回归方程存在严重的多重共线性时，并不能完全肯定解释变量之间的简单相关系数就一定很大。例如，含有三个自变量的回归模型

$$y = \beta_0 + \beta_1 x_1 + \beta_2 x_2 + \beta_3 x_3 + \varepsilon \tag{6.11}$$

假定三个自变量之间有完全确定的关系

$$x_1 = x_2 + x_3$$

因为 x_1 可由 x_2 和 x_3 线性表示，所以变量 x_1 与 x_2 和 x_3 的复决定系数 $R^2_{1;23}=1$，回归方程存在完全的多重共线性。再假定 x_2 与 x_3 的简单相关系数 $r_{23} = -0.5$，x_2 与 x_3 的离差平方和 $L_{22}=L_{33}=1$，此时

$$L_{23} = r_{23}\sqrt{L_{22}L_{33}} = -0.5$$
$$\begin{aligned}
L_{11} &= \sum (x_1 - \bar{x}_1)^2 \\
&= \sum (x_2 + x_3 - (\bar{x}_2 + \bar{x}_3))^2 \\
&= \sum ((x_2 - \bar{x}_2) + (x_3 - \bar{x}_3))^2 \\
&= \sum (x_2 - \bar{x}_2)^2 + \sum (x_3 - \bar{x}_3)^2 + 2\sum (x_2 - \bar{x}_2)(x_3 - \bar{x}_3) \\
&= 1 + 1 + 2 \times (-0.5) = 1
\end{aligned}$$

$$L_{12} = \sum (x_1 - \bar{x}_1)(x_2 - \bar{x}_2)$$
$$= \sum (x_2 + x_3 - (\bar{x}_2 + \bar{x}_3))(x_2 - \bar{x}_2)$$
$$= \sum ((x_2 - \bar{x}_2) + (x_3 - \bar{x}_3))(x_2 - \bar{x}_2)$$
$$= L_{22} + L_{23}$$
$$= 1 - 0.5 = 0.5$$

因而 $\quad r_{12} = L_{12} / \sqrt{L_{11}L_{22}} = 0.5$

同理 $\quad r_{13} = 0.5$

在这里我们看到三个自变量的简单相关系数的绝对值都是 0.5，都不高，但是三者之间却存在完全的多重共线性。

由此看到，当回归方程中的自变量数目超过两个时，并不能由自变量间的简单相关系数不高，就断定它们不存在多重共线性。如果回归方程中只有两个自变量，则由它们的简单相关系数可判断是否存在多重共线性。

关于多重共线性的诊断我们在 6.3 节中介绍了一些正规方法和非正规方法。一般来说，非正规方法比较直观，往往在建模过程中就会发现。介绍的几种正规方法都要进行一定的运算，但通过它们可以发现多重共线性的严重程度。要想知道存在多重共线性的程度，就需要用条件数和方差扩大因子来度量，现在已有不少统计软件都可将其直接计算出来。

关于处理共线性的方法，除了 6.4 节中介绍的，还有逐步回归法、岭回归法、主成分法、特征根法、偏最小二乘法等。至今如何消除多重共线性仍是研究的热点，有许多这方面的问题需要要研究，而且还没有哪一种方法占绝对优势，从运用的效果还很难说明哪种方法最优，可以根据自己的知识水平和计算机软件的运用水平来选择合适的方法。

思考与练习

6.1 试举一个产生多重共线性的经济实例。

6.2 多重共线性对回归参数的估计有何影响？

6.3 具有严重多重共线性的回归方程能否用来做经济预测？

6.4 多重共线性的产生与样本量的个数 n、自变量的个数 p 有无关系？

6.5 自己找一个经济问题来建立多元线性回归模型，怎样选择变量和构造设计矩阵 X 才可能避免多重共线性的出现？

6.6 对第 5 章"思考与练习"中第 9 题财政收入的数据，分析数据的多重共线性，并根据多重共线性剔除变量，将所得结果与用逐步回归法所得的选元结果相比较。

第 7 章
岭 回 归

在第 6 章中我们已经看到，当设计矩阵 X 呈病态时，X 的列向量之间有较强的线性相关性，即解释变量间出现严重的多重共线性。这种情况下，用普通最小二乘法估计模型参数，往往参数估计方差太大，使普通最小二乘法的效果变得很不理想。为了解决这一问题，统计学家从模型和数据的角度考虑，采用回归诊断和自变量选择来克服多重共线性的影响。近 40 年来，人们还对普通最小二乘估计提出了一些改进方法。目前，岭回归就是最有影响的一种估计方法。本章将系统介绍岭回归估计的定义及性质，并结合实际例子给出岭回归的应用。

7.1 岭回归估计的定义

7.1.1 普通最小二乘估计带来的问题

多元线性回归模型的矩阵形式为 $y = X\beta + \varepsilon$，参数 β 的普通最小二乘估计为 $\hat{\beta} = (X'X)^{-1}X'y$。在第 6 章多重共线性部分讲过，当自变量 x_j 与其余自变量间存在多重共线性时，$\mathrm{var}(\hat{\beta}_j) = c_{jj}\sigma^2 / L_{jj}$ 很大，$\hat{\beta}_j$ 就很不稳定，在具体取值上与真值有较大的偏差，有时甚至会出现与实际经济意义不符的正负号，在第 3 章的例 3-3 民航客运的例子中我们已经看到这种现象。下面进一步用参考文献[5]的一个例子来说明这一点。

  例 7-1

我们做回归拟合时，总是希望拟合的经验回归方程与真实的理论回归方程能够很

接近。基于这个想法，这里举一个模拟的例子。假设 x_1，x_2 与 y 的关系服从线性回归模型

$$y=10+2x_1+3x_2+\varepsilon \tag{7.1}$$

给定 x_1，x_2 的 10 个值，见表 7-1 的第（1）、（2）两行。

然后用模拟的方法产生 10 个正态随机数，作为误差项 ε_1，ε_2，…，ε_{10}，见表 7-1 的第（3）行。再由回归模型 $y_i = 10+2x_{i1}+3x_{i2}+\varepsilon_i$ 计算出 10 个 y_i 值，列在表 7-1 的第（4）行。

表 7-1

序号		1	2	3	4	5	6	7	8	9	10
（1）	x_1	1.1	1.4	1.7	1.7	1.8	1.8	1.9	2.0	2.3	2.4
（2）	x_2	1.1	1.5	1.8	1.7	1.9	1.8	1.8	2.1	2.4	2.5
（3）	ε_i	0.8	−0.5	0.4	−0.5	0.2	1.9	1.9	0.6	−1.5	−1.5
（4）	y_i	16.3	16.8	19.2	18.0	19.5	20.9	21.1	20.9	20.3	22.0

现在假设回归系数与误差项是未知的，用普通最小二乘法求回归系数的估计值得

$$\hat{\beta}_0 =11.292, \quad \hat{\beta}_1=11.307, \quad \hat{\beta}_2=-6.591$$

而原模型的参数为

$$\beta_0 =10, \quad \beta_1=2, \quad \beta_2=3$$

看来二者相差很大。计算 x_1，x_2 的样本相关系数得 $r_{12}=0.986$，表明 x_1 与 x_2 之间高度相关。这里我们看到解释变量之间高度相关时普通最小二乘估计效果明显变坏的又一例证。

7.1.2 岭回归的定义

针对出现多重共线性时，普通最小二乘法效果明显变坏的问题，霍尔（A.E.Hoerl）在 1962 年首先提出一种改进最小二乘估计的方法，称为岭估计（Ridge Estimate），后来霍尔和肯纳德（Kennard）于 1970 年（见参考文献[18]）给予了详细讨论。

岭回归（Ridge Regression，RR）提出的想法是很自然的。当自变量间存在多重共线性，即 $|X'X| \approx 0$ 时，我们设想给 $X'X$ 加上一个正常数矩阵 $kI(k>0)$，那么 $X'X+kI$ 接近奇异的程度就会比 $X'X$ 接近奇异的程度小得多。考虑到变量的量纲问题，先将数据标准化，为了计算方便，标准化后的设计阵仍然用 X 表示，定义为

$$\hat{\beta}(k) = (X'X + kI)^{-1} X'y \tag{7.2}$$

我们称式（7.2）为 β 的岭回归估计，其中，k 称为岭参数。式（7.2）中 y 可以标准化，也可以不标准化，如果 y 经过标准化，那么式（7.2）计算的实际是标准化岭回归估计。$\hat{\beta}(k)$ 作为 β 的估计应比最小二乘估计 $\hat{\beta}$ 稳定，当 $k = 0$ 时的岭回归估计 $\hat{\beta}(0)$ 就是普

通最小二乘估计。

因为岭参数 k 不是唯一确定的，所以得到的岭回归估计 $\hat{\boldsymbol{\beta}}(k)$ 实际是回归参数 $\boldsymbol{\beta}$ 的一个估计族。

例如对例 7-1 可以算得不同 k 值时的 $\hat{\beta}_1(k)$，$\hat{\beta}_2(k)$，见表 7-2。

表 7-2

k	0	0.1	0.15	0.2	0.3	0.4	0.5	1.0	1.5	2	3
$\hat{\beta}_1(k)$	11.31	3.48	2.99	2.71	2.39	2.20	2.06	1.66	1.43	1.27	1.03
$\hat{\beta}_2(k)$	−6.59	0.63	1.02	1.21	1.39	1.46	1.49	1.41	1.28	1.17	0.98

以 k 为横坐标，$\hat{\beta}_1(k)$，$\hat{\beta}_2(k)$ 为纵坐标画图，如图 7-1 所示。从图 7-1 可看到，当 k 较小时，$\hat{\beta}_1(k)$，$\hat{\beta}_2(k)$ 很不稳定；当 k 逐渐增大时，$\hat{\beta}_1(k)$，$\hat{\beta}_2(k)$ 趋于零。k 取何值时，对应的 $\hat{\beta}_1(k)$，$\hat{\beta}_2(k)$ 才是一个优于普通最小二乘估计的估计呢？这是后面将要讨论的重点问题。

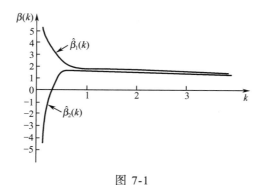

图 7-1

7.2 岭回归估计的性质

在本节关于岭回归估计的性质的讨论中，假定式 (7.2) 中因变量观测向量 $\boldsymbol{y}$ 未经标准化。

性质 1 $\hat{\boldsymbol{\beta}}(k)$ 是回归参数 $\boldsymbol{\beta}$ 的有偏估计。

证明：$E[\hat{\boldsymbol{\beta}}(k)] = E[(\boldsymbol{X}'\boldsymbol{X}+k\boldsymbol{I})^{-1}\boldsymbol{X}'\boldsymbol{y}]$

$$= (\boldsymbol{X}'\boldsymbol{X}+k\boldsymbol{I})^{-1}\boldsymbol{X}'E(\boldsymbol{y})$$

$$= (\boldsymbol{X}'\boldsymbol{X}+k\boldsymbol{I})^{-1}\boldsymbol{X}'\boldsymbol{X}\boldsymbol{\beta}$$

显然只有当 $k=0$ 时，$E[\hat{\boldsymbol{\beta}}(0)]=\boldsymbol{\beta}$；当 $k\neq0$ 时，$\hat{\boldsymbol{\beta}}(k)$ 是 $\boldsymbol{\beta}$ 的有偏估计。要特别强调的是，$\hat{\boldsymbol{\beta}}(k)$ 不再是 $\boldsymbol{\beta}$ 的无偏估计，有偏性是岭回归估计的一个重要特性。

性质 2 在认为岭参数 k 是与 $\boldsymbol{y}$ 无关的常数时，$\hat{\boldsymbol{\beta}}(k) = (\boldsymbol{X}'\boldsymbol{X}+k\boldsymbol{I})^{-1}\boldsymbol{X}'\boldsymbol{y}$ 是最小二乘估

计 $\hat{\boldsymbol{\beta}}$ 的一个线性变换，也是 $\boldsymbol{y}$ 的线性函数。

因为 $\hat{\boldsymbol{\beta}}(k) = (\boldsymbol{X}'\boldsymbol{X} + k\boldsymbol{I})^{-1}\boldsymbol{X}'\boldsymbol{y}$

$$= (\boldsymbol{X}'\boldsymbol{X} + k\boldsymbol{I})^{-1}\boldsymbol{X}'\boldsymbol{X}(\boldsymbol{X}'\boldsymbol{X})^{-1}\boldsymbol{X}'\boldsymbol{y}$$

$$= (\boldsymbol{X}'\boldsymbol{X} + k\boldsymbol{I})^{-1}\boldsymbol{X}'\boldsymbol{X}\hat{\boldsymbol{\beta}}$$

所以，岭估计 $\hat{\boldsymbol{\beta}}(k)$ 是最小二乘估计 $\hat{\boldsymbol{\beta}}$ 的一个线性变换，根据定义式 $\hat{\boldsymbol{\beta}}(k) = (\boldsymbol{X}'\boldsymbol{X} + k\boldsymbol{I})^{-1}\boldsymbol{X}'\boldsymbol{y}$ 知 $\hat{\boldsymbol{\beta}}(k)$ 也是 $\boldsymbol{y}$ 的线性函数。

这里需要注意的是，在实际应用中，由于岭参数 k 总是要通过数据来确定，因而 k 也依赖于 $\boldsymbol{y}$，因此从本质上说，$\hat{\boldsymbol{\beta}}(k)$ 并非 $\hat{\boldsymbol{\beta}}$ 的线性变换，也不是 $\boldsymbol{y}$ 的线性函数。

性质 3 对任意 $k>0$，$\| \hat{\boldsymbol{\beta}} \| \neq 0$，总有

$$\| \hat{\boldsymbol{\beta}}(k) \| < \| \hat{\boldsymbol{\beta}} \|$$

这里 $\| \cdot \|$ 是向量的模，等于向量各分量的平方和的平方根。这个性质表明 $\hat{\boldsymbol{\beta}}(k)$ 可看成由 $\hat{\boldsymbol{\beta}}$ 进行某种向原点的压缩。从 $\hat{\boldsymbol{\beta}}(k)$ 的表达式可以看到，当 $k \to \infty$ 时，$\hat{\boldsymbol{\beta}}(k) \to 0$，即 $\hat{\boldsymbol{\beta}}(k)$ 化为零向量。

性质 4 以 MSE 表示估计向量的均方误差，则存在 $k>0$，使得

$$\mathrm{MSE}[\hat{\boldsymbol{\beta}}(k)] < \mathrm{MSE}(\hat{\boldsymbol{\beta}})$$

即

$$\sum_{j=1}^{p} E[\hat{\beta}_j(k) - \beta_j]^2 < \sum_{j=1}^{p} D(\hat{\beta}_j)$$

7.3 岭迹分析

当岭参数 k 在 $(0, \infty)$ 内变化时，$\hat{\beta}_j(k)$ 是 k 的函数，在平面坐标系上把函数 $\hat{\beta}_j(k)$ 描绘出来，画出的曲线称为岭迹。在实际应用中，可以根据岭迹的变化形状来确定适当的 k 值和进行自变量的选择。下面根据参考文献[2]来介绍岭迹分析。

在岭回归中，岭迹分析可用来了解各自变量的作用及自变量间的相互关系。下面根据图 7-2 所反映的几种有代表性的情况来说明岭迹分析的作用。

（1）在图 7-2（a）中，$\hat{\beta}_j(0) = \hat{\beta}_j > 0$，且比较大。从古典回归分析的观点看，应将 x_j 看作对 y 有重要影响的因素。但 $\hat{\beta}_j(k)$ 的图形显示出相当的不稳定性，当 k 从零开始略增加时，$\hat{\beta}_j(k)$ 显著地下降，而且迅速趋于零，因而失去预测能力。从岭回归的观点看，x_j 对 y 不起重要作用，甚至可以剔除这个变量。

（2）图 7-2（b）的情况与图 7-2（a）相反，$\hat{\beta}_j = \hat{\beta}_j(0) > 0$，但很接近 0。从古典回归分析的观点看，$x_j$ 对 y 的作用不大。但随着 k 略增加，$\hat{\beta}_j(k)$ 骤然变为负值，从岭回归的

观点看，x_j 对 y 有显著影响。

（3）在图 7-2（c）中，$\hat{\beta}_j = \hat{\beta}_j(0) > 0$，说明 x_j 比较显著，但当 k 增加时，$\hat{\beta}_j(k)$ 迅速下降，且稳定为负值。从古典回归分析的观点看，x_j 是对 y 有正影响的显著因素。从岭回归的观点看，x_j 是对 y 有负影响的因素。

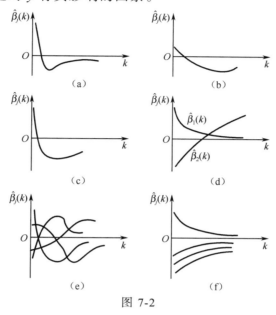

图 7-2

（4）在图 7-2（d）中，$\hat{\beta}_1(k)$ 和 $\hat{\beta}_2(k)$ 都很不稳定，但其和却大体上稳定。这种情况往往发生在自变量 x_1 和 x_2 的相关性很强的场合，即在 x_1 和 x_2 之间存在多重共线性。因此，从变量选择的观点看，两者只要保存一个就够了。这可用来解释某些回归系数估计的符号不合理的情形，从实际观点看，β_1 和 β_2 不应有相反的符号。岭回归分析的结果对这一点提供了一种解释。

（5）从全局看，岭迹分析可用来判断在某一具体实例中最小二乘估计是否适用。把所有回归系数的岭迹都描在一张图上，如果这些岭迹线的不稳定性很强，整个系统呈现比较"乱"的局面，往往就使人怀疑最小二乘估计是否很好地反映了真实情况，如图 7-2（e）所示。如果情况如图 7-2（f）那样，则我们对最小二乘估计可以有更大的信心。当情况介于（e）和（f）之间时，我们必须适当地选择 k 值。

7.4　岭参数 k 的选择

我们的目的是要选择使 $\mathrm{MSE}(\hat{\boldsymbol{\beta}}(k))$ 达到最小的 k，最优 k 值依赖于未知参数 $\boldsymbol{\beta}$ 和 σ^2，因而在实际应用中必须通过样本来确定。究竟如何确定 k 值，在理论上尚未得到满意的答案。问题的关键是最优 k 值对未知参数 $\boldsymbol{\beta}$ 和 σ^2 的依赖关系的函数形式不清楚，但这个问题在应用上又特别重要，因此有不少统计学者进行相应的研究。近几十年来，他们相继提出了许多确定 k 值的原则和方法，这些方法一般都基于直观考虑，有些通过计算机模拟试验，具有一定的应用价值，但目前尚未找到一种公认的最优方法。

下面介绍几种常用的选择方法。

7.4.1 岭迹法

岭迹法的直观考虑是，如果最小二乘估计看起来有不合理之处，如参数估计值以及正负号不符合经济意义，则希望能通过采用适当的岭估计 $\hat{\boldsymbol{\beta}}(k)$ 来获得一定程度的改善，岭参数 k 值的选择就显得尤为重要。选择 k 值的一般原则是：

（1）各回归系数的岭估计基本稳定。

（2）用最小二乘估计所得的符号不合理的回归系数，其岭估计的符号变得合理。

（3）回归系数没有不合乎经济意义的绝对值。

（4）残差平方和增加不太多。

例如在图 7-3 中，当 k 取 k_0 时，各回归系数的估计值基本上都能相对稳定。当然，上述种种要求并不是总能达到的。如在例 7-1 中由图 7-1 看到，取 $k=0.5$，岭迹已算平稳，从而 $\hat{\beta}_1(0.5)=2.06$，$\hat{\beta}_2(0.5)=1.49$。$\hat{\beta}_1(0.5)$ 已相当接近真值 $\beta_1=2$，但 $\hat{\beta}_2(0.5)$ 与 $\beta_2=3$ 还相差很大。

岭迹法与传统的基于残差的方法相比，从概念上说是完全不同的。因此，它为我们分析问题提供了一种新的思想方法，对于分析各变量之间的作用和关系是有帮助的。

岭迹法确定 k 值缺少严格的令人信服的理论依据，存在一定的主观性，这似乎是岭迹法的一个明显的缺点。但从另一方面说，岭迹法确定 k 值的这种主观性正好有助于实现定性分析与定量分析的有机结合。

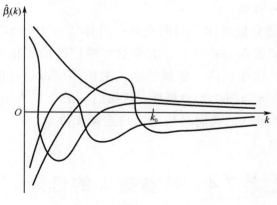

图 7-3

7.4.2　方差扩大因子法

在 6.3 节中，我们给出方差扩大因子的概念，方差扩大因子 c_{jj} 可以度量多重共线性的严重程度，一般当 $c_{jj}>10$ 时，模型就有严重的多重共线性。计算岭估计 $\hat{\boldsymbol{\beta}}(k)$ 的协方差阵，得

$$
\begin{aligned}
D(\hat{\boldsymbol{\beta}}(k)) &= \mathrm{cov}(\hat{\boldsymbol{\beta}}(k),\hat{\boldsymbol{\beta}}(k)) \\
&= \mathrm{cov}((\boldsymbol{X'X}+k\boldsymbol{I})^{-1}\boldsymbol{X'y},(\boldsymbol{X'X}+k\boldsymbol{I})^{-1}\boldsymbol{X'y}) \\
&= (\boldsymbol{X'X}+k\boldsymbol{I})^{-1}\boldsymbol{X'}\mathrm{cov}(\boldsymbol{y},\boldsymbol{y})\boldsymbol{X}(\boldsymbol{X'X}+k\boldsymbol{I})^{-1} \\
&= \sigma^2(\boldsymbol{X'X}+k\boldsymbol{I})^{-1}\boldsymbol{X'X}(\boldsymbol{X'X}+k\boldsymbol{I})^{-1} \\
&= \sigma^2 \boldsymbol{c}(k)
\end{aligned}
$$

式中，矩阵 $\boldsymbol{c}(k)=(\boldsymbol{X'X}+k\boldsymbol{I})^{-1}\boldsymbol{X'X}(\boldsymbol{X'X}+k\boldsymbol{I})^{-1}$，其对角元素 $c_{jj}(k)$ 为岭估计的方差扩大因子。不难看出，$c_{jj}(k)$ 随着 k 的增大而减小。应用方差扩大因子选择 k 的经验做法是：选择 k 使所有方差扩大因子 $c_{jj}(k)\leqslant 10$。当 $c_{jj}(k)\leqslant 10$ 时，所对应的 k 值的岭估计 $\hat{\boldsymbol{\beta}}(k)$ 就会相对稳定。

7.4.3　由残差平方和确定 k 值

我们知道岭估计 $\hat{\boldsymbol{\beta}}(k)$ 在减小均方误差的同时增大了残差平方和，我们希望将岭回归的残差平方和 $\mathrm{SSE}(k)$ 的增加幅度控制在一定的限度以内，从而可以给定一个大于 1 的 c 值，要求

$$
\mathrm{SSE}(k)<c\mathrm{SSE} \tag{7.3}
$$

寻找使式 (7.3) 成立的最大的 k 值。

7.5　用岭回归选择变量

岭回归的一个重要应用是选择变量，选择变量通常的原则是：

(1) 在岭回归的计算中，假定设计矩阵 $\boldsymbol{X}$ 已经中心化和标准化，这样可以直接比较标准化岭回归系数的大小。我们可以剔除掉标准化岭回归系数比较稳定且绝对值很小的自变量。

(2) 当 k 值较小时，标准化岭回归系数的绝对值并不是很小，但是不稳定，随着 k 的增大迅速趋于零。像这样岭回归系数不稳定、振动趋于零的自变量，我们也可以予以剔除。

(3) 剔除标准化岭回归系数很不稳定的自变量。如果有若干个岭回归系数不稳定，究竟剔除几个变量，剔除哪几个变量，并无一般原则可循，需根据剔除某个变量后重新进行岭回归分析的效果来确定。

下面通过参考文献[2]引用参考文献[19]的例子来说明如何用岭回归选择变量。

📝 **例 7-2**

空气污染问题。在参考文献[19]中 Mcdonald 和 Schwing 曾研究死亡率与空气污染、气候以及社会经济状况等因素的关系。考虑了 15 个解释变量：

x_1——年平均降雨量；

x_2——1 月份平均气温；

x_3——3 月份平均气温；

x_4——年龄在 65 岁以上的人口占总人口的百分数；

x_5——每家的人口数；

x_6——中学毕业年龄；

x_7——住房符合标准的家庭比例数；

x_8——每平方公里居民数；

x_9——非白种人占总人口的比例；

x_{10}——白领阶层中受雇百分数；

x_{11}——收入在 300 美元以上的家庭百分数；

x_{12}——碳氢化合物的相对污染势；

x_{13}——氮氧化物的相对污染势；

x_{14}——二氧化硫的相对污染势；

x_{15}——相对湿度；

y——每 10 万人中的死亡人数。

这个问题收集了 60 组样本数据。根据样本数据，计算 $X'X$ 的 15 个特征根为

4.527 2　2.754 7　2.054 5　1.348 7　1.222 7　0.960 5　0.612 4

0.472 9　0.370 8　0.216 3　0.166 5　0.127 5　0.114 2　0.046 0　0.004 9

后面两个特征根很接近零，由第 6 章中介绍的条件数可知

$$k = \frac{\lambda_1}{\lambda_{15}} = \frac{4.527\ 2}{0.004\ 9} = 923.918$$

说明设计矩阵 X 具有较严重的多重共线性。

进行岭迹分析，把 15 个回归系数的岭迹绘成图 7-4，从图 7-4 中看到，当 $k=0.20$ 时，岭迹大体上达到稳定。按照岭迹法，应取 $k=0.2$。若用方差扩大因子法，当 k 为 0.02～0.08 时，方差扩大因子小于 10，故建议在此范围选取 k。由此也看到采用不同的方法选取的 k 值是不同的。

在用岭回归进行变量选择时，因为从岭迹看出自变量 x_4, x_7, x_{10}, x_{11} 和 x_{15} 有较稳定且绝对值比较小的岭回归系数，根据变量选择的第一条原则，这些自变量可以剔除。又因为自变量 x_{12} 和 x_{13} 的岭回归系数很不稳定，且随着 k 的增加很快趋于零，根据上

面的第二条原则这些自变量也应该剔除。还可根据第三条原则剔除变量 x_3 和 x_5。这个问题最后剩下的变量是 $x_1, x_2, x_6, x_8, x_9, x_{14}$，可用这些自变量建立一个回归方程。

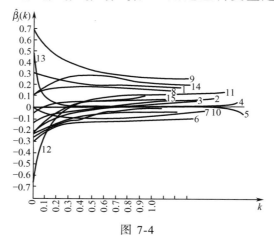

图 7-4

例 7-3

Gorman-Torman 例子（见参考文献[2]）。本例共有 10 个自变量，$\boldsymbol{X}$ 已经中心化和标准化了，$\boldsymbol{X'X}$ 的特征根为

$$3.692 \quad 1.542 \quad 1.293 \quad 1.046 \quad 0.972$$
$$0.659 \quad 0.357 \quad 0.220 \quad 0.152 \quad 0.068$$

最后一个特征根 $\lambda_{10}=0.068$，较接近零。

$$k = \frac{\lambda_1}{\lambda_{10}} = \frac{3.692}{0.068} = 54.294$$

条件数 $k=54.294<100$。从条件数的角度看，似乎设计矩阵 $\boldsymbol{X}$ 没有多重共线性。但下面的研究表明，做岭回归还是必要的。关于条件数，这里附带说明它的一个缺陷，就是当 $\boldsymbol{X'X}$ 的所有特征根都较小时，虽然条件数不大，但多重共线性却存在。本例就是一个证明。

下面做岭回归分析。对 15 个 k 值算出 $\hat{\boldsymbol{\beta}}(k)$，画出岭迹，如图 7-5（a）所示。由图 7-5（a）可看到，最小二乘估计的稳定性很差。这反映在当 k 与 0 略有偏离时，$\hat{\boldsymbol{\beta}}(k)$ 与 $\hat{\boldsymbol{\beta}} = \hat{\boldsymbol{\beta}}(0)$ 就有较大的差距，特别是 $|\hat{\beta}_5|$ 与 $|\hat{\beta}_3|$ 变化最明显。当 k 从 0 上升到 0.1 时，$\| \hat{\boldsymbol{\beta}}(k) \|^2$ 下降到 $\| \hat{\boldsymbol{\beta}}(0) \|^2$ 的 59%，而在正交设计的情形下只下降 17%。这些现象在直观上就使人怀疑最小二乘估计 $\hat{\boldsymbol{\beta}}$ 是否反映了 $\boldsymbol{\beta}$ 的真实情况。

另外，因素 x_5 的回归系数的最小二乘估计 $\hat{\beta}_5$ 为负回归系数中绝对值最大的，但当 k 增加时，$\hat{\beta}_5(k)$ 迅速上升且变为正的。与此相反，对因素 x_6，$\hat{\beta}_6$ 为正的，且绝对值最大，但当 k 增加时，$\hat{\beta}_6(k)$ 迅速下降。再考虑到 x_5, x_6 的样本相关系数达到 0.84，因此这两个因素可近似地合并为一个因素。

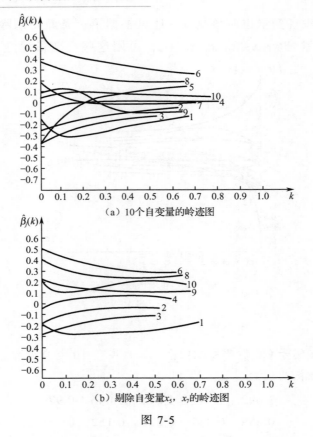

（a）10个自变量的岭迹图

（b）剔除自变量x_5，x_7的岭迹图

图 7-5

再来看 x_7，它的回归系数估计 $\hat{\beta}_7$ 的绝对值偏高，当 k 增加时，$\hat{\beta}_7(k)$ 很快接近零，这意味着 x_7 实际上对 y 无多大影响。至于 x_1，其回归系数的最小二乘估计的绝对值看来有点偏低，当 k 增加时，$|\hat{\beta}_1(k)|$ 首先迅速上升，成为对因变量有负影响的最重要的自变量。当 k 较大时，$|\hat{\beta}_1(k)|$ 稳定地缓慢趋于零。这意味着，通常的最小二乘估计对 x_1 的重要性估计过低。

从整体上看，当 k 达到 0.2～0.3 的范围时，各个 $\hat{\beta}_j(k)$ 大体上趋于稳定，因此，在这一区间取一个 k 值做岭回归可能得到较好的结果。本例中当 k 从零略微增加时，$\hat{\beta}_5(k)$ 和 $\hat{\beta}_7(k)$ 很快趋于零，于是它们很自然应该被剔除。剔除它们之后，重做岭回归分析，岭迹基本稳定，如图 7-5（b）所示，因此剔除 x_5 和 x_7 是合理的。

以上两个例子是引用的有关参考文献的实例，只引用了计算结果，没有给出计算过程，目的在于使读者对岭回归的运用方法有个全面的了解。下面结合例 3-3 民航客运的数据，使用 R 软件 MASS 包中的 lm.ridge() 函数实现岭回归分析的方法。

例 7-4

第 6 章我们采用剔除变量的方法解决民航客运数据的多重共线性问题，现在再用岭回归方法处理多重共线性问题。

用 R 软件对例 3-3 做岭回归分析，其中岭参数 k 及其相应的回归系数的计算结果见表 7-3，输出的岭迹图见图 7-6(a)，相应的计算代码如下：

```
data3.3<-read.csv("D:/data3.3.csv",head=TRUE)
datas<-data.frame(scale(data3.3[,2:7]))
#对样本数据进行标准化处理并转换为数据框的格式存储
library(MASS)                #加载包 MASS
ridge3.3<-lm.ridge(y~.-1,data=datas,lambda=seq(0,3,0.1))
#做岭回归，对于标准化后的数据模型不包含截距项，其中 lambda 为岭参数 k 的所有取值
beta<-coef(ridge3.3)    #将所有不同岭参数所对应的回归系数的结果赋给 beta
beta                     #输出 beta
#绘制岭迹图
k<-ridge3.3$lambda       #将所有岭参数赋给 k
plot(k,k,type="n",xlab="岭参数 k",ylab="岭回归系数",ylim=c(-1,1))
#创建没有任何点和线的图形区域
linetype<-c(1:5)
char<-c(18:22)
for(i in 1:5)
    lines(k,beta[,i],type="o",lty=linetype[i],pch=char[i],cex=0.75)
    #画岭迹线
legend(locator(1),inset=0.5,legend=c("x1","x2","x3","x4","x5"),cex=
       0.8,pch=char,lty=linetype)    #添加图例
```

表 7-3

k	x_1	x_2	x_3	x_4	x_5
0	1.006 5	−0.974 4	0.295 4	0.721 7	0.269 8
0.1	0.147 3	0.057 7	0.320 5	0.551 6	0.260 0
0.2	0.128 7	0.106 2	0.317 1	0.529 8	0.249 4
0.3	0.128 7	0.127 5	0.313 6	0.512 3	0.243 4
0.4	0.132 6	0.140 7	0.310 5	0.497 0	0.239 5
0.5	0.137 5	0.150 3	0.307 5	0.483 3	0.236 7
0.6	0.142 6	0.157 8	0.304 7	0.470 9	0.234 5
0.7	0.147 5	0.164 0	0.302 1	0.459 7	0.232 7
0.8	0.152 2	0.169 2	0.299 6	0.449 5	0.231 3
0.9	0.156 5	0.173 7	0.297 1	0.440 1	0.230 0
1	0.160 6	0.177 6	0.294 8	0.431 5	0.229 0
1.1	0.164 3	0.181 1	0.292 6	0.423 5	0.228 0
1.2	0.167 8	0.184 1	0.290 4	0.416 1	0.227 1
1.3	0.171 0	0.186 9	0.288 3	0.409 2	0.226 3
1.4	0.174 0	0.189 4	0.286 3	0.402 8	0.225 6
1.5	0.176 7	0.191 6	0.284 3	0.396 8	0.224 9
1.6	0.179 3	0.193 7	0.282 4	0.391 2	0.224 3
1.7	0.181 7	0.195 6	0.280 5	0.385 9	0.223 7
1.8	0.183 9	0.197 3	0.278 6	0.380 9	0.223 2
1.9	0.185 9	0.198 8	0.276 8	0.376 2	0.222 7

续表

k	x_1	x_2	x_3	x_4	x_5
2	0.187 8	0.200 3	0.275 0	0.371 8	0.222 2
2.1	0.189 6	0.201 6	0.273 3	0.367 6	0.221 7
2.2	0.191 3	0.202 8	0.271 6	0.363 6	0.221 2
2.3	0.192 9	0.203 9	0.269 9	0.359 8	0.220 8
2.4	0.194 3	0.205 0	0.268 3	0.356 2	0.220 4
2.5	0.195 7	0.205 9	0.266 7	0.352 8	0.219 9
2.6	0.197 0	0.206 8	0.265 1	0.349 5	0.219 6
2.7	0.198 2	0.207 7	0.263 5	0.346 3	0.219 2
2.8	0.199 3	0.208 4	0.262 0	0.343 3	0.218 8
2.9	0.200 3	0.209 1	0.260 5	0.340 5	0.218 4
3	0.201 3	0.209 8	0.259 0	0.337 7	0.218 1

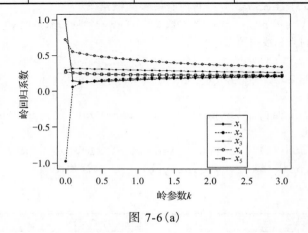

图 7-6（a）

表 7-3 中的第一列为岭参数 k，其取值范围为 0～3，步长为 0.1，共有 31 个 k 值。第 2～6 列是数据标准化后的岭回归系数，其中第 1 行 $k=0$ 的数值就是普通最小二乘估计的标准化回归系数。

从图 7-6（a）中可以看到，变量 x_2 的岭回归系数 $\hat{\beta}_2(k)$ 从负值迅速变为正值，$|\hat{\beta}_1(k)|$ 和 $|\hat{\beta}_2(k)|$ 都迅速减少，两者之和比较稳定。从岭回归的角度看，x_1 与 x_2 只要保留一个就可以了，x_3, x_4, x_5 的岭回归系数相对稳定。

通过上面的分析，我们决定剔除 x_1，用 y 与其余 4 个自变量做岭回归。把岭参数的取值范围缩小为 0～2，步长取 0.2，用 R 软件进行计算并输出结果见表 7-4 及图 7-6（b）。

```
ridge13.3<-lm.ridge(y~.-x1-1,data=datas,lambda=seq(0, 2,0.2))
#剔除 x1 后做岭回归
beta1<-coef(ridge13.3)
beta1
k1<-ridge13.3$lambda
#绘制岭迹图
plot(k1,k1,type="n",xlab="岭参数 k",ylab="岭回归系数",ylim=c(0,0.6))
linetype<-c(1:4)
```

```
char<-c(18:21)
for(i in 1:4)
    lines(k1,beta1[,i],type="o",lty=linetype[i],pch=char[i],cex=0.75)
legend(locator(1),inset=0.5,legend=c("x2","x3","x4","x5"),cex=
        0.8,pch=char,lty=linetype)
```

表 7-4

k	x_2	x_3	x_4	x_5
0	0.157 7	0.336 5	0.537 8	0.323 5
0.2	0.214 4	0.326 7	0.510 6	0.288 8
0.4	0.238 7	0.321 3	0.485 3	0.285 2
0.6	0.254 3	0.316 7	0.465 5	0.285 1
0.8	0.265 3	0.312 5	0.449 7	0.285 6
1	0.273 6	0.308 5	0.436 7	0.286 1
1.2	0.279 8	0.304 6	0.425 9	0.286 5
1.4	0.284 7	0.300 9	0.416 7	0.286 8
1.6	0.288 6	0.297 3	0.408 8	0.286 9
1.8	0.291 6	0.293 8	0.401 8	0.286 9
2	0.294 1	0.290 4	0.395 6	0.286 8

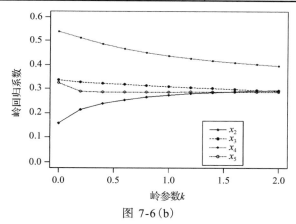

图 7-6（b）

由表 7-4 和岭迹图 7-6（b）均可看出，剔除 x_1 后岭回归系数变化幅度明显减小，而且岭参数 k 大于 1.6 时，岭参数的取值基本稳定，故不妨选 k=1.6。在给定 k=1.6 时，由表 7-4 中回归系数可得到样本数据标准化后的岭回归方程为

$$\hat{y}^* = 0.288\,6x_2^* + 0.297\,3x_3^* + 0.408\,8x_4^* + 0.286\,9x_5^*$$

此时对应的未标准化的岭回归方程为

$$\hat{y} = -11\,398 + 0.525x_2 + 0.158x_3 + 0.079x_4 + 27.449x_5$$

与第 6 章剔除变量法相比，岭回归方法保留了自变量 x_5，如果希望回归方程中多保留一些自变量，那么岭回归方法是很有用的方法。

现在进一步计算出含有全部 5 个自变量的岭回归，与普通最小二乘的结果做一个比较。取岭参数 k=2.0，得岭回归方程为

$$\hat{y} = -10\,524 + 0.132x_1 + 0.364x_2 + 0.146x_3 + 0.072x_4 + 21.254x_5$$

普通最小二乘回归方程为

$$\hat{y} = -8\,805 + 0.706x_1 - 1.773x_2 + 0.157x_3 + 0.139x_4 + 25.820x_5$$

显然岭回归方程比普通最小二乘回归方程的实际意义更为容易解释。

另外，R软件中还可以使用 ridge 包中的 linearRidge() 函数做岭回归分析，只是有些版本的 R 软件不能下载 ridge 包，需要从网上自行下载后放到 R 软件安装目录下的 library 文件夹中才可以使用。linearRidge() 的使用格式如下：

```
linearRidge(formula, data, lambda = "automatic", scaling =
c("corrForm",
            "scale", "none"), ...)
```

其中，lambda 省略时使用默认的 lambda = "automatic"，即可以自动选择合适的岭参数，而此时 scaling 必须用 corrForm（默认）；scaling 是选择对自变量数据的处理方式，当 scaling 缺省时默认用 corrForm。如果选择 corrForm，计算中将会对自变量和因变量数据进行处理使得变换后数据的样本离差阵的对角线元素为 1，即为数据的样本相关阵；若选择 scale 则是对数据进行标准化处理。另外，linearRidge() 建立的岭回归模型可以使用 summary(model) 输出主要的回归结果，它比使用 lm.ridge() 函数多了对岭回归参数的显著性检验部分。因此，建议读者也可以尝试使用 linearRidge() 做岭回归估计。

7.6 本章小结与评注

本章较系统地介绍了岭回归的思想和方法，并结合实际例子说明了岭回归方法在自变量选择和克服多重共线性方面的应用。

岭回归方法与普通最小二乘法的一个质的区别是，岭回归估计不再是无偏估计。长期以来，人们普遍认为一个好的估计应该满足无偏性，普通最小二乘估计就具有无偏性的重要特点，但当设计矩阵 X 退化时，最小二乘估计变得很不理想。岭回归估计就是针对一些实际问题的最小二乘估计明显变坏而提出的一种新的估计方法。岭回归法实际上是通过对最小二乘法的改进，允许回归系数的有偏估计量存在，从而解决多重共线性问题的方法之一。

如果一个估计量只有很小的偏差，但它的精度大大高于无偏估计量，人们可能更愿意选择这个估计量，因为它接近真实参数值的可能性较大，图 7-7 说明了这种情况。由图 7-7 可看到，估计量 $\hat{\boldsymbol{\beta}}$ 是无偏的，但不精确，而估计量 $\hat{\boldsymbol{\beta}}'$ 精度高却有小的偏差。$\hat{\boldsymbol{\beta}}'$ 落在真值 $\boldsymbol{\beta}$ 附近的概率远远大于无偏估计量 $\hat{\boldsymbol{\beta}}$。

岭回归估计的回归系数 $\hat{\beta}_j(k)$ 是有偏的，但往往比普通最小二乘估计量更稳定。因此，当回归模型有严重的多重共线性时，普通最小二乘法很不理想，人们就更多地推崇岭回归方法。这里需要注意的是，虽然 $\hat{\boldsymbol{\beta}}(k) = (X'X + kI)^{-1}X'y$ 是 y 的线性估计形式，但在实际应用时，总是要通过数据来确定 k，因而 k 也依赖于 y，也是随机的，因此从本质上说，$\hat{\beta}(k)$ 实为非线性估计。在实际应用中，只有当对最小二乘估计的结果不满意时，才考虑使用岭回归。

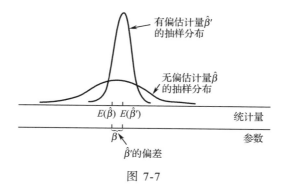

图 7-7

霍尔和肯纳德于 1970 年还提出了岭估计的一种推广形式，称为广义岭估计。普通的岭回归估计是给样本相关阵的主对角线加上相同的常数 k，广义岭回归是给样本相关阵的主对角线加上各不相同的常数 k_j，有兴趣的读者请参见参考文献[2]和[5]。

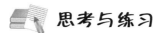 **思考与练习**

7.1 岭回归估计是在什么情况下提出的？

7.2 岭回归估计的定义及其统计思想是什么？

7.3 选择岭参数 k 有哪几种主要方法？

7.4 用岭回归方法选择自变量应遵从哪些基本原则？

7.5 对第 5 章"思考与练习"中第 9 题的数据，逐步回归的结果只保留了 3 个自变量 x_1, x_3, x_5，用 y 对这 3 个自变量做岭回归分析。

7.6 一家大型商业银行有多家分行，近年来，该银行的贷款额平稳增长，但不良贷款额也有较大比例的提高。为弄清楚不良贷款形成的原因，希望利用银行业务的有关数据做些定量分析，以便找出控制不良贷款的办法。表 7-5 是该银行所属 25 家分行 2022 年的有关业务数据。

表 7-5 银行不良贷款数据

分行编号	不良贷款 y(亿元)	各项贷款余额 x_1(亿元)	本年累计应收贷款 x_2(亿元)	贷款项目个数 x_3(个)	本年固定资产投资额 x_4(亿元)
1	0.9	67.3	6.8	5	51.9
2	1.1	111.3	19.8	16	90.9
3	4.8	173.0	7.7	17	73.7
4	3.2	80.8	7.2	10	14.5
5	7.8	199.7	16.5	19	63.2
6	2.7	16.2	2.2	1	2.2

续表

分行编号	不良贷款 y(亿元)	各项贷款余额 x_1(亿元)	本年累计应收贷款 x_2(亿元)	贷款项目个数 x_3(个)	本年固定资产投资额 x_4(亿元)
7	1.6	107.4	10.7	17	20.2
8	12.5	185.4	27.1	18	43.8
9	1.0	96.1	1.7	10	55.9
10	2.6	72.8	9.1	14	64.3
11	0.3	64.2	2.1	11	42.7
12	4.0	132.2	11.2	23	76.7
13	0.8	58.6	6.0	14	22.8
14	3.5	174.6	12.7	26	117.1
15	10.2	263.5	15.6	34	146.7
16	3.0	79.3	8.9	15	29.9
17	0.2	14.8	0.6	2	42.1
18	0.4	73.5	5.9	11	25.3
19	1.0	24.7	5.0	4	13.4
20	6.8	139.4	7.2	28	64.3
21	11.6	368.2	16.8	32	163.9
22	1.6	95.7	3.8	10	44.5
23	1.2	109.6	10.3	14	67.9
24	7.2	196.2	15.8	16	39.7
25	3.2	102.2	12.0	10	97.1

（1）计算 y 与其余 4 个变量的简单相关系数。

（2）建立不良贷款 y 对 4 个自变量的线性回归方程，所得的回归系数是否合理？

（3）分析回归模型的共线性。

（4）采用后退法和逐步回归法选择变量，所得回归方程的回归系数是否合理，是否还存在共线性？

（5）建立不良贷款 y 对 4 个自变量的岭回归。

（6）对第（4）步剔除变量后的回归方程再做岭回归。

（7）某研究人员希望做 y 对各项贷款余额、本年累计应收贷款、贷款项目个数这 3 个自变量的回归，你认为这样做是否可行？如果可行应该如何做？

第 8 章

主成分回归与偏最小二乘

对不满足模型基本假设的回归建模，这一章主要介绍另外两种改进方法，即主成分回归和偏最小二乘。

8.1 主成分回归

主成分回归（Principal Components Regression，PCR）是对普通最小二乘估计的一种改进，它的参数估计是一种有偏估计。马西（W.F.Massy）于 1965 年根据多元统计分析中的主成分分析提出了主成分回归。为了使读者更容易理解主成分回归，本节首先介绍有关主成分分析的基本思想和性质，然后用实例介绍主成分回归的应用。

8.1.1 主成分的基本思想

主成分分析（Principal Components Analysis，PCA）也称主分量分析，首先由霍特林（Hotelling）于 1933 年提出。主成分分析是用一种降维的思想，在损失很少信息的前提下把多个指标利用正交旋转变换转化为几个综合指标的多元统计分析方法。通常把转化生成的综合指标称为主成分，其中每个主成分都是原始变量的线性组合，且各个主成分之间互不相关。这样在研究复杂问题时就可以只考虑少数几个主成分且不至于损失太多的信息，从而更容易抓住主要矛盾，揭示事物内部变量之间的规律性，同时使问题得到简化，提高分析效率。

设对某一事物的研究涉及 p 个指标，分别用 $X_1, X_2, \cdots, X_p$ 表示，这 p 个指标构成的 p 维随机向量为 $\boldsymbol{X}=(X_1, X_2, \cdots, X_p)'$。设随机向量 $\boldsymbol{X}$ 的均值为 $\boldsymbol{\mu}$，协方差矩阵为 $\boldsymbol{\Sigma}$。

对 $\boldsymbol{X}$ 进行线性变换，可以形成新的综合变量，用 $\boldsymbol{Y}$ 表示，也就是说，新的综合变

量可以由原来的变量线性表示，即满足下式

$$\begin{cases} Y_1 = \mu_{11}X_1 + \mu_{12}X_2 + \ldots + \mu_{1p}X_p \\ Y_2 = \mu_{21}X_1 + \mu_{22}X_2 + \ldots + \mu_{2p}X_p \\ \cdots\cdots \\ Y_p = \mu_{p1}X_1 + \mu_{p2}X_2 + \ldots + \mu_{pp}X_p \end{cases}$$

由于可以任意地对原始变量进行上述线性变换，得到的综合变量 $\boldsymbol{Y}$ 的统计特性也不尽相同，因此为了取得较好的效果，我们总是希望 $Y_i = \boldsymbol{\mu}_i' \boldsymbol{X}$ 的方差尽可能大且各 Y_i 之间互相独立，由于

$$\mathrm{var}(Y_i) = \mathrm{var}(\boldsymbol{\mu}_i' \boldsymbol{X}) = \boldsymbol{\mu}_i' \boldsymbol{\Sigma} \boldsymbol{\mu}_i$$

而对于任意常数 c，有

$$\mathrm{var}(c\boldsymbol{\mu}_i' \boldsymbol{X}) = c\boldsymbol{\mu}_i' \boldsymbol{\Sigma} \boldsymbol{\mu}_i c = c^2 \boldsymbol{\mu}_i' \boldsymbol{\Sigma} \boldsymbol{\mu}_i$$

因此，对 $\boldsymbol{\mu}_i$ 不加限制时，可使 $\mathrm{var}(Y_i)$ 任意增大，问题将变得没有意义。我们将线性变换约束在下面的原则之下：

(1) $\boldsymbol{\mu}_i' \boldsymbol{\mu}_i = 1$，即 $\mu_{i1}^2 + \mu_{i2}^2 + \cdots + \mu_{ip}^2 = 1$ $(i = 1, 2, \cdots, p)$。

(2) Y_i 与 Y_j 不相关 $(i \neq j; i, j = 1, 2, \cdots, p)$。

(3) Y_1 是 $X_1, X_2, \cdots, X_p$ 的所有满足原则 (1) 的线性组合中方差最大者；Y_2 是与 Y_1 不相关的 $X_1, X_2, \cdots, X_p$ 的所有线性组合中方差最大者；……；Y_p 是与 $Y_1, Y_2, \cdots, Y_{p-1}$ 都不相关的 $X_1, X_2, \cdots, X_p$ 的所有线性组合中方差最大者。

基于以上三条原则决定的综合变量 $Y_1, Y_2, \cdots, Y_p$ 分别称为原始变量的第一、第二……第 p 个主成分。其中，各综合变量在总方差中占的比重依次递减。在实际研究工作中，通常只挑前几个方差最大的主成分，从而达到简化系统结构、抓住问题本质的目的。

8.1.2 主成分的基本性质

引论：设矩阵 $\boldsymbol{A}' = \boldsymbol{A}$，将 $\boldsymbol{A}$ 的特征根 $\lambda_1, \lambda_2, \cdots, \lambda_p$ 依大小顺序排列，不妨设 $\lambda_1 \geqslant \lambda_2 \geqslant \cdots \geqslant \lambda_p$，$\gamma_1, \gamma_2, \cdots, \gamma_p$ 为矩阵 $\boldsymbol{A}$ 各特征根对应的标准正交向量，则对任意向量 $\boldsymbol{x}$，有

$$\max_{\boldsymbol{x} \neq 0} \frac{\boldsymbol{x}' \boldsymbol{A} \boldsymbol{x}}{\boldsymbol{x}' \boldsymbol{x}} = \lambda_1, \cdots, \min_{\boldsymbol{x} \neq 0} \frac{\boldsymbol{x}' \boldsymbol{A} \boldsymbol{x}}{\boldsymbol{x}' \boldsymbol{x}} = \lambda_p$$

结论：设随机向量 $\boldsymbol{X} = (X_1, X_2, \cdots, X_p)'$ 的协方差矩阵为 $\boldsymbol{\Sigma}$，$\lambda_1 \geqslant \lambda_2 \geqslant \cdots \geqslant \lambda_p$ 为 $\boldsymbol{\Sigma}$ 的特征根，$\gamma_1, \gamma_2, \cdots, \gamma_p$ 为矩阵 $\boldsymbol{\Sigma}$ 各特征根对应的标准正交向量，则第 i 个主成分为

$$Y_i = \gamma_{1i}X_1 + \gamma_{2i}X_2 + \ldots + \gamma_{pi}X_p, \qquad i = 1, 2, \cdots, p$$

此时

$$\text{var}(Y_i) = \boldsymbol{\gamma}_i' \boldsymbol{\Sigma} \boldsymbol{\gamma}_i = \lambda_i$$
$$\text{cov}(Y_i, Y_j) = \boldsymbol{\gamma}_i' \boldsymbol{\Sigma} \boldsymbol{\gamma}_j = 0, \ i \neq j$$

由以上结论，我们把 $X_1, X_2, \cdots, X_p$ 的协方差矩阵 $\boldsymbol{\Sigma}$ 的非零特征根 $\lambda_1, \lambda_2, \cdots, \lambda_p (\lambda_1 \geqslant \lambda_2 \geqslant \cdots \geqslant \lambda_p > 0)$ 对应的标准化特征向量 $\boldsymbol{\gamma}_1, \boldsymbol{\gamma}_2, \cdots, \boldsymbol{\gamma}_p$ 分别作为系数向量，$Y_1 = \boldsymbol{\gamma}_1' \boldsymbol{X}$，$Y_2 = \boldsymbol{\gamma}_2' \boldsymbol{X}$，$\cdots$，$Y_p = \boldsymbol{\gamma}_p' \boldsymbol{X}$ 分别称为随机向量 $\boldsymbol{X}$ 的第一主成分、第二主成分、$\cdots\cdots$、第 p 主成分。

性质 1　Y 的协方差矩阵为对角矩阵 $\boldsymbol{\Lambda}$。其中对角线上的值为 $\lambda_1, \lambda_2, \cdots, \lambda_p$。

性质 2　记 $\boldsymbol{\Sigma} = (\sigma_{ij})_{p \times p}$，有 $\sum\limits_{i=1}^{p} \lambda_i = \sum\limits_{i=1}^{p} \sigma_{ii}$。

称 $\alpha_k = \dfrac{\lambda_k}{\lambda_1 + \lambda_2 + \cdots + \lambda_p}$ $(k=1, 2, \cdots, p)$ 为第 k 个主成分 Y_k 的方差贡献率，称 $\dfrac{\sum\limits_{i=1}^{m} \lambda_i}{\sum\limits_{i=1}^{p} \lambda_i}$ 为主

成分 $Y_1, Y_2, \cdots, Y_m$ 的累积贡献率。

性质 3　$\rho(Y_k, X_i) = \mu_{ki} \sqrt{\lambda_k} / \sqrt{\sigma_{ii}}$ $(k, i=1, 2, \cdots, p)$。

式中，第 k 个主成分 Y_k 与原始变量 X_i 的相关系数 $\rho(Y_k, X_i)$ 称为因子负荷量。因子负荷量是主成分解释中非常重要的解释依据，因子负荷量的绝对值大小刻画了该主成分的主要意义及其成因。

性质 4　$\sum\limits_{i=1}^{p} \rho^2(Y_k, X_i) \sigma_{ii} = \lambda_k$

性质 5　$\sum\limits_{k=1}^{p} \rho^2(Y_k, X_i) = \dfrac{1}{\sigma_{ii}} \sum\limits_{k=1}^{p} \lambda_k \mu_{ki}^2 = 1$

X_i 与前 m 个主成分 $Y_1, Y_2, \cdots, Y_m$ 的全相关系数平方和称为 $Y_1, Y_2, \cdots, Y_m$ 对原始变量 X_i 的方差贡献率 v_i，即 $v_i = \dfrac{1}{\sigma_{ii}} \sum\limits_{k=1}^{m} \lambda_k \mu_{ki}^2$ $(i=1, 2, \cdots, p)$。这一定义说明前 m 个主成分提取了原始变量 X_i 中 v_i 的信息，由此可以判断提取的主成分解释原始变量的能力。

8.1.3　主成分回归的实例

为了避免变量的量纲不同所产生的影响，先将数据中心标准化，中心标准化后的自变量样本观测数据矩阵 $\boldsymbol{X}^*$ 是 n 行 p 列的矩阵，$\boldsymbol{r} = (\boldsymbol{X}^*)'\boldsymbol{X}^* / (n-1)$ 就是相关阵。

例 8-1

下面以例 3-3 民航客运量的数据为例介绍主成分回归方法。首先对 5 个自变量计算主成分，用 R 软件进行计算并输出相应的计算结果，见输出结果 8.1 和输出结果 8.2。

```
datas<-data.frame(scale(data3.3[,2:7]))
```

```
#将标准化后的样本数据（包含因变量）赋给datas
pr3.3<-princomp(~x1+x2+x3+x4+x5,data=datas,cor=T)
#对5个自变量做主成分分析，其中cor=T表明是用相关系数矩阵进行主成分分析
summary(pr3.3,loadings=TRUE)    #输出主成分分析的主要结果
pr3.3$scores[,1:2]              #输出前两个主成分的得分
```

输出结果 8.1

```
> summary(pr3.3,loadings=TRUE)
Importance of components:
                          Comp.1      Comp.2      Comp.3
Standard deviation      1.9857566   0.9898957   0.26507672
Proportion of Variance  0.7886458   0.1959787   0.01405313
Cumulative Proportion   0.7886458   0.9846245   0.99867768
                          Comp.4        Comp.5
Standard deviation      0.078879085   1.974036e-02
Proportion of Variance  0.001244382   7.793633e-05
Cumulative Proportion   0.999922064   1.000000e+00


Loadings:
   Comp.1 Comp.2 Comp.3 Comp.4 Comp.5
x1  0.494  0.137  0.497  0.258  0.651
x2  0.500         0.308  0.290 -0.750
x3 -0.112  0.985        -0.113
x4  0.491        -0.808  0.301  0.116
x5  0.502        -0.863


> pr3.3$scores[,1:2]
         Comp.1       Comp.2
1    -2.10105458  -1.23077139
2    -2.03567587  -1.49531488
3    -1.97973187  -1.01516866
4    -1.91771974  -0.88386409
5    -1.86088483  -0.55351941
6    -1.72498218   0.02065418
7    -1.60095325   0.38678426
8    -1.46904303   0.48716092
9    -1.17424669   0.74798752
10   -0.75297742   0.91934251
11   -0.50057595   0.71818540
12   -0.07855048   0.99017357
13    0.27586940   1.11355442
14    0.62604432   1.06773683
15    1.16652118   1.17484034
16    2.07718281   0.35189882
```

```
17   2.70529331   0.37599220
18   3.34963384   0.36026745
19   3.18655837  -1.89821559
20   3.80929266  -1.63772440
```

输出结果 8.1 中 Importance of components 部分第一行是 5 个主成分的标准差，即主成分所对应的特征值的算术平方根 $\sqrt{\lambda_k}$（$k=1, 2, \cdots, p$）；第二行是各主成分方差所占的比例，反映了主成分所能解释数据变异的比例，也就是包含原数据的信息比例；第三行是累积比例。第一个主成分 Comp.1 的方差百分比为 78.865%，含有原始 5 个变量近 80% 的信息量；前两个主成分累积百分比为 98.462%，几乎包含了 5 个变量的全部信息，因此取两个主成分已经足够。

另外，Loadings 部分输出的矩阵为各主成分表达式中 X_i^* 的系数，其中空白部分为默认的未输出的小于 0.1 的值，这个系数矩阵即是由 μ_{ki}（$k, i=1, 2, \cdots, p$）构成的矩阵，不妨记为 $\boldsymbol{U}$，其中 $\boldsymbol{U}$ 的第 i 列即第 i 个特征值对应的特征向量。由于分析时由标准化的数据出发而使用的相关阵，故 $\sqrt{\sigma_{ii}} = 1$（$i = 1, 2, \cdots, p$），$\boldsymbol{U}$ 为自变量相关阵的特征向量所构成的矩阵，所以第 k 个主成分对变量 X_i^* 的因子负荷量为 $\rho(Y_k, X_i^*) = \mu_{ki}\sqrt{\lambda_k}$（$k, i = 1, 2, \cdots, p$）。因此，由矩阵 $\boldsymbol{U}$ 很容易计算得到因子载荷阵。

为了做主成分回归，我们需要计算主成分的得分 $p_{(i)} = UX_{(i)}^*$（$i = 1, 2, \cdots, n$），其中 $X_{(i)}^*$ 为标准化后的第 i 个样本值。由于前两个主成分的方差累积贡献率已经达到 98.462%，故只需保留前两个主成分，此处只输出前两个主成分的得分，见输出结果 8.1。

现在用 y 对前两个主成分做普通最小二乘回归，R 代码如下：

```
pre3.3<- pr3.3$scores[,1:2]      #将前两个主成分的得分保存在变量 pre3.3 中
datas$z1<- pre3.3[,1]      #将第一主成分的得分添加在数据框 datas 中，变量名为 z1
datas$z2<- pre3.3[,2]      #将第二主成分的得分添加在数据框 datas 中，变量名为 z2
pcr3.3<-lm(y~z1+z2-1,data=datas)      #y 对两个主成分建立回归模型
summary(pcr3.3)
```

在 R 软件中运行该代码，得到如下结果：

输出结果 8.2

```
> summary(pcr3.3)
Call:
lm(formula = y ~ z1 + z2 - 1, data = datas)

Residuals:
   Min       1Q     Median      3Q       Max
-0.26801  -0.09213  -0.01834  0.08264  0.23453

Coefficients:
```

```
     Estimate Std. Error t value Pr(>|t|)
z1 0.45593    0.01460   31.23  < 2e-16 ***
z2 0.34287    0.02928   11.71 7.48e-10 ***
---
Signif. codes:  0 '***' 0.001 '**' 0.01 '*' 0.05 '.' 0.1 ' ' 1

Residual standard error: 0.1296 on 18 degrees of freedom
Multiple R-squared:  0.9841, Adjusted R-squared:  0.9823
F-statistic: 556.4 on 2 and 18 DF,  p-value: < 2.2e-16

> pr3.3$loadings[,1:2]
      Comp.1     Comp.2
x1  0.4943686  0.13683669
x2  0.4995299  0.09380992
x3 -0.1123930  0.98450953
x4  0.4914168  0.03649387
x5  0.5019431 -0.04341199
```

由输出结果 8.2 可知，标准化后的 y（记为 y^*）对两个主成分做普通最小二乘估计，得到主成分的回归方程为

$$\hat{y}^* = 0.456z_1 + 0.343z_2$$

由于主成分是标准化后自变量的线性组合，如果想要得到 y^* 关于自变量 x_1^*，x_2^*，x_3^*，x_4^*，x_5^* 的回归方程，则可以选择输出矩阵 U 的前两列，即为前两个主成分关于 5 个自变量的组合系数。相应代码为 pr3.3$loadings[,1:2]，如上输出结果 8.2 所示。

然后，分别得到下面两个式子

$$z_1 = 0.494x_1^* + 0.500x_2^* - 0.112x_3^* + 0.491x_4^* + 0.502x_5^*$$
$$z_2 = 0.137x_1^* + 0.094x_2^* + 0.985x_3^* + 0.036x_4^* - 0.043x_5^*$$

代入主成分的回归方程即可得到

$$\hat{y}^* = 0.272x_1^* + 0.260x_2^* + 0.286x_3^* + 0.237x_4^* + 0.214x_5^*$$

由此可见回归方程中每个回归系数的符号也都能够合理地解释。

8.2　偏最小二乘

8.2.1　偏最小二乘的原理

在经济问题的研究中遇到的回归问题往往有两个特点：一是自变量 $x_1, x_2, \cdots, x_k$ 的数

目比较多，常会碰到有几十个 x_i，而观察的时点并不多的情况。二是回归方程建立后主要的应用是预测。用符号来表示，就是对因变量 y 和自变量 $x_1, x_2, \cdots, x_k$ 观测了 n 组数据

$$(y_t, x_{t1}, x_{t2}, \cdots, x_{tk}), \qquad t = 1, 2, \cdots, n \tag{8.1}$$

假定它们之间有关系式

$$y_t = \beta_0 + \beta_1 x_{t1} + \beta_2 x_{t2} + \cdots + \beta_k x_{tk} + \varepsilon_t \tag{8.2}$$

式 (8.2) 中，ε_t 为误差项。我们要用观测值去求式 (8.2) 中 β_i 的估计值 $\hat{\beta}_i$，从而得到回归方程

$$\hat{y}_t = \hat{\beta}_0 + \hat{\beta}_1 x_{t1} + \hat{\beta}_2 x_{t2} + \ldots + \hat{\beta}_k x_{tk} \tag{8.3}$$

当 $n > k$ 时，利用最小二乘法就可以求出 $\hat{\beta}_i$，从而得到式 (8.3)。然而现在的问题是 $k > n$，通常的最小二乘法无法进行。

从式 (8.2) 来看，我们并不需要很多的自变量，实际上只要 $x_1, x_2, \cdots, x_k$ 的一个线性函数 $\beta_1 x_1 + \beta_2 x_2 + \cdots + \beta_k x_k$ 就行了。通常的最小二乘法，就是寻求 $\{x_i\}$ 的线性函数中与 y 的相关系数绝对值达到最大的一个。这时需求 $\boldsymbol{X}'\boldsymbol{X}$ 的逆矩阵，$\boldsymbol{X}$ 是由自变量 $x_1, x_2, \cdots, x_k$ 的观测值组成的矩阵，即

$$\boldsymbol{X} = (x_{ti}) = \begin{pmatrix} x_{11} & \cdots & x_{1k} \\ \vdots & \ddots & \vdots \\ x_{n1} & \cdots & x_{nk} \end{pmatrix}$$

当 $k > n$ 时，$\boldsymbol{X}'\boldsymbol{X}$ 是一个奇异矩阵，无法求逆。主成分回归 (PCR) 就不求 $\boldsymbol{X}'\boldsymbol{X}$ 的逆，而直接求 $\boldsymbol{X}'\boldsymbol{X}$ 的特征根。把它的非零特征根记为 λ_i，如果有 r 个，r 就是 $\boldsymbol{X}'\boldsymbol{X}$ 的秩，将它们按大小顺序排出，得 $\lambda_1 \geq \lambda_2 \geq \cdots \geq \lambda_r > 0$，相应的特征向量分别记为 $\boldsymbol{\alpha}_1, \boldsymbol{\alpha}_2, \cdots, \boldsymbol{\alpha}_r$，它们均为 $k \times 1$ 向量，令 $\boldsymbol{\alpha}_i$ 的分量为 α_{ij}，即 $\boldsymbol{\alpha}_i' = (\alpha_{i1}, \cdots, \alpha_{ik})$，又令

$$z_i = \boldsymbol{\alpha}_i' \boldsymbol{X} = \alpha_{i1} x_1 + \alpha_{i2} x_2 + \cdots + \alpha_{ik} x_k, \qquad i = 1, 2, \cdots, r \tag{8.4}$$

则 $z_1, z_2, \cdots, z_r$ 都是 $x_1, x_2, \cdots, x_k$ 的线性函数，$r < k$，且 $r < n$，因此将 y 对 $z_1, z_2, \cdots, z_r$ 或 $z_1, z_2, \cdots, z_r$ 的一部分做回归就可以了，这就是 PCR 的主要想法。

PCR 虽然解决了 $k > n$ 这一矛盾，但它选 z_i 的方法与因变量 y 无关，只在自变量 $x_1, x_2, \cdots, x_k$ 中寻找有代表性的 $z_1, z_2, \cdots, z_r$。偏最小二乘 (Partial Least Squares，PLS) 在这一点上与 PCR 不同，它寻找 $x_1, x_2, \cdots, x_k$ 的线性函数时，考虑与 y 的相关性，选择与 y 相关性较强又能方便算出的 $x_1, x_2, \cdots, x_k$ 的线性函数。它的算法是最小二乘法，但是它只选 $x_1, x_2, \cdots, x_k$ 中与 y 有相关性的变量，不考虑全部 $x_1, x_2, \cdots, x_k$ 的线性函数，只考虑偏向与 y 有关的一部分，所以称为偏最小二乘。具体的选法与最小二乘法有关，所以先回忆一下最小二乘法的公式对理解 PLS 很有好处。

(y, x) 共观测了 n 组数据 $(y_1, x_1), \cdots, (y_n, x_n)$，于是 y 关于 x 的线性回归方程为

$$\begin{cases} \hat{y} = \hat{\beta}_0 + \hat{\beta}_1 x \\ \hat{\beta}_0 = \overline{y} - \hat{\beta}_1 \overline{x}, \quad \overline{y} = \frac{1}{n}\sum_{i=1}^{n} y_i, \quad \overline{x} = \frac{1}{n}\sum_{i=1}^{n} x_i \\ \hat{\beta}_1 = \dfrac{\sum_{i=1}^{n}(x_i - \overline{x})(y_i - \overline{y})}{\sum_{i=1}^{n}(x_i - \overline{x})^2} \end{cases}$$

当 x_i, y_i 这些数据的均值为 0 时，$\hat{\beta}_0 = 0$，$\hat{\beta}_1$ 就有简单的形式，即有

$$\begin{cases} \hat{y} = \hat{\beta}_1 x \\ \hat{\beta}_1 = \dfrac{\sum_{i=1}^{n} x_i y_i}{\sum_{i=1}^{n} x_i^2} = \dfrac{\boldsymbol{x}'\boldsymbol{y}}{\boldsymbol{x}'\boldsymbol{x}} \end{cases} \tag{8.5}$$

式 (8.5) 中，$\boldsymbol{x} = \begin{pmatrix} x_1 \\ \vdots \\ x_n \end{pmatrix}$，$\boldsymbol{y} = \begin{pmatrix} y_1 \\ \vdots \\ y_n \end{pmatrix}$ 为观测值向量。PLS 就是反复利用式 (8.5)。

首先将数据

$$\boldsymbol{y} = \begin{pmatrix} y_1 \\ \vdots \\ y_n \end{pmatrix}, \qquad \boldsymbol{X} = \begin{pmatrix} x_{11} & \cdots & x_{1k} \\ \vdots & \ddots & \vdots \\ x_{n1} & \cdots & x_{nk} \end{pmatrix}$$

中心化，中心化之后得到的 $\tilde{y}_t$，$\tilde{x}_{ti}$ 相应的各自的均值都为 0。我们总假定原始数据 $\boldsymbol{y}$ 及 $\boldsymbol{X}$ 均已中心化，这样书写公式、算法时符号比较简单，即 $\boldsymbol{y}$ 和 $\boldsymbol{X} = (x_{ti})$ 满足

$$\sum_{t=1}^{n} y_t = 0, \quad \sum_{t=1}^{n} x_{ti} = 0, \quad i = 1, 2, \cdots, k \tag{8.6}$$

将 $\boldsymbol{y}$ 对每个自变量 $\boldsymbol{x}_i$ 单独做回归，由式 (8.5) 可得

$$\hat{y}(x_i) = \frac{\boldsymbol{x}_i'\boldsymbol{y}}{\boldsymbol{x}_i'\boldsymbol{x}_i} x_i, \qquad \boldsymbol{x}_i = \begin{pmatrix} x_{1i} \\ \vdots \\ x_{ni} \end{pmatrix}, \qquad i = 1, 2, \cdots, k \tag{8.7}$$

我们用 $\boldsymbol{x}_i$ 表示资料向量，x_i 表示自变量（不是数据）。式 (8.7) 告诉我们与 y 有关的 x_i 的线性组合，应该是式 (8.7) 右端的量，将式 (8.7) 右端的量加权后，用 ω_i 记相应的权，就得到

$$\sum_{i=1}^{k} \omega_i \frac{\boldsymbol{x}_i'\boldsymbol{y}}{\boldsymbol{x}_i'\boldsymbol{x}_i} x_i$$

权 ω_i 可以有很多种选择，比较简单的是 $\omega_i = \boldsymbol{x}_i'\boldsymbol{x}_i$，代入上式就得 $\sum_{i=1}^{k}(\boldsymbol{x}_i'\boldsymbol{y})x_i$，可见这个 x_i 的线性组合是应入选的变量。令

$$t_1 = \sum_{i=1}^{k} (\boldsymbol{x}_i' \boldsymbol{y}) \boldsymbol{x}_i \qquad (8.8)$$

它相应的 n 个数据资料是

$$t_1 = \sum_{i=1}^{k} (\boldsymbol{x}_i' \boldsymbol{y}) \boldsymbol{x}_i$$

容易看出，式 (8.8) 的 t_1 中，系数与 y 有关，而不像 PCR 与 y 无关。将 t_1 作为自变量，y 作因变量建立回归方程，由式 (8.5) 得

$$\hat{y}(t_1) = \frac{\boldsymbol{t}_1' \boldsymbol{y}}{\boldsymbol{t}_1' \boldsymbol{t}_1} t_1$$

利用上式预测 y，得预测值向量 $\hat{\boldsymbol{y}}(\boldsymbol{t}_1)$，即有

$$\hat{\boldsymbol{y}}(\boldsymbol{t}_1) = \frac{\boldsymbol{t}_1' \boldsymbol{y}}{\boldsymbol{t}_1' \boldsymbol{t}_1} \boldsymbol{t}_1$$

于是得到残差 $\boldsymbol{y}^{(1)} = \boldsymbol{y} - \hat{\boldsymbol{y}}(\boldsymbol{t}_1)$。考虑到残差 $\boldsymbol{y}^{(1)}$ 中不再含 t_1 的信息，因此各个自变量 x_i 的作用对 y 而言，含 t_1 的部分已不具新的信息，都应删去。也就是将每个自变量 x_i 对 t_1 求回归，得回归方程和预测值

$$\hat{\boldsymbol{x}}_i(\boldsymbol{t}_1) = \frac{\boldsymbol{t}_1' \boldsymbol{x}_i}{\boldsymbol{t}_1' \boldsymbol{t}_1} \boldsymbol{t}_1, \qquad i = 1, 2, \cdots, k$$

x_i 相应的残差 $\boldsymbol{x}_i^{(1)} = \boldsymbol{x}_i - \hat{\boldsymbol{x}}_{i(\boldsymbol{t}_1)}$ ($i = 1, 2, \cdots, k$)。于是将 $\boldsymbol{y}^{(1)}, \boldsymbol{x}_1^{(1)}, \cdots, \boldsymbol{x}_k^{(1)}$ 作为新的原始资料，重复上述步骤，逐步求得 $t_1, t_2, \cdots, t_r$，r 是 $\boldsymbol{X}'\boldsymbol{X}$ 的秩。最后利用 y 对 $t_1, t_2, \cdots, t_r$ 用普通最小二乘法进行回归分析，再经过变量间的转换，最终可得到 y 对 $x_1, x_2, \cdots, x_k$ 的回归方程，这种求回归方程的方法就称为 PLS 法，即偏最小二乘法。

8.2.2　偏最小二乘的算法

从上面构造 t_1 的过程可得如下的算法（$\boldsymbol{X}$，$\boldsymbol{y}$ 资料已中心化，$\mathrm{rank}(\boldsymbol{X}) = r$）：

Wold 算法

---

(1) $y \to y_0$，$X \to X_0$，$0 \to \hat{y}_0$，$0 \to \hat{X}_0$

(2) 对 $a = 1$ 到 r 做：

(3) $t_a = X_{a-1} X_{a-1}' y_{a-1}$

(4) $\hat{y}_a = \dfrac{t_a t_a'}{t_a' t_a} y_{a-1} + \hat{y}_{a-1}$

(5) $y_a = y_{a-1} - \dfrac{t_a t_a'}{t_a' t_a} y_{a-1}$

(6) $\hat{X}_a = \dfrac{t_a t_a'}{t_a' t_a} X_{a-1}$

(7) $X_a = X_{a-1} - \hat{X}_a$

(8) $X_a' X_a$ 中主对角元素近似 0，就退出

上述算法完全体现了 PLS 的想法。1988 年赫兰（Helland）证明了下列事实，导出了一个更为简单的算法。这个证明利用了回归方程是观测向量 y 在自变量资料向量所张成的子空间中的投影，所以逐次求出 $t_1, t_2, \cdots, t_r$ 的投影矩阵是

$$P_{ti} = t_i (t_i' t_i)^{-1} t_i' = \frac{t_i t_i'}{t_i' t_i}$$

$$P_{ti} y = \frac{t_i' y}{t_i' t_i} t_i$$

我们用 (t_1), (t_1, t_2), $\cdots$, $(t_1, t_2, \cdots, t_r)$ 分别表示由 t_1 张成的子空间，t_1, t_2 张成的子空间，等等，$\hat{y}_a$ 就是 y 在 $(t_1, t_2, \cdots, t_a)$ 上的投影。如引入记号

$$S = X'X, \qquad s = X'y, \qquad s_1 = s, \qquad s_k = S^{k-1}s, \qquad k = 1, 2, \cdots, r$$

赫兰证明了

$$(t_1, t_2, \cdots, t_a) = (Xs_1, Xs_2, \cdots, Xs_a)$$

对 $a = 1, 2, \cdots, r$ 都成立。于是 PLS 算法可改为

Helland 算法

(1) $S = X'X$，$s = X'y$

(2) 对 $a = 1$ 到 r 做：

(3) $s_a = S^{a-1}s$

(4) y 对 $Xs_1, Xs_1, \cdots, Xs_a$ 做普通最小二乘回归得 $\hat{y}_a$

(5) 选择合适的 $\hat{y}_a$

上述算法中都存在一个问题，就是这个算法何时结束，什么是合适的 a，是否一定要算到某个 X_a 中的一列全是 0 为止？

一般来说，可以自己规定一个你认为最切合你所研究的问题的标准。在已有的运用 PLS 的情况中，大部分都使用交叉验证（Cross-validation）法。这个方法是这样的：

现在从资料 X, y 中删去第 l 组资料，即删去 $(y_l, x_{l1}, \cdots, x_{lk})$，删去后的 X, y 用 $X(-l)$，$y(-l)$ 表示。用 $X(-l)$，$y(-l)$ 作为原始资料，用 PLS 法算出预测方程中 $\hat{y}_a$ 的表达式，然后用 $\hat{y}_a(-l)$ 表示这个预测方程的预测值，将 x_{l1}, $\cdots$, x_{lk} 代入 $\hat{y}_a(-l)$，得它的预测值为 $\hat{y}_{al}(-l)$，残差 $y_l - \hat{y}_{al}(-l)$ 就反映了第 a 步预测方程的好坏在第 l 组资料上的体现，于是

$$\sum_{l=1}^{n} [y_l - \hat{y}_{al}(-l)]^2$$

就在整体上反映了第 a 步预测方程的好坏。把这个值记为损失 $L(a)$，自然应该选 a 使 $L(a)$ 达到最小，即应该选 a_*，使

$$L(a_*) = \min_{1 \leqslant a \leqslant r} L(a)$$

$L(a)$ 的计算没有必要添加新的程序，实际上重复使用就行了，当 n 不大时，更为方便。正因为使用了这个交叉验证方法，选出的预测方程效果往往比较好。

Helland 提出上述算法之后，其他学者在其基础上对偏最小二乘方法做了进一步的

研究，在实际的应用中发现问题并对算法进行改进，以提高其计算效率。至今，常用的偏最小二乘的算法有 Kernel Algorithms，Wide Kernel Algorithm，SIMPLS，Classical Orthogonal Scores Algorithm 等，其中，样本量较大时 Kernel 算法的计算效率最高，而当变量的数目远大于样本观测的数目时，Wide Kernel 算法的计算效率是 Kernel 和 SIMPLS 的 2 倍，但在某些情况下该算法又较慢。R 软件中建立偏最小二乘回归方程的函数 plsr() 中分别包含了上述 4 种算法，在使用中可以根据实际情况选择不同的算法，而其默认的算法为 Kernel。由于 Kernel 算法的计算效率较高，建立偏最小二乘回归通常会选择使用该算法。如果读者对上述 4 种算法感兴趣，可以查阅各算法所对应的参考文献。

8.2.3　偏最小二乘的应用

在此介绍使用 R 软件对发电量模型运用偏最小二乘回归的方法。

例 8-2

对发电量需求和工业产量的关系进行建模，因变量 y 为发电量产量（亿千瓦时），自变量 x_1 为原煤产量（亿吨），x_2 为原油产量（万吨），x_3 为天然气产量（亿立方米），x_4 为生铁产量（万吨），x_5 为纱产量（万吨），x_6 为硫酸产量（万吨），x_7 为烧碱（折 100%）产量（万吨），x_8 为纯碱产量（万吨），x_9 为农用化肥产量（万吨），x_{10} 为水泥产量（万吨），x_{11} 为平板玻璃产量（万重量箱），x_{12} 为钢产量（万吨），x_{13} 为成品钢材产量（万吨）。数据见表 8-1。

表 8-1

年份	y	x_1	x_2	x_3	x_4	x_5	x_6
2007	11 355.53	13.88	16 074.14	227.03	11 511.41	559.83	2 036.90
2008	11 670.00	13.32	16 100.00	232.79	11 863.67	542.00	2 171.00
2009	12 393.00	13.64	16 000.00	251.98	12 539.24	567.00	2 356.00
2010	13 556.00	13.84	16 300.00	272.00	13 101.48	657.00	2 427.00
2011	14 808.02	14.72	16 395.87	303.29	15 554.25	760.68	2 696.30
2012	16 540.00	15.50	16 700.00	326.61	17 084.60	850.00	3 050.40
2013	19 105.75	18.35	16 959.98	350.15	21 366.68	983.58	3 371.20
2014	22 033.09	21.23	17 587.33	414.60	26 830.99	1 291.34	3 928.90
2015	25 002.60	23.50	18 135.29	493.20	34 375.19	1 450.54	4 544.70
2016	28 657.26	25.29	18 476.57	585.53	41 245.19	1 742.96	5 033.20
2017	32 815.53	26.92	18 631.82	692.40	47 651.63	2 068.17	5 412.60
2018	34 957.61	28.02	19 043.06	802.99	47 824.42	2 170.92	5 098.00
2019	37 146.51	29.73	18 948.96	852.69	55 283.46	2 393.46	5 960.90

续表

年份	x_7	x_8	x_9	x_{10}	x_{11}	x_{12}	x_{13}
2007	574.40	725.76	2 820.96	51 173.80	16 630.70	10 894.20	9 978.93
2008	539.37	744.00	3 010.00	53 600.00	17 194.03	11 559.00	10 737.80
2009	580.14	766.00	3 251.00	57 300.00	17 419.79	12 426.00	12 109.78
2010	667.88	834.00	3 186.00	59 700.00	18 352.20	12 850.00	13 146.00
2011	787.96	914.37	3 383.01	66 103.99	20 964.12	15 163.40	16 067.61
2012	877.97	1 033.15	3 791.00	72 500.00	23 445.56	18 236.60	19 251.59
2013	945.27	1 133.56	3 881.31	86 208.11	27 702.60	22 233.60	24 108.01
2014	1 041.12	1 334.70	4 804.82	96 681.99	37 026.17	28 291.10	31 975.72
2015	1 239.98	1 421.08	5 177.86	106 884.79	40 210.24	35 324.00	37 771.14
2016	1 511.78	1 560.03	5 345.05	123 676.48	46 574.70	41 914.90	46 893.36
2017	1 759.29	1 765.00	5 824.98	136 117.25	53 918.07	48 928.80	56 560.87
2018	1 926.01	1 854.60	6 028.05	142 355.73	59 890.39	50 305.80	60 460.29
2019	1 832.37	1 944.77	6 385.01	164 397.78	58 574.07	57 218.20	69 405.40

在 $k \geqslant n$ 的情况下，无法使用普通最小二乘法建立回归模型，此时可以运用偏最小二乘法。R软件在使用函数 plsr() 建立偏最小二乘回归方程前，首先需要加载 pls 包，具体的计算代码及运行结果如下。

计算代码

```
datas<-data.frame(scale(data8.2))        #首先对原始数据进行标准化处理
library(pls)
pls1<-plsr(y~.,data=datas,validation="LOO",jackknife=TRUE,method=
        "widekernelpls")
```

#使用偏最小二乘法建立回归模型，其中 validation="LOO" 表示使用留一交叉验证计算 RMSEP；jackknife=TRUE 表示使用 jackknife 方法估计回归系数方差（为后面的显著性检验做准备）。在不设定主成分个数（ncomp）时，默认使用所有的主成分进行回归

```
summary(pls1,what="all")        #输出回归结果：预测误差均方根 RMSEP 和变异解释度
```

输出结果 8.3

```
Data:    X dimension: 13    13
         Y dimension: 13    1
Fit method: kernelpls
Number of components considered: 11


VALIDATION: RMSEP
Cross-validated using 13 leave-one-out segments.
      (Intercept) 1 comps  2 comps  3 comps   4 comps  5 comps  6 comps
CV      1.041      0.04406  0.03274  0.03285   0.03799  0.05238  0.07349
adjCV   1.041      0.04380  0.03246  0.03225   0.03716  0.05077  0.07095
        7 comps    8 comps   9 comps   10 comps   11 comps
```

```
CV          0.08335     0.1339     0.1676     0.1979     1.170
adjCV       0.08044     0.1289     0.1613     0.1904     1.124

TRAINING: % variance explained
      1 comps   2 comps   3 comps   4 comps   5 comps   6 comps   7 comps   8 comps
X     98.92     99.43     99.55     99.77     99.85     99.87     99.95     99.99
y     99.85     99.93     99.97     99.97     99.98     99.98     99.98     99.98
      9 comps   10 comps   11 comps
X     99.99     100.00     100.00
y     99.98     99.98      99.99
```

上述为使用了所有主成分进行回归所得到的结果，从回归结果中可以看出，主成分个数为 3 个时，模型在经过留一交叉验证法后求得的 RMSEP 总和较小，且随着成分个数的增加，RMSEP 值未出现明显减少，同时 3 个主成分对各个因变量的累积贡献率均高于 99%，因此将回归的主成分个数定为 $m=3$。下面给出主成分为 3 时的回归方程计算代码及输出结果 8.4。

```
pls3<-plsr(y~.,data=datas,ncomp=3,validation="LOO",jackknife=TRUE)
coef(pls3)#得到方程的回归系数
```

输出结果 8.4

```
             y
x1     0.002676822
x2     0.022832440
x3     0.118250806
x4    -0.009951150
x5     0.070592717
x6     0.061732265
x7     0.197842061
x8     0.184963821
x9     0.030582619
x10    0.157798372
x11    0.058529800
x12    0.029527017
x13    0.079768044
```

由以上结果可知，对于标准化后的数据 y^* 对所有自变量的回归方程为

$$y^* = 0.002\,7x_1^* + 0.022\,8x_2^* + 0.118\,3x_3^* - 0.001\,0x_4^* + 0.070\,6x_5^*$$
$$+ 0.061\,7x_6^* + 0.197\,8x_7^* + 0.185\,0x_8^* + 0.030\,6x_9^* + 0.157\,8x_{10}^*$$
$$+ 0.058\,5x_{11}^* + 0.029\,5x_{12}^* + 0.079\,8x_{13}^*$$

将回归方程中的变量还原为原始变量

$$y = -2\,567.100\,7 + 4.025\,9x_1 + 0.180\,6x_2 + 4.997\,6x_3 - 0.005\,8x_4$$
$$+ 0.981\,4x_5 + 0.418\,3x_6 + 3.642\,1x_7 + 3.885\,0x_8 + 0.225\,1x_9$$
$$+ 0.038\,5x_{10} + 0.032\,8x_{11} + 0.016\,4x_{12} + 0.035\,5x_{13}$$

粗略地看一下所求的回归方程，或许有人会感觉到，有些自变量对因变量的影响解释不通，比如 x_4（生铁产量）前面的系数是负的。考虑到经济变量之间的关系，生铁产量与钢产量和成品钢材产量之间有部分重叠的关系，所以生铁产量对因变量的影响可能已经通过钢和成品钢材反映出来。从预测的角度来说，采用这三个自变量比只采用其中一个效果要好。

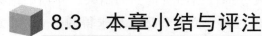

8.3 本章小结与评注

1. 主成分回归

这一章首先介绍的是主成分回归，由于主成分回归是根据主成分分析的思想提出的，而主成分分析是多元统计分析中的一个主要方法（一般来说，多元分析课程在回归分析课程之后开设），所以在本章中用较大篇幅介绍了主成分分析及其在经济问题研究中的应用，这对于没接触过主成分分析的读者来说是有必要的，可以使读者体会主成分回归的思想。

在介绍完主成分分析之后，介绍了主成分估计以及该估计的几个基本性质，并结合经济分析实例具体介绍了主成分估计的应用。

主成分回归方程使我们看到主成分分析在简化结构、解决变量间多重共线性的影响有明显的效果，但也给回归方程的解释带来一定的复杂性。它并没有像原解释变量的边缘效应那样简单解释。因此，我们通常仅将主成分回归作为分析多重共线性问题的一种方法。为了得到最终的估计结果，必须把主成分还原成原始的变量。

主成分估计与前面介绍的岭估计一样是一种有偏估计，大量的实际例子和计算机模拟研究表明，在回归分析中，当设计矩阵 X 呈病态时，或者说存在多重共线性时，有偏估计在均方误差意义下改进了最小二乘估计，但是至今没有一种被公认为最优的有偏估计方法。在实际应用中，一定要根据具体问题选择合适的估计方法，不要简单认为这里介绍的几种有偏估计总会对最小二乘估计有改进作用。我们这里强调的是当设计矩阵 X 呈病态时，有偏估计会对最小二乘估计有所改进，但并不是在任何情况下都比最小二乘估计好。经过自变量多重共线性的检查，对不存在多重共线性的问题，应尽可能运用普通最小二乘法。

这里值得一提的是，1974 年韦伯斯特（J.T.Webster）、冈斯特（R.F.Gunst）和梅森（R.L.Mason）提出了特征根回归，它是主成分估计的一种推广。在主成分回归中，我们只是对自变量计算其特征根和特征向量，而在特征根回归中，把因变量 y 也考虑进来。

近年来，该方法得到人们的关注，有兴趣的读者请参见参考文献[2, 21]。

2．偏最小二乘法

这里需要说明的是，偏最小二乘法所得的回归系数不再是因变量资料 y 的线性函数，它与普通最小二乘法不同，正是这一点引起了统计学家的兴趣。偏最小二乘法的良好效果与非线性函数估计量的哪些统计性质有关？这一谜底至今尚未完全揭开，Frank L.E.和 Friedman（1993）在这方面做了系统的评述，有兴趣的读者可以参阅。

Frank L.E.和 Friedman（1993）比较了各种回归方法的应用所需的假设，见表 8-2。

表 8-2　各种回归方法的假设条件

普通最小二乘法、岭回归、变量选择	主成分回归、偏最小二乘
自变量间相关性很弱	自变量可以是相关的
自变量的值必须是精确的	自变量的值可以有误差
残差必须是随机的	残差可以有一定的结构

从表 8-2 可以看出，偏最小二乘法和主成分回归所需的假设条件较少，与实际更为接近，因而相对较优。

以上我们只是简单比较了各种回归方法。Frank L.E.和 Friedman（1993）详细比较了几种常用的分析方法，如普通最小二乘法、岭回归、主成分回归、偏最小二乘法和变量选择（VSS）、最佳子集回归、逐步筛选回归，从模型和选变量的准则等方面做了仔细分析，阐述了各种方法在什么情况下使用较好，并进行了数值模拟的比较。一般情况下，偏最小二乘法和岭回归是相对较好的。

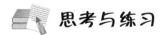 思考与练习

8.1　试总结主成分回归建模的思想与步骤。

8.2　试总结偏最小二乘建模的思想与步骤。

8.3　对例 5-5 的 Hald 水泥问题用主成分回归方法建立模型，并与其他方法的结果进行比较。

8.4　对例 5-5 的 Hald 水泥问题用偏最小二乘方法建立模型，并与其他方法的结果进行比较。

第 9 章

非线性回归

在许多实际问题中，变量之间的关系并不都是线性的。通常我们会碰到某些现象的被解释变量与解释变量之间呈现某种曲线关系。对于曲线形式的回归问题，显然不能照搬前面线性回归的建模方法。本章首先讨论可转化为线性回归的曲线回归问题，其次讨论一种多项式回归方法，最后讨论一般非线性回归模型的参数估计方法和建模过程。

9.1 可化为线性回归的曲线回归

实际问题中，有许多回归模型的被解释变量 y 与解释变量 x 之间的关系都不是线性的，其中一些回归模型通过对自变量或因变量的函数变换可以转化为线性模型，利用线性回归求解未知参数，并做回归诊断。如下列模型

$$y = \beta_0 + \beta_1 e^{bx} + \varepsilon \quad (b \text{ 已知}) \tag{9.1}$$

$$y = \beta_0 + \beta_1 x + \beta_2 x^2 + \cdots + \beta_p x^p + \varepsilon \tag{9.2}$$

$$y = a e^{bx} e^{\varepsilon} \tag{9.3}$$

$$y = a e^{bx} + \varepsilon \tag{9.4}$$

对于式 (9.1)，只需令 $x' = e^{bx}$ 即可转化为 y 关于 x' 的线性形式

$$y = \beta_0 + \beta_1 x' + \varepsilon$$

需要指出的是，新引进的自变量只能依赖于原始变量，而不能与未知参数有关。如当式 (9.1) 中的 b 未知时，不能通过变量替换转化为线性形式。

对于式 (9.2)，可以令 $x_1 = x, x_2 = x^2, \cdots, x_p = x^p$，于是得到 y 关于 $x_1, x_2, \cdots, x_p$ 的线性表达式

$$y = \beta_0 + \beta_1 x_1 + \beta_2 x_2 + \cdots + \beta_p x_p + \varepsilon \tag{9.5}$$

式 (9.2) 本来只有一个自变量 x，是一元 p 次多项式回归，线性化后变为 p 元线性回归。

对于式 (9.3)，等式两边同时取自然对数，得
$$\ln y = \ln a + bx + \varepsilon$$
令 $y' = \ln y$，$\beta_0 = \ln a$，$\beta_1 = b$，于是得到 y' 关于 x 的一元线性回归模型
$$y' = \beta_0 + \beta_1 x + \varepsilon$$
对于式 (9.4)，不能通过等式两边同时取自然对数的方法将回归模型线性化，只能用非线性最小二乘方法求解。

回归模型式 (9.3) 可以线性化，而回归模型式 (9.4) 不可以线性化，两个回归模型有相同的回归函数 ae^{bx}，只是误差项 ε 的形式不同。式 (9.3) 的误差项称为乘性误差项，式 (9.4) 的误差项称为加性误差项。因而一个非线性回归模型是否可以线性化，不仅与回归函数的形式有关，而且与误差项的形式有关，误差项还可以有其他多种形式。

式 (9.3) 与式 (9.4) 的回归参数的估计值是有差异的。误差项的形式，首先应该由数据的经济意义来确定，然后由回归拟合效果做检验。过去，由于没有非线性回归软件，人们总是希望非线性回归模型可以线性化，因此误差项的形式就假定为可以使模型线性化的形式。现在利用计算机软件可以容易地解决非线性回归问题，因而对误差项形式应该做正确的选择。

在对非线性回归模型线性化时，总是假定误差项的形式就是能够使回归模型线性化的形式，为了方便，常常省去误差项，仅写出回归函数的形式。例如，把回归模型式 (9.3) 简写为 $y = ae^{bx}$。

下面给出了 10 种常用的可线性化的曲线回归方程，见表 9-1。其中，自变量以 t 表示。

表 9-1

英文名称	中文名称	方程形式
Linear	线性函数	$y = b_0 + b_1 t$
Logarithm	对数函数	$y = b_0 + b_1 \ln t$
Inverse	逆函数	$y = b_0 + \dfrac{b_1}{t}$
Quadratic	二次曲线	$y = b_0 + b_1 t + b_2 t^2$
Cubic	三次曲线	$y = b_0 + b_1 t + b_2 t^2 + b_3 t^3$
Power	幂函数	$y = b_0 t^h$
Compound	复合函数	$y = b_0 b_1^t$
S	S 形函数	$y = \exp\left(b_0 + \dfrac{b_1}{t}\right)$
Logistic	逻辑函数	$y = \dfrac{1}{1 + e^{-t}}$
Growth	增长曲线	$y = \exp(b_0 + b_1 t)$
Exponent	指数函数	$y = b_0 \exp(b_1 t)$

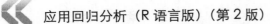
除了上述 10 种常用的可线性化的曲线回归方程,还有几种常用的曲线回归方程如下。

1. 双曲函数

$$y = \frac{x}{ax+b}$$

或等价地表示为

$$\frac{1}{y} = a + b\frac{1}{x}$$

双曲函数曲线如图 9-1(a)所示。

2. S 形曲线 Ⅱ

$$y = \frac{1}{a + be^{-x}} \tag{9.6}$$

此 S 形曲线 Ⅱ，当 $a>0$，$b>0$ 时，是 x 的增函数。当 $x \to +\infty$ 时，$y \to 1/a$；当 $x \to -\infty$ 时，$y \to 0$。$y = 0$ 与 $y = 1/a$ 是这条曲线的两条渐近线。S 形曲线有多种，这里介绍的 S 形曲线 Ⅱ 是一种简单情况，其共同特点是曲线首先是缓慢增长，在达到某点后迅速增长，在超过某点后又变为缓慢增长，并且趋于一个稳定值。S 形曲线在社会经济等很多领域都有应用，例如某种产品的销售量与时间的关系，树木、农作物的生长与时间的关系等。S 形曲线 Ⅱ 的图形如图 9-1(b)所示，有关 S 形曲线的进一步介绍请参见参考文献[5]。

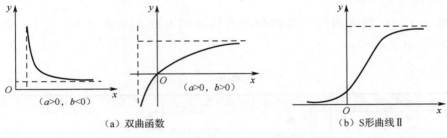

图 9-1

📖 例 9-1

对国内生产总值(GDP)的拟合，我们选取 GDP 指标 y 为因变量，单位为亿元，拟合 GDP 关于时间 t 的趋势曲线。以 1990 年为基准年，取值为 $t=1$，2022 年 $t=33$，1990—2022 年的数据见表 9-2。

表 9-2

年　份	t	y	$y' = \ln y$	$\hat{y}$	e
1990	1	18 872.9	9.845	27 164.0	−8 291.1
1991	2	22 005.6	9.999	30 869.8	−8 864.2

续表

年　份	t	y	y' = ln y	ŷ	e
1992	3	27 194.5	10.211	35 081.3	−7 886.8
1993	4	35 673.2	10.482	39 867.2	−4 194.0
1994	5	48 637.5	10.792	45 306.1	3 331.4
1995	6	61 339.9	11.024	51 487.0	9 852.9
1996	7	71 813.6	11.182	58 511.1	13 302.5
1997	8	79 715	11.286	66 493.5	13 221.5
1998	9	85 195.5	11.353	75 564.9	9 630.6
1999	10	90 564.4	11.414	85 873.9	4 690.5
2000	11	100 280.1	11.516	97 589.2	2 690.9
2001	12	110 863.1	11.616	110 902.8	−39.7
2002	13	121 717.4	11.709	126 032.8	−4 315.4
2003	14	137 422.0	11.831	143 226.8	−5 804.8
2004	15	161 840.2	11.994	162 766.6	−926.4
2005	16	187 318.9	12.141	184 972.0	2 346.9
2006	17	219 438.5	12.299	210 206.9	9 231.6
2007	18	270 092.3	12.507	238 884.4	31 207.9
2008	19	319 244.6	12.674	271 474.2	47 770.4
2009	20	348 517.7	12.761	308 510.1	40 007.6
2010	21	412 119.3	12.929	350 598.6	61 520.7
2011	22	487 940.2	13.098	398 429.1	89 511.1
2012	23	538 580.0	13.197	452 784.8	85 795.2
2013	24	592 963.2	13.293	514 556.1	78 407.1
2014	25	643 563.1	13.375	584 754.5	58 808.6
2015	26	688 858.2	13.443	664 529.7	24 328.5
2016	27	746 395.1	13.523	755 188.3	−8 793.2
2017	28	832 035.9	13.632	858 214.9	−26 179.0
2018	29	919 281.1	13.731	975 297.0	−56 015.9
2019	30	986 515.2	13.802	1 108 352.1	−121 836.9
2020	31	1 013 567.0	13.829	1 259 559.2	−245 992.2
2021	32	1 143 669.7	13.950	1 431 394.7	−287 725.0
2022	33	1 210 207.0	14.006	1 626 672.9	−416 465.9

用 R 软件进行计算，首先画出 GDP 对变量 t 的散点图，绘图的代码如下，运行结果如图 9-2 所示。

```
data9.1<-read.csv("D:/data9.1.csv",head=TRUE)
attach(data9.1)
plot(t,y)
```

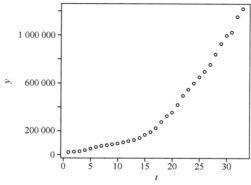

图 9-2　GDP-时间趋势图

从散点图中看到，GDP 随时间 t 的变化趋势大致为指数函数形式，从经济学角度看，当 GDP 的年增长速度大致相同时，其趋势线就是指数函数形式。容易看出，复合函数 $y = b_0 b_1^t$，增长曲线 $y = \exp(b_0 + b_1 t)$，指数函数 $y = b_0 \exp(b_1 t)$ 这三个曲线方程实际上是等价的。在本例中，复合函数 $y = b_0 b_1^t$ 的形式与经济意义更吻合。

以时间 t 为自变量，对数据进行拟合，我们考虑建立简单线性回归模型和复合函数回归模型，其中复合函数 $y = b_0 b_1^t$ 是可线性化的，只需要对式子两边同时取对数即可将其化为 $\ln y$ 关于 t 的线性函数。因此，在建立复合函数回归模型前需要计算 $\ln y$ 的值，见表 9-2。

建立简单线性回归模型和复合函数回归模型的计算代码如下，其运行结果如输出结果 9.1 和图 9-3 所示。

计算代码

```
lm9.1<-lm(y~t,data=data9.1)      #做简单线性回归
summary(lm9.1)
anova(lm9.1)
ly<-log(y)                       #对因变量 y 取对数并赋给 ly
lm9.12<-lm(ly~t)                 #做 ly 关于 t 的线性回归
summary(lm9.12)
anova(lm9.12)
plot(data9.1)                    #画散点图
lines(data9.1$t, exp(predict(lm9.12)), col='red')      #画拟合曲线
abline(lm9.1)                    #添加拟合的直线
detach(data9.1)
```

输出结果 9.1

```
> summary(lm9.1)
Call:
lm(formula = y ~ t, data = data9.1)

Residuals:
   Min      1Q   Median      3Q     Max
-166423 -117996  -21573  100660  247333

Coefficients:
             Estimate   Std. Error   t value   Pr(>|t|)
(Intercept)   -227214       45196    -5.027   1.99e-05 ***
t               36063        2320    15.548   3.46e-16 ***
---
Signif. codes:  0 '***' 0.001 '**' 0.01 '*' 0.05 '.' 0.1 ' ' 1

Residual standard error: 126900 on 31 degrees of freedom
Multiple R-squared: 0.8863, Adjusted R-squared: 0.8827
```

```
F-statistic: 241.7 on 1 and 31 DF,  p-value: 3.463e-16

> anova(lm9.1)
Analysis of Variance Table

Response: y
           Df    Sum Sq      Mean Sq     F value     Pr(>F)
t           1  3.8913e+12  3.8913e+12   241.73   3.463e-16 ***
Residuals  31  4.9902e+11  1.6097e+10
---
Signif. codes:  0 '***' 0.001 '**' 0.01 '*' 0.05 '.' 0.1 ' ' 1

> summary(lm9.12)

Call:
lm(formula = ly ~ t)

Residuals:
    Min      1Q     Median      3Q       Max
-0.36416 -0.05915  0.02720  0.12278  0.20486

Coefficients:
             Estimate    Std. Error   t value    Pr(>|t|)
(Intercept) 10.081760     0.058819     171.40    <2e-16 ***
t            0.127888     0.003019      42.37    <2e-16 ***
---
Signif. codes:  0 '***' 0.001 '**' 0.01 '*' 0.05 '.' 0.1 ' ' 1

Residual standard error: 0.1651 on 31 degrees of freedom
Multiple R-squared:  0.983,  Adjusted R-squared: 0.9825
F-statistic:  1795 on 1 and 31 DF,  p-value: < 2.2e-16

> anova(lm9.12)
Analysis of Variance Table

Response: ly
           Df  Sum Sq  Mean Sq  F value    Pr(>F)
t           1  48.935   48.935  1794.9  < 2.2e-16 ***
Residuals  31   0.845    0.027
---
Signif. codes:  0 '***' 0.001 '**' 0.01 '*' 0.05 '.' 0.1 ' ' 1
```

由输出结果 9.1 可知，线性回归的决定系数 R^2=0.886，残差平方和 SSE=4.990 2e+11，复合函数回归的决定系数 R^2=0.983，残差平方和 SSE=0.845 是按线性化后的回归模型计算的，两者的残差不能直接相比。为了与线性回归的拟合效果直接相比，可以先存储复合函数 y 的预测值 $\hat{y}=\exp(\hat{y}')$，计算残差序列 e（见表 9.2），然后计算出符合函数回归的 SSE=3.706 5e+11，可推知复合函数拟合效果优于线性回归。另外，从模型拟合图中，也可直观得到这一结论，故在解决此类问题时应采用复合函数回归。

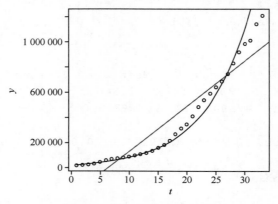

图 9-3　例 9-1 的运行结果

　　根据输出结果 9.1 中线性化后复合函数的回归系数，可以计算得到复合函数回归系数分别为 b_0=23 908.76，等比系数 b_1=1.137，因此回归方程为

$$\hat{y} = 23\,908.76 \times (1.137)^t$$

其中，b_1=1.137=113.7%表示 GDP 的平均发展速度，平均增长速度为 13.7%。这里 GDP 用的是当年现价，包含物价上涨因素在内。本例只是作为计算非线性回归的示例。在实际工作中，如果需要对 GDP 做趋势拟合或预测，应对此模型做一些改进，例如用不变价格代替现价，对误差项的自相关做相应的处理，考虑到 GDP 的年增长速度会有减缓趋势，可以给回归函数增加适当的阻尼因子，或采用 S 形曲线拟合等改进方法。

9.2　多项式回归

　　多项式回归模型是一种重要的曲线回归模型，这种模型通常容易转化成一般的多元线性回归来做处理，因而它的应用也十分广泛。

9.2.1　几种常见的多项式回归模型

回归模型

$$y_i = \beta_0 + \beta_1 x_i + \beta_2 x_i^2 + \varepsilon_i$$

称为一元二阶（或一元二次）多项式模型，其中 $i = 1, 2, \cdots, n$，在以下的回归模型中不再一一注明。

　　为了反映回归系数所对应的自变量次数，我们通常将多项式回归模型中的系数表示成下面模型中的情形

$$y_i = \beta_0 + \beta_1 x_i + \beta_{11} x_i^2 + \varepsilon_i \tag{9.7}$$

模型式(9.7)的回归函数 $y_i = \beta_0 + \beta_1 x_i + \beta_{11} x_i^2$ 是一条抛物线，通常称为二项式回归函数。回归系数 β_1 为线性效应系数，β_{11} 为二次效应系数。

相应地，回归模型

$$y_i = \beta_0 + \beta_1 x_i + \beta_{11} x_i^2 + \beta_{111} x_i^3 + \varepsilon_i$$

称为一元三次多项式模型。

当自变量的幂次超过 3 时，回归系数的解释变得困难起来，回归函数也变得很不稳定，回归模型的应用会受到影响。因此，幂次超过 3 的多项式回归模型不常使用。

以上两个多项式回归模型都只含有一个自变量 x，在实际应用中，我们常遇到含有两个或两个以上自变量的情况。称回归模型

$$y_i = \beta_0 + \beta_1 x_{i1} + \beta_2 x_{i2} + \beta_{11} x_{i1}^2 + \beta_{22} x_{i2}^2 + \beta_{12} x_{i1} x_{i2} + \varepsilon_i$$

为二元二阶多项式回归模型。它的回归系数中分别含有两个自变量的线性项系数 β_1 和 β_2，二次项系数 β_{11} 和 β_{22}，并含有交叉乘积项系数 β_{12}。交叉乘积项表示 x_1 与 x_2 的交互作用，系数 β_{12} 通常称为交互影响系数。

类似上面的情况，我们还可给出多元高阶多项式回归模型，有兴趣的读者请参见参考文献[3]。

9.2.2　应用实例

下面利用参考文献[3]的一个例子来说明二元多项式回归的应用。

例 9-2

表 9-3 列出的数据是关于 18 个 35~44 岁经理的前两年年平均收入 x_1（千美元）、风险反感度 x_2 和人寿保险额 y（千美元）。风险反感度是根据发给每个经理的标准调查表估算得到的，它的数值越大，风险反感度就越高。

表 9-3

序　号	x_{i1}	x_{i2}	y_i
1	66.290	7	196
2	40.964	5	63
3	72.996	10	252
4	45.010	6	84
5	57.204	4	126
6	26.852	5	14
7	38.122	4	49
8	35.840	6	49
9	75.796	9	266
10	37.408	5	49
11	54.376	2	105
12	46.186	7	98

续表

序　　号	x_{i1}	x_{i2}	y_i
13	46.130	4	77
14	30.366	3	14
15	39.060	5	56
16	79.380	1	245
17	52.766	8	133
18	55.916	6	133

　　研究人员想研究给定年龄组内的经理的年平均收入、风险反感度和人寿保险额之间的关系。研究者预计，在经理的收入和人寿保险额之间存在二次关系，并有把握地认为风险反感度对人寿保险额只有线性效应，而没有二次效应。但是，研究者对两个自变量是否对人寿保险额有交互效应，心中没底。因此，研究者拟合了一个二阶多项式回归模型

$$y_i = \beta_0 + \beta_1 x_{i1} + \beta_2 x_{i2} + \beta_{11} x_{i1}^2 + \beta_{22} x_{i2}^2 + \beta_{12} x_{i1} x_{i2} + \varepsilon_i$$

并打算先检验是否有交互效应，然后检验风险反感度的二次效应。

　　回归采用逐个引入自变量的方式，这样可以清楚地看到各项对回归的贡献，使显著性检验更加明确。依次引入自变量 $x_1, x_2, x_1^2, x_2^2, x_1 x_2$ 以查看各变量对回归的贡献的计算代码如下：

```
data9.2<-read.csv("D:/data9.2.csv",head=TRUE)
lm9.21<-lm(y~x1,data=data9.2)
lm9.22<-lm(y~x1+x2,data=data9.2)
lm9.23<-lm(y~x1+x2+I(x1^2),data=data9.2)    #I(x1^2)表示变量 x1 的二次项
lm9.24<-lm(y~x1+x2+I(x1^2)+I(x2^2),data=data9.2)
lm9.25<-lm(y~x1+x2+I(x1^2)+I(x2^2)+I(x1*x2),data=data9.2)
#I(x1*x2)表示变量 x1 与 x2 的交互项
anova(lm9.21)
anova(lm9.22)
anova(lm9.23)
anova(lm9.24)
anova(lm9.25)
```

　　上述计算程序，首先是建立依次引入各变量后的回归模型，然后依次输出各模型的方差分析表，根据方差分析表中的结果，我们将运行结果所得的依次引入各变量后的偏平方和以及残差平方和进行整理并计算偏 F 值，得到方差分析表见表 9-4，其中取显著性水平为 0.05。

　　全模型的 SST = 108 041，SSE = 36，SSE 的自由度 d$f = n-p-1 = 18-5-1 = 12$。采用式（3.42）的偏 F 检验，对交互影响系数 β_{12} 的显著性检验的偏 F 值 = 2.00，临界值 $F_{0.05}(1, 12)$ = 4.75，交互影响系数 β_{12} 不能通过显著性检验，认为 $\beta_{12} = 0$，回归模型中不应该包含交互作用项 $x_1 x_2$。这个结果与人们的经验相符，有了此结果，两个自变量的效应也就

容易解释了。此时，研究者暂时决定使用无交互效应的模型

$$y_i = \beta_0 + \beta_1 x_{i1} + \beta_2 x_{i2} + \beta_{11} x_{i1}^2 + \beta_{22} x_{i2}^2 + \varepsilon_i$$

表 9-4

变 量	偏平方和	残差平方和	检验系数	偏 F 值
x_1	104 474	3 567	β_1	—
$x_2 \mid x_1$	2 284	1 283	β_2	—
$x_1^2 \mid x_1, x_2$	1 238	45	β_{11}	$1\,238/(45/14)=385$
$x_2^2 \mid x_1, x_2, x_1^2$	3	42	β_{22}	$3/(42/13)=0.93$
$x_1 x_2 \mid x_1, x_2, x_1^2, x_2^2$	6	36	β_{12}	$6/(36/12)=2.00$
合 计	108 005			

但仍想检验风险反感度的二次效应是否存在。这相当于检验二次效应系数 β_{22} 的显著性，这个检验的偏 F 值 $= 0.93$，临界值 $F_{0.05}(1, 13) = 4.67$，二次效应系数 β_{22} 不能通过显著性检验，认为 $\beta_{22} = 0$，回归模型中不应该包含二次效应项 x_2^2。此时，研究者决定使用简化的回归模型

$$y_i = \beta_0 + \beta_1 x_{i1} + \beta_2 x_{i2} + \beta_{11} x_{i1}^2 + \varepsilon_i$$

进一步检验年平均收入的二次效应是否存在，这相当于检验二次效应系数 β_{11} 的显著性，这个检验的偏 F 值 $= 385$，临界值 $F_{0.05}(1, 14) = 4.60$，二次效应系数 β_{11} 通过了显著性检验，认为 $\beta_{11} \neq 0$，回归模型中应该包含二次效应项 x_1^2。得最终的回归方程为

$$\hat{y} = -62.349 + 0.840 x_1 + 5.685 x_2 + 0.0371 x_1^2$$
$$(0.164)\quad (0.164)\quad (0.785)$$

其中，括号中的数值是标准化回归系数。这样，研究者可用这个回归方程来进一步研究经理的年平均收入和风险反感度对人寿保险额的效应。从标准化回归系数看到，年平均收入的二次效应对人寿保险额的影响程度最大。

由这个例子我们可看到利用回归方程分析问题的一些思路，如回归系数的假设检验、交互效应、二次效应等的实际意义。相信这个例子会对读者扩展回归分析的应用有所启发。

 ## 9.3　非线性模型

9.3.1　非线性最小二乘

非线性回归模型一般可记为

$$y_i = f(\boldsymbol{x}_i, \boldsymbol{\theta}) + \varepsilon_i, \qquad i = 1, 2, \cdots, n \tag{9.8}$$

式 (9.8) 中，y_i 为因变量；非随机向量 $\boldsymbol{x}_i = (x_{i1}, x_{i2}, \cdots, x_{ik})'$ 是自变量；$\boldsymbol{\theta} = (\theta_0, \theta_1, \cdots, \theta_p)'$

为未知参数向量；ε_i 为随机误差项并且满足独立同分布假定，即

$$\begin{cases} E(\varepsilon_i) = 0, & i = 1, 2, \cdots, n \\ \text{cov}(\varepsilon_i, \varepsilon_j) = \begin{cases} \sigma^2, & i = j \\ 0, & i \neq j \end{cases} & i, j = 1, 2, \cdots, n \end{cases}$$

如果 $f(\boldsymbol{x}_i, \boldsymbol{\theta}) = \theta_0 + x_1\theta_1 + x_2\theta_2 + \cdots + x_p\theta_p$，那么式 (9.8) 就是前面讨论的线性模型，而且必然有 $k = p$；对于一般情况的非线性模型，参数的数目与自变量的数目并没有一定的对应关系，不要求 $k = p$。

对非线性回归模型式 (9.8)，仍使用最小二乘法估计参数 $\boldsymbol{\theta}$，即求使

$$Q(\boldsymbol{\theta}) = \sum_{i=1}^{n} [y_i - f(\boldsymbol{x}_i, \boldsymbol{\theta})]^2 \tag{9.9}$$

达到最小的 $\hat{\boldsymbol{\theta}}$，称 $\hat{\boldsymbol{\theta}}$ 为非线性最小二乘估计。在假定 f 函数对参数 $\boldsymbol{\theta}$ 连续可微时，可以利用微分法建立正规方程组，求使 $Q(\boldsymbol{\theta})$ 达到最小的 $\hat{\boldsymbol{\theta}}$。将 Q 函数对参数 θ_j 求偏导，并令其为 0，得 $p+1$ 个方程

$$\left. \frac{\partial Q}{\partial \theta_j} \right|_{\theta_j = \hat{\theta}_j} = -2 \sum_{i=1}^{n} [y_i - f(\boldsymbol{x}, \theta)] \left. \frac{\partial f}{\partial \theta_j} \right|_{\theta_j = \hat{\theta}_j} = 0 \tag{9.10}$$

$$j = 0, 1, 2, \cdots, p$$

非线性最小二乘估计 $\hat{\boldsymbol{\theta}}$ 就是式 (9.10) 的解，式 (9.10) 称为非线性最小二乘估计的正规方程组，它是未知参数的非线性方程组。一般用 Newton 迭代法求解此正规方程组，也可以直接极小化残差平方和 $Q(\boldsymbol{\theta})$，求出未知参数 $\boldsymbol{\theta}$ 的非线性最小二乘估计值 $\hat{\boldsymbol{\theta}}$。

在实际应用中，R 软件可以直接求出未知参数 $\boldsymbol{\theta}$ 的非线性最小二乘估计值 $\hat{\boldsymbol{\theta}}$。

对于非线性最小二乘估计，我们仍然需要做参数的区间估计、显著性检验，回归方程的显著性检验等回归诊断，这需要知道有关统计量的分布。在非线性最小二乘中，一些精确分布是很难得到的，在大样本时，可以得到近似的分布。计算机软件在求出参数 $\boldsymbol{\theta}$ 的非线性最小二乘估计值 $\hat{\boldsymbol{\theta}}$ 的同时，还给出近似的参数的区间估计、显著性检验，回归方程的显著性检验等回归诊断。

在非线性回归中，平方和分解式 SST = SSR+SSE 不再成立。类似于线性回归中的复决定系数，定义非线性回归的相关指数

$$R^2 = 1 - \frac{\text{SSE}}{\text{SST}} \tag{9.11}$$

9.3.2 非线性回归模型的应用

 例 9-3

一位药物学家使用下面的非线性模型对药物反应拟合回归模型

$$y_i = c_0 - \frac{c_0}{1 + \left(\dfrac{x_i}{c_2} \right)^{c_1}} + \varepsilon_i \tag{9.12}$$

式 (9.12) 中，自变量 x 为药剂量，用级别表示；因变量 y 为药物反应程度，用百分数表示。3 个参数 c_0, c_1, c_2 都是非负的，根据专业知识，c_0 的上限是 100，3 个参数的初始值取为 $c_0 = 100$，$c_1 = 5$，$c_2 = 4.8$。测得 9 个反应数据见表 9-5。

表 9-5　反应数据

x	1	2	3	4	5	6	7	8	9
y(%)	0.5	2.3	3.4	24.0	54.7	82.1	94.8	96.2	96.4

请拟合式 (9.12) 的回归方程。

这是一个一元非线性回归，首先用 R 软件画出散点图，如图 9-4 所示。

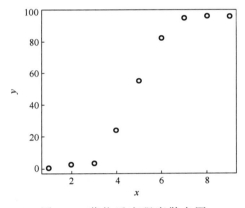

图 9-4　药物反应程度散点图

通过图 9-4 可以看出，y 与 x 之间确实呈非线性关系，因此需要对数据进行非线性回归分析。R 软件中做非线性回归的函数为 nls(formula,data,start,…)，formula 部分为非线性模型的函数表达式，start 为模型中未知参数的初始值，对例 9-3 中的数据进行非线性回归分析的计算代码如下，运行结果见输出结果 9.2。

计算代码

```
x=c(1:9)
y=c(0.5,2.3,3.4,24,54.7,82.1,94.8,96.2,96.4)
nls9.3<-nls(y~a-a/(1+(x/c)^b),start=list(a=100,b=5,c=4.8))
#非线性回归，其中未知参数的初始值分别为100,5,4.8
summary(nls9.3)
e<-resid(nls9.3)                #计算残差赋给变量 e
ebar<-mean(e)                   #残差 e 的均值
SE<- deviance(nls9.3)
#残差平方和，由于 e 的均值不等于 0，所以 SE 不等于残差的离差平方和
SSE<-sum((e-ebar)^2)            #残差的离差平方和
```

```
prey<-fitted(nls9.3)          #y 的预测值
pybar<-mean(prey)             #y 的预测值的均值
SSR<-sum((prey-pybar)^2)      #回归离差平方和
ybar<-mean(y)                 #y 的均值
SST<-sum((y-ybar)^2)          #总离差平方和
Rsquare<- 1-SE/SST            #相关指数（仿照线性回归中的计算公式）
Rsquare
```

输出结果 9.2

```
> summary(nls9.3)
Formula: y ~ a - a/(1 + (x/c)^b)
Parameters:
      Estimate    Std. Error    t value     Pr(>|t|)
a    99.54052     1.56733       63.51      1.02e-09 ***
b     6.76125     0.42198       16.02      3.75e-06 ***
c     4.79964     0.05017       95.68      8.79e-11 ***
---
Signif. codes:  0 '***' 0.001 '**' 0.01 '*' 0.05 '.' 0.1 ' ' 1
Residual standard error: 1.834 on 6 degrees of freedom
Number of iterations to convergence: 6
Achieved convergence tolerance: 2.485e-06
> Rsquare
[1] 0.9986467
```

由以上输出结果可知，对参数的估计经过 6 步迭代后收敛，而且相关指数 $R^2 = 0.9986$，说明非线性回归拟合效果很好。同时，上述输出结果中对参数的显著性检验显示参数均通过显著性检验。但是，在样本量较小的情况下，不可线性化的非线性回归的残差通常不满足正态性，进而使用 t 分布进行检验也是无效的，因此显著性检验的结果并不具有重要意义。另外，由上述代码可以计算出 y 的预测值、残差、残差平方和、回归平方和、总离差平方和等，将这些计算结果列于表中，具体可见表 9-6。

本例回归离差平方和 SSR = 15156.55，而总离差平方和 SST = 14917.89<SSR，可见非线性回归不再满足平方和分解式，即SST≠SSR+SSE。另外，非线性回归的残差和不等于零，本例残差均值为 0.285556≠0。当然，如果回归拟合的效果好，残差均值会接近零。

通过以上分析可以认为，药物反应程度 y 与药剂量 x 符合下面的非线性回归方程

$$\hat{y} = 99.541 - \frac{99.541}{1 + \left(\dfrac{x}{4.7996}\right)^{6.7613}}$$

表 9-6

序号	x	y	$\hat{y}$	e	$\hat{y}-\bar{y}$
1	1	0.5	0.00	0.5	−50.488 89
2	2	2.3	0.27	2.03	−50.218 89
3	3	3.4	3.98	−0.58	−46.508 89
4	4	24.0	22.48	1.52	−28.008 89
5	5	54.7	56.61	−1.91	6.121 11
6	6	82.1	81.52	0.58	31.031 11
7	7	94.8	92.34	2.46	41.851 11
8	8	96.2	96.49	−0.29	46.001 11
9	9	96.4	98.14	−1.74	47.651 11
均值	5	50.488 89	50.203 33	0.285 556	−0.285 56
离差平方和	60	14 917.89	15 156.55	19.431 62	15 156.55
平方和	285	37 860.04	37 839.85	20.188 03	15 157.28

📓 例 9-4

龚珀兹（Gompertz）模型是计量经济中的一个常用模型，用来拟合社会经济现象的发展趋势，龚珀兹曲线形式为

$$y_t = k \cdot a^{b^t} \tag{9.13}$$

式（9.13）中，k 为变量的增长上限；$a(0<a<1)$ 和 $b(0<b<1)$ 是未知参数。当 k 未知时，龚珀兹模型不能线性化，可以用非线性最小二乘法求解。表 9-7 是我国民航 1980—2004 年国内航线里程数据，以下用龚珀兹模型拟合这个数据。

表 9-7　我国民航国内航线里程数据　　　　　　　　单位：万千米

年　份	t	y	年　份	t	y
1980	1	11.41	1993	14	68.21
1981	2	13.55	1994	15	69.37
1982	3	13.28	1995	16	78.08
1983	4	12.92	1996	17	78.02
1984	5	15.28	1997	18	92.06
1985	6	17.12	1998	19	100.14
1986	7	21.67	1999	20	99.89
1987	8	24.02	2000	21	99.45
1988	9	24.55	2001	22	103.67
1989	10	30.55	2002	23	106.32
1990	11	34.04	2003	24	103.42
1991	12	38.17	2004	25	115.52
1992	13	53.36			

使用 R 软件对表 9-7 中的数据进行拟合，建立非线性模型，其中需要确定未知参数的初始值。由于初始值要求不是很准确，所以很多时候可以凭经验给定，对于本例题，龚珀兹中的参数 k 是变量的增长上限，应该取其初始值略大于最大观测值。本题最大观测值是 115.52，不妨取 k 的初始值为 120。a 和 b 都是 0～1 之间的数，可以取其初始值为 0.5，非线性回归的计算代码如下。

```
data9.4<-read.csv("D:/data9.4.csv",head=TRUE)
y<-data9.4[,3]
t<-data9.4[,2]
model<-nls(y~k*(a^(b^t)),start=list(a=0.5,b=0.5,k=120))
```

按上述代码进行运算会出现产生无限值不收敛的情况，这是由于回归迭代过程中的参数取值超出了范围，可以通过对参数的取值增加一些限制来解决。因此，将参数 k 的初始值调整为 130，另外对其上下限也做出限制，最小值取为 116 即大于样本的最大观测值 115.52，此时 nls 函数中的算法 algorithm 不能使用默认的高斯-牛顿迭代算法，须改为 port，重新运行以下代码，得到输出结果 9.3，并画出国内航线里程趋势预测图，如图 9-5 所示。

```
model<-nls(y~k* (a^(b^t)),start=list(a=0.5,b=0.5,k=130),lower=c(0,0,116),
         upper=c(1,1,10000),algorithm="port")        #做非线性回归
summary(model)
c<-coef(model)                          #将模型的回归系数赋给 c
tt<-c(1:30)
yp<-c[3]*(c[1]^(c[2]^tt))                #计算时间取值为 tt 时对应的 y 的预测值
t1=t+1979                               #计算相应的年份值赋给 t1
t2<-tt+1979
plot(t1,y,type="o",ann=FALSE,ylim=c(0,160),xlim=c(1975,2015))
#画样本的散点图
lines(t2,yp)                            #画预测值
```

输出结果 9.3

```
Formula: y ~ k * (a^(b^t))
Parameters:
   Estimate      Std. Error    t value    Pr(>|t|)
a 1.243e-02     6.066e-03     2.050       0.0525 .
b 8.927e-01     1.475e-02     60.526    < 2e-16 ***
k 1.500e+02     1.581e+01     9.483       3.15e-09 ***
---
Signif. codes: 0 '***' 0.001 '**' 0.01 '*' 0.05 '.' 0.1 ' '1
Residual standard error: 6.104 on 22 degrees of freedom
Algorithm "port", convergence message: relative convergence (4)
```

由以上输出结果可知，由非线性最小二乘求得的 3 个参数估计值分别为 $k = 150$，$a = 0.012$，$b = 0.893$。其中，$k = 150$ 为回归模型估计的国内航线里程增长的上限。如图 9-5 中，圆圈代表观测值，光滑曲线为拟合曲线，从图 9-5 中可以直观地看到，该龚珀兹曲线能够较好地刻画数据的变化趋势。

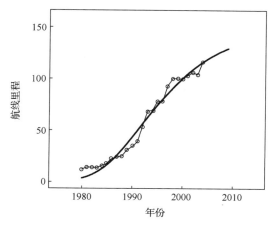

图 9-5　龚珀兹曲线拟合国内航线里程趋势图

另外，龚珀兹模型和几种常见的非线性回归模型可以用三和值法求解，见参考文献[15]第 13 章。在正态误差假定下，非线性回归的最小二乘估计与最大似然估计是相同的，而最大似然估计具有良好的大样本性质，如渐近无偏性、渐近正态性、一致性等。因而非线性最小二乘估计值比三和值更加精确，可以把三和值法的参数估计值作为求解非线性最小二乘的初值。

例 9-5

表 9-8 是我国 1950—2013 年的大陆总人口数，试用威布尔（Weibull）曲线拟合数据并做出预测。威布尔曲线如下

$$y = k - ab^{t^c} \tag{9.14}$$

其中，参数 k 是变量的增长上限；参数 $a>0$，$0<b<1$，$c>0$。

表 9-8　我国 1950—2013 年大陆总人口数　　　　　　　　　　　单位：亿人

年　份	t	y	年　份	t	y
1950	1	5.519 6	1958	9	6.599 4
1951	2	5.630 0	1959	10	6.720 7
1952	3	5.748 2	1960	11	6.620 7
1953	4	5.879 6	1961	12	6.585 9
1954	5	6.026 6	1962	13	6.729 5
1955	6	6.146 5	1963	14	6.917 2
1956	7	6.282 8	1964	15	7.049 9
1957	8	6.465 3	1965	16	7.253 8

续表

年　份	t	y	年　份	t	y
1966	17	7.454 2	1990	41	11.433 3
1967	18	7.636 8	1991	42	11.582 3
1968	19	7.853 4	1992	43	11.717 1
1969	20	8.067 1	1993	44	11.851 7
1970	21	8.299 2	1994	45	11.985 0
1971	22	8.522 9	1995	46	12.112 1
1972	23	8.717 7	1996	47	12.238 9
1973	24	8.921 1	1997	48	12.362 6
1974	25	9.085 9	1998	49	12.476 1
1975	26	9.242 0	1999	50	12.578 6
1976	27	9.371 7	2000	51	12.674 3
1977	28	9.497 4	2001	52	12.762 7
1978	29	9.625 9	2002	53	12.845 3
1979	30	9.754 2	2003	54	12.922 7
1980	31	9.870 5	2004	55	12.998 8
1981	32	10.007 2	2005	56	13.075 6
1982	33	10.154 1	2006	57	13.144 8
1983	34	10.249 5	2007	58	13.212 9
1984	35	10.347 5	2008	59	13.280 2
1985	36	10.453 2	2009	60	13.345 0
1986	37	10.572 1	2010	61	13.409 1
1987	38	10.724 0	2011	62	13.473 5
1988	39	10.897 8	2012	63	13.540 4
1989	40	11.270 4	2013	64	13.607 2

根据人口学的专业预测，我国人口上限为 16 亿人，因此取 k 的初始值为 16，另外，b 和 c 的初始值分别取 0.5 和 1。对以上初始值把 $t = 1$ 时（即 1950 年）$y_1 = 5.519\,6$ 代入式（9.14），得 $a = 2(k-y_1) \approx 21$，用 21 作为 a 的初始值。然后，对 y 关于时间 t 做非线性拟合，相应的计算代码如下，其运行结果见输出结果 9.4。

```
data9.5<-read.csv("D:/data9.5.csv",head=T)
y<-data9.5[,3]
t<-data9.5[,2]
model<-nls(y~k-(a*(b^(t^c))),start=list(a=21,b=0.5,c=1,k=16),
    lower=c(0,0,0,0),upper=c(10000,1,10000,10000),algorithm="port",
    control=nls.control(maxiter=1000,tol=1e-1000))
#对参数的上下限做了限制，另外参数 control 部分为控制迭代的次数及收敛标准
summary(model)
c<-coef(model)                      #将模型的回归系数赋给 c
tt<-c(1:70)
yp<-c[4]-(c[1]*(c[2]^(tt^c[3])))    #计算时间取值为 tt 时对应的 y 的预测值
```

```
t1=t+1949          #计算年份并赋给 t1
t2<-tt+1949
plot(t1,y,type="o",xlab="年份",ylab="大陆总人口数",ylim=c(5,16),
     xlim=c(1950,2020),cex=0.75)          #画样本的散点图
lines(t2,yp,col="red")                    #添加拟合曲线
```

输出结果 9.4

```
Formula: y ~ k - (a * (b^(t^c)))
Parameters:
   Estimate      Std. Error    t value      Pr(>|t|)
a 9.237e+00     2.874e-01     32.14        <2e-16 ***
b 9.978e-01     3.564e-04     2799.24      <2e-16 ***
c 1.637e+00     5.349e-02     30.60        <2e-16 ***
k 1.491e+01     2.514e-01     59.29        <2e-16 ***
---
Signif. codes:  0 '***' 0.001 '**' 0.01 '*' 0.05 '.' 0.1 ' ' 1
Residual standard error: 0.1258 on 60 degrees of freedom
Algorithm "port", convergence message: both X-convergence and
relative convergence (5)
```

从输出结果中看到，人口上限 $k = 14.91$ 亿人，这与人口学预测的人口上限有一些差异，这是因为人口数会受到国家政策等许多因素的影响。如图 9-6 所示是通过威布尔模型预测绘制的我国人口趋势图，其中圆圈代表观测值，曲线代表预测值，其中预测 2020 年的人口数约为 14 亿。

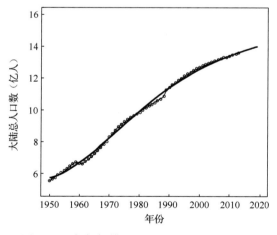

图 9-6 威布尔模型预测我国人口趋势图

例 9-6

柯布-道格拉斯生产函数研究。在计量经济学中有一种熟知的 C-D（Cobb-Douglas）生产函数

$$y = AK^{\alpha}L^{\beta} \qquad (9.15)$$

式(9.15)中，y 为产出；K(资本)，L(劳动力)为两个投入要素；$A>0$ 为效率系数；α 和 β 为 K 和 L 的产出弹性；A, α, β 均为待估参数。

α 是产出对资本投入的弹性系数，度量在劳动力投入保持不变而资本投入增加 1% 时产出平均增加的百分比。

β 是产出对劳动力投入的弹性系数，度量在资本投入保持不变而劳动力投入增加 1% 时产出平均增加的百分比。

两个弹性系数之和 $\alpha+\beta$ 表示规模报酬(returns to scale)。$\alpha+\beta=1$ 表示规模报酬不变，即 1 倍的投入带来 1 倍的产出；$\alpha+\beta<1$ 表示规模报酬递减，即 1 倍的投入带来少于 1 倍的产出；$\alpha+\beta>1$ 表示规模报酬递增，即 1 倍的投入带来大于 1 倍的产出。

我们假定误差项 ε_t 满足基本假设式(3.7)的高斯-马尔柯夫条件，对模型式(9.15)可以按两种形式设定随机误差项：

(1)乘性误差项，模型形式为 $y = AK^{\alpha}L^{\beta}e^{\varepsilon}$。

(2)加性误差项，模型形式为 $y = AK^{\alpha}L^{\beta} + \varepsilon$。

对乘性误差项，模型可通过两边取对数转化成线性模型

$$\ln y = \ln A + \alpha\ln K + \beta\ln L + \varepsilon \qquad (9.16)$$

令 $y' = \ln y$，$\beta_0 = \ln A$，$x_1 = \ln K$，$x_2 = \ln L$，则转化为线性回归方程

$$y' = \beta_0 + \alpha x_1 + \beta x_2 + \varepsilon$$

以下我们分别用乘性误差项模型和加性误差项模型拟合 C-D 生产函数，选取的数据见表 9-9。

表 9-9

年　份	t	GDP	K	L	lnGDP	ln$K$	ln$L$
1978	1	3 624.1	1 377.9	40 152	8.195 361	7.228 316	10.600 43
1979	2	4 038.2	1 474.2	41 024	8.303 554	7.295 871	10.621 91
1980	3	4 517.8	1 590.0	42 361	8.415 780	7.371 489	10.653 98
1981	4	4 862.4	1 581.0	43 725	8.489 287	7.365 813	10.685 68
1982	5	5 294.7	1 760.2	45 295	8.574 462	7.473 183	10.720 95
1983	6	5 934.5	2 005.0	46 436	8.688 538	7.603 399	10.745 83
1984	7	7 171.0	2 468.6	48 197	8.877 800	7.811 406	10.783 05
1985	8	8 964.4	3 386.0	49 873	9.101 016	8.127 405	10.817 24
1986	9	10 202.2	3 846.0	51 282	9.230 359	8.254 789	10.845 10
1987	10	11 962.5	4 322.0	52 783	9.389 532	8.371 474	10.873 94
1988	11	14 928.3	5 495.0	54 334	9.611 014	8.611 594	10.902 91
1989	12	16 909.2	6 095.0	55 329	9.735 613	8.715 224	10.921 05
1990	13	18 547.9	6 444.0	64 749	9.828 112	8.770 905	11.078 27
1991	14	21 617.8	7 517.0	65 491	9.981 272	8.924 922	11.089 67

续表

年　份	t	GDP	K	L	lnGDP	ln$K$	ln$L$
1992	15	26 638.1	9 636.0	66 152	10.190 10	9.173 261	11.099 71
1993	16	34 634.4	14 998.0	66 808	10.452 60	9.615 672	11.109 58
1994	17	46 759.4	19 260.6	67 455	10.752 77	9.865 817	11.119 22
1995	18	58 478.1	23 877.0	68 065	10.976 41	10.080 67	11.128 22
1996	19	67 884.6	26 867.2	68 950	11.125 56	10.198 66	11.141 14
1997	20	74 462.6	28 457.6	69 820	11.218 05	10.256 17	11.153 68
1998	21	78 345.2	29 545.9	70 637	11.268 88	10.293 70	11.165 31
1999	22	82 067.5	30 701.6	71 394	11.315 30	10.332 07	11.175 97
2000	23	89 468.1	32 611.4	72 085	11.401 64	10.392 42	11.185 60
2001	24	97 314.8	37 460.8	73 025	11.485 71	10.531 05	11.198 56
2002	25	105 172.3	42 355.4	73 740	11.563 36	10.653 85	11.208 30

其中，y 是 GDP（亿元）；K 是资金投入，包括固定资产投资和库存占用资金（亿元）；L 是就业总人数（万人）。

（1）假设随机误差项为相乘的，用两边取对数的办法，按照式（9.16）将模型转化为线性形式，对数变换后的数据见表 9-9。

用 R 软件做线性回归的代码如下，运行代码得到输出结果 9.5。

```
data9.6<-read.csv("D:/data9.6.csv",head=TRUE)
#data9.6中存储的为表 9-9 中的数据，变量名依次记为 t，y，k，l，ly，lk，ll
model1<-lm(ly~lk+ll,data9.6)
summary(model1)
anova(model1)
```

输出结果 9.5

```
> summary(model1)
Call:
lm(formula = ly ~ lk + ll, data = data9.6)

Residuals:
     Min         1Q      Median          3Q          Max
-0.144098   -0.023947    0.005014    0.030900    0.076601

Coefficients:
              Estimate    Std. Error   t value    Pr(>|t|)
(Intercept)   -2.08589      1.90325     -1.096      0.2849
lk             0.90239      0.03489     25.862     <2e-16  ***
ll             0.36054      0.20099      1.794      0.0866  .
---
Signif. codes:  0 '***' 0.001 '**' 0.01 '*' 0.05 '.' 0.1 ' ' 1
```

```
Residual standard error: 0.05219 on 22 degrees of freedom
Multiple R-squared:  0.9981,    Adjusted R-squared: 0.998
F-statistic:  5918 on 2 and 22 DF,  p-value: < 2.2e-16

> anova(model1)
              Analysis of Variance Table
Response: ly
           Df   Sum Sq   Mean Sq      F value       Pr(>F)
lk          1   32.228   32.228   11831.9985      <2e-16 ***
ll          1    0.009    0.009       3.2178      0.0866 .
Residuals  22    0.060    0.003
---
Signif. codes:  0 '***' 0.001 '**' 0.01 '*' 0.05 '.' 0.1 ' ' 1
```

得两个弹性系数分别为 $\alpha = 0.902$，$\beta = 0.361$，资金的贡献率大于劳动力的贡献率。规模报酬 $\alpha + \beta = 0.902 + 0.361 = 1.263 > 1$，表示规模报酬递增。效率系数 $A = e^{-2.086} = 0.1242$。其中系数 β 的显著性概率 P 值 $= 0.087$，显著性较弱。得乘性误差项的 C-D 生产函数为

$$\hat{y} = 0.124\,2K^{0.902}L^{0.361}$$

（2）对加性误差项模型，不能通过变量变换转化成线性模型，只能用非线性最小二乘求解未知参数。以上面乘性误差项的参数为初始值做非线性最小二乘，计算代码如下所示，得到的运行结果见输出结果 9.6。

```
model2<-nls(y~A*((k^a)*(l^b)),data9.6,start=list(A=2,a=0.9,b=0.3),
      lower=c(0,0,0),upper=c(10000,100,100),algorithm="port",control=
      nls.control(maxiter=1000,tol=1e-1000))
summary(model2)
```

输出结果 9.6

```
Formula: y ~ A * ((k^a) * (l^b))
Parameters:
    Estimate   Std. Error   t value    Pr(>|t|)
A   0.02047    0.10418      0.196      0.846
a   0.92237    0.06446      14.309     1.26e-12 ***
b   0.50486    0.51094      0.988      0.334
---
Signif. codes:  0 '***' 0.001 '**' 0.01 '*' 0.05 '.' 0.1 ' ' 1
Residual standard error: 2194 on 22 degrees of freedom
Algorithm "port", convergence message: relative convergence (4)
```

由输出结果 9.6 可知，参数 β 仍未通过显著性检验，与乘性误差项模型的检验结果一致，因此不能认为 β 非 0。另外，得加性误差项的 C-D 生产函数为

$$\hat{y} = 0.02K^{0.922}L^{0.505}$$

乘性误差项模型和加性误差项模型所得的结果有一定差异，其中乘性误差项模型认为 y_t 本身是异方差的，而 $\ln y_t$ 是等方差的。加性误差项模型认为 y_t 是等方差的。从统计性质看两者的差异，前者淡化了 y_t 值大的项（近期数据）的作用，强化了 y_t 值小的项（早期数据）的作用，对早期数据拟合的效果较好，而后者则对近期数据拟合的效果较好。

影响模型拟合效果的统计因素主要是异方差、自相关、共线性这三个方面。异方差可以通过选择乘性误差项模型和加性误差项模型解决，必要时还可以使用加权最小二乘。时间序列数据通常都存在自相关，使用自回归方法可以改进模型的拟合效果。在经济数据中，对参数估计影响最大的往往是共线性。

C-D 生产函数是柯布-道格拉斯于1928 年提出的经济模型，目前对此模型的结构和应用条件都有很多改进。在模型结构方面，最常用的改进是增加技术进步因素。在应用条件方面，对 GDP 和资本投入使用可比价格，剔除通货膨胀的影响，见本章"思考与练习"中第 5 题和第 6 题。另外，使用横截面数据与使用动态数据的结果也会有所不同。如果对三次产业分别建立 C-D 生产函数，也会得到不同的弹性系数，而我国三次产业结构正在不断调整中，第三产业所占比重不断增大，这也会导致建立全国的 C-D 生产函数时弹性系数不稳定。

9.3.3　其他形式的非线性回归模型

前面介绍了用非线性最小二乘法求解非线性回归方程的过程，非线性最小二乘法是使式 (9.9) 残差平方和 $Q(\boldsymbol{\theta}) = \sum_{i=1}^{n} [y_i - f(\boldsymbol{x}_i, \boldsymbol{\theta})]^2$ 达到极小的方法。从决策学的观点看，$Q(\boldsymbol{\theta})$ 是关于残差的损失函数，这种平方损失函数的优点是数学性质好，数学上容易处理，在一定条件下也具有一些优良的统计性质，但其不足之处是缺乏稳健性。当数据存在异常值时，参数的估计效果变得很差。因而在一些场合，我们希望用一些更稳健的残差损失函数代替平方损失函数，例如绝对值残差损失函数。绝对值残差损失函数为

$$Q(\boldsymbol{\theta}) = \sum_{i=1}^{n} |y_i - f(\boldsymbol{x}_i, \boldsymbol{\theta})|$$

9.4　本章小结与评注

非线性回归的内容非常丰富，特别是线性回归问题的研究日趋成熟，许多统计学家把精力投入非线性问题的研究。非线性问题要比线性问题复杂得多，今后一个相当长的时期非线性问题依然是人们关注的热点。

对于可转化为线性模型的曲线回归问题，通常的处理方法都是先转化为线性模型，然后用普通最小二乘法求出参数的估计值，最后经过适当的变换得到所求的回归曲线。通过对因变量变换使曲线回归线性化的方法，当然会对估计参数的性质产生影响，比如不具有无偏性等（参见参考文献[5]）。

根据实际观测数据建立合适的曲线模型一般有两个重要的步骤。

一是确定曲线类型。对一个自变量的情况，确定曲线类型一般是把样本观测值画成散点图，根据散点图的形状来大体确定曲线类型。再就是根据专业知识来确定曲线类型，如商品的销售量与广告费用之间的关系，一般用 S 形曲线来描述；在农业生产中，粮食的产量与种植密度往往服从抛物线关系。对于由专业知识可以确定的曲线类型，就用相应的模型去试着拟合，如果拟合的效果可以，问题就解决了。有时对一个问题需要用不同的曲线模型来试验，以求得一个最好的模型。

二是参数估计。如果可将曲线模型转化为线性模型，就可用普通最小二乘法估计未知参数；如果不能转化成线性模型，则参数的估计就要采用非线性最小二乘法。非线性最小二乘法比普通最小二乘法要复杂得多，一般都是用迭代方法。现在流行的 R 软件包中就有非线性最小二乘法，所以非线性最小二乘法的参数估计也变得容易起来。

由于任一连续函数都可用分段多项式来逼近，所以在实际问题中，不论变量 y 与其他变量的关系如何，在相当大的范围内我们总可以用多项式来拟合。例如，在一元回归中，如果变量 y 与 x 的关系假定为 p 次多项式(9.2)，就可以转化为多元线性回归模型式(9.5)来处理。利用多项式回归模型可能会对已有的数据拟合得十分理想，但是，如果对较大的 x 做外推预测，这种多项式回归函数就可能会得到很差的结果，预测值可能会朝着意想不到的方向折转，从而与实际情况严重不符。所有类型的多项式回归函数，尤其是高阶多项式回归函数，都具有这种外推风险。特别地，对于一元回归，只要用一元 $n-1$ 次多项式就可以把 n 对观测数据完全拟合，多项式曲线通过所有 $n-1$ 个点，残差平方和为零，但是这样的回归拟合却没有任何实际意义。因此，人们必须谨慎地使用高阶多项式回归模型，因为得到的回归函数只是数据的良好拟合，并不能如实地表明 x 与 y 之间回归关系的基本特征，还会导致不规则的外推。我们建议在应用多项式回归时，阶数一般不要超过三阶。

在多项式回归中，自变量 x_i 常用围绕均值 $\bar{x}$ 的离差 $x_i-\bar{x}$ 表示，这样做的原因是 x_i 与其高次幂项 x_i^2，x_i^3 等往往高度相关，产生共线性，参数估计时会出现计算上的麻烦，尤其是用手工计算时，数据的舍入误差会对计算结果造成很大的影响。把自变量表示成与其均值的离差，可以降低变量间的多重共线性，有助于减少计算方面的困难。现在的计算软件都采用双精度计算，x_i 与其高次幂项相关所造成的计算误差影响一般不大，因而不必总是把自变量表示成与其均值的离差 $x_i-\bar{x}$ 的形式。多项式回归的内容非常丰富，有兴趣的读者可参见参考文献[3, 5, 7]。

在一元线性回归中，我们用相关系数 r 检验回归方程的可靠性。对于一元非线性回归问题，许多书上用类似于相关系数的相关指数来衡量拟合曲线效果的好坏。在实际应用中，相关指数 R^2 用于一元非线性强度不高的回归方程的评价还没有碰到什么问题。然而，相关指数 R^2 能否直接用于非线性强度很高的回归方程的评价，还需进一步探讨。我们经常会见到人们毫无顾忌地使用相关指数 R^2，笔者认为，对非线性强度很高的回归方程在使用相关指数 R^2 时应更慎重一些。1990 年就有人(参考文献[25])对这一问题质疑，认为 R^2 不能用于非线性回归方程的评价，目前这一问题的研究在国内已引起一些学者的关注。一般来说，当非线性回归模型选择正确，回归拟合效果好时，相关指数 R^2 能够如实反映回归拟合效果；而当回归拟合效果差时，相关指数 R^2 则不能如实反映回归拟合效果，甚至可能取负值。

 思考与练习

9.1　在非线性回归线性化时，对因变量做变换应注意什么问题？

9.2　为了研究生产率与废料率之间的关系，记录数据见表 9-10，请画出散点图，并根据散点图的趋势拟合适当的回归模型。

表 9-10

生产率 x(单位/周)	1 000	2 000	3 000	3 500	4 000	4 500	5 000
废品率 y(%)	5.2	6.5	6.8	8.1	10.2	10.3	13.0

9.3　已知变量 x 与 y 的样本数据如表 9-11，画出散点图，试用 $\alpha e^{\beta/x}$ 来拟合回归模型，假设：

(1)乘性误差项 $y = \alpha e^{\beta/x} e^{\varepsilon}$。

(2)加性误差项 $y = \alpha e^{\beta/x} + \varepsilon$。

表 9-11

序　号	x	y	序　号	x	y
1	4.20	0.086	9	2.60	0.220
2	4.06	0.090	10	2.40	0.240
3	3.80	0.100	11	2.20	0.350
4	3.60	0.120	12	2.00	0.440
5	3.40	0.130	13	1.80	0.620
6	3.20	0.150	14	1.60	0.940
7	3.00	0.170	15	1.40	1.620
8	2.80	0.190			

9.4　式 (9.17)常用于拟合某种消费品的拥有率，表 9-12 是我国城镇居民每百户家庭平均拥有家用汽车的数量（辆），此数据来源于历年的中国统计年鉴，试针对以下两

种情况拟合回归函数

$$y = \frac{1}{\frac{1}{u} + b_0 b_1^t}$$ (9.17)

(1) 已知 $u = 200$，用线性化方法拟合。

(2) u 未知，用非线性最小二乘法拟合。根据经济学的意义知道，u 是拥有率的上限，初值可取 200；$b_0 > 0$，$0 < b_1 < 1$，初值请读者自己选择。

表 9-12

年　份	t	y	年　份	t	y
2002	1	0.88	2012	11	21.54
2003	2	1.36	2013	12	22.3
2004	3	2.18	2014	13	25.7
2005	4	3.37	2015	14	30
2006	5	4.32	2016	15	35.5
2007	6	6.06	2017	16	37.5
2008	7	8.83	2018	17	41
2009	8	10.89	2019	18	43.2
2010	9	13.07	2020	19	44.9
2011	10	18.58	2021	20	50.1

9.5　表 9-13 数据中 GDP 和投资额 K 都是用定基居民消费价格指数（CPI）缩减后的值，1998 年的价格指数为 100。

(1) 用线性化的乘性误差项模型拟合 C-D 生产函数。

(2) 用非线性最小二乘拟合加性误差项模型的 C-D 生产函数。

(3) 对线性化回归检验自相关，如果存在自相关则用自回归方法改进。

(4) 对线性化回归检验共线性，如果存在共线性则用岭回归方法改进。

表 9-13

年　份	t	CPI	GDP	k	l
1998	1	100.00	3 624.1	1 377.9	40 152
1999	2	101.90	3 962.9	1 446.7	41 024
2000	3	109.54	4 124.2	1 451.5	42 361
2001	4	112.28	4 330.6	1 408.1	43 725
2002	5	114.53	4 623.1	1 536.9	45 295
2003	6	116.82	5 080.2	1 716.4	46 436
2004	7	119.97	5 977.3	2 057.7	48 197
2005	8	131.13	6 836.3	2 582.2	49 873
2006	9	139.65	7 305.4	2 754.0	51 282
2007	10	149.85	7 983.2	2 884.3	52 783

续表

年　份	t	CPI	GDP	k	l
2008	11	178.02	8 385.9	3 086.8	54 334
2009	12	210.06	8 049.7	2 901.5	55 329
2010	13	216.57	8 564.3	2 975.4	64 749
2011	14	223.94	9 653.5	3 356.8	65 491
2012	15	238.27	11 179.9	4 044.2	66 152
2013	16	273.29	12 673.0	5 487.9	66 808
2014	17	339.16	13 786.9	5 679.0	67 455
2015	18	397.15	14 724.3	6 012.0	68 065
2016	19	430.12	15 782.8	6 246.5	68 950
2017	20	442.16	16 840.6	6 436.0	69 820
2018	21	438.62	17 861.6	6 736.1	70 637
2019	22	432.48	18 975.9	7 098.9	71 394
2020	23	434.21	20 604.7	7 510.5	72 085
2021	24	437.25	22 256.0	8 567.3	73 025
2022	25	433.75	24 247.0	9 764.9	73 740

9.6　对上题的数据，拟合含有技术进步的 C-D 生产函数

$$y = A\mathrm{e}^{\mu t}K^{\alpha}L^{\beta}$$

式中，$\mathrm{e}^{\mu t}$ 代表技术进步对产出的影响。

(1)用线性化的乘性误差项模型拟合。

(2)用非线性最小二乘对加性误差项模型做拟合。

(3)对线性化回归检验自相关，如果存在自相关则用自回归方法改进。

(4)对线性化回归检验共线性，如果存在共线性则用岭回归方法改进。

第 10 章

含定性变量的回归模型

在实际问题的研究中，经常会碰到一些非数量型的变量，如品质变量：性别，正常年份与干旱年份，战争与和平，改革前与改革后等。在建立一个经济问题的回归方程时，经常需要考虑这些品质变量，如建立粮食产量预测方程就应考虑到正常年份与受灾年份的不同影响。我们也把这些品质变量称为定性变量。定性变量的回归问题已有不少研究（参见参考文献[6]），本章主要介绍自变量含定性变量的回归模型和因变量是定性变量的回归模型两大类。

10.1　自变量含定性变量的回归模型

在回归分析中，我们对一些自变量是定性变量的情形先给予数量化处理，处理方法是引进只取 0 和 1 两个值的虚拟自变量将定性变量数量化。当某一属性出现时，虚拟变量取 1，否则取 0。虚拟变量也称为哑变量。

10.1.1　简单情况

首先讨论定性变量只取两类可能值的情况，如研究粮食产量问题，y 为粮食产量，x 为施肥量，另外再考虑气候问题，分为正常年份和干旱年份两种情况，对这个问题的数量化方法是引入一个 0-1 型变量 D，令

$$D_i = 1，表示正常年份$$

$$D_i = 0，表示干旱年份$$

粮食产量的回归模型为

$$y_i = \beta_0 + \beta_1 x_i + \beta_2 D_i + \varepsilon_i \tag{10.1}$$

式 (10.1) 中，$i = 1, 2, \cdots, n$，在以下回归模型中不再一一注明。干旱年份的粮食平均产量为

$$E(y_i | D_i = 0) = \beta_0 + \beta_1 x_i$$

正常年份的粮食平均产量为

$$E(y_i | D_i = 1) = (\beta_0 + \beta_2) + \beta_1 x_i$$

这里有一个前提条件，就是认为干旱年份与正常年份回归直线的斜率 β_1 是相等的。也就是说，不论干旱年份还是正常年份，施肥量 x 每增加一个单位，粮食产量 y 平均都增加相同的数量 β_1。对式 (10.1) 的参数估计仍采用普通最小二乘法。

例 10-1

某经济学家想调查文化程度对家庭储蓄的影响，在一个中等收入的样本框中，随机调查了 13 户高学历家庭与 14 户低学历家庭。因变量 y 为上一年家庭储蓄增加额，自变量 x_1 为上一年家庭总收入，自变量 x_2 为家庭学历。高学历家庭 $x_2 = 1$，低学历家庭 $x_2 = 0$，调查数据见表 10-1。

表 10-1

序　号	y(元)	x_1(万元)	x_2	e_i	de_i
1	235	2.3	0	−588	455
2	346	3.2	1	−220	−2 372
3	365	2.8	0	−2 371	−1 047
4	468	3.5	1	−1 246	−3 229
5	658	2.6	0	−1 313	−101
6	867	3.2	1	301	−1 851
7	1 085	2.6	0	−886	326
8	1 236	3.4	1	−96	−2 135
9	1 238	2.2	0	797	1 784
10	1 345	2.8	1	2 309	−67
11	2 365	2.3	0	1 542	2 585
12	2 365	3.7	1	−115	−1 985
13	3 256	4.0	1	−371	−2 074
14	3 256	2.9	0	137	1 517
15	3 265	3.8	1	403	−1 412
16	3 265	4.6	1	−2 658	−4 023
17	3 567	4.2	1	−826	−2 416
18	3 658	3.7	1	1 178	−692
19	4 588	3.5	0	−827	891
20	6 436	4.8	1	−252	−1 505
21	9 047	5.0	1	1 593	453
22	7 985	4.2	0	−108	2 002
23	8 950	3.9	0	2 005	3 947
24	9 865	4.8	0	−524	1 924
25	9 866	4.6	0	243	2 578
26	10 235	4.8	0	−154	2 294
27	10 140	4.2	0	2 047	4 157

建立 y 对 x_1, x_2 的线性回归模型，R 软件的计算代码如下，其运行结果见输出结果

10.1，其中残差 e_i 列于表 10-1 中。

```
data10.1<-read.csv("D:/data10.1.csv",head=TRUE)
lm10.1<-lm(y~x1+x2,data=data10.1)
summary(lm10.1)
resid(lm10.1)
```

输出结果 10.1

```
Call:
lm(formula = y ~ x1 + x2, data = data10.1)

Residuals:
      Min       1Q     Median       3Q      Max
  -2658.1   -706.9    -114.5    600.1   2309.0

Coefficients:
              Estimate    Std. Error    t value    Pr(>|t|)
(Intercept)   -7976.8      1093.4       -7.295     1.55e-07 ***
x1             3826.1       304.6       12.562     4.82e-12 ***
x2            -3700.3       513.4       -7.207     1.90e-07 ***
---
Signif. codes:  0 '***' 0.001 '**' 0.01 '*' 0.05 '.' 0.1 ' ' 1

Residual standard error: 1289 on 24 degrees of freedom
Multiple R-squared: 0.8793,    Adjusted R-squared: 0.8692
F-statistic: 87.43 on 2 and 24 DF,  p-value: 9.555e-12
```

两个自变量 x_1 与 x_2 的系数都是显著的，复决定系数 $R^2 = 0.879$，回归方程为

$$\hat{y} = -7\,977 + 3\,826x_1 - 3\,700x_2$$

这个结果表明，中等收入的家庭每增加 1 万元收入，平均拿出 3 826 元作为储蓄。高学历家庭每年的平均储蓄增加额少于低学历的家庭，平均少 3700 元。

如果不引入家庭学历定性变量 x_2，仅用 y 对家庭年收入 x_1 做一元线性回归，得决定系数 $R^2 = 0.618$，说明拟合效果不好。y 对 x_1 的一元线性回归的残差 de_i 也列在了表 10-1 中。

家庭年收入 x_1 是连续型变量，它对回归的贡献也是不可缺少的。如果不考虑家庭年收入这个自变量，13 户高学历家庭的平均年储蓄增加额为 3 009.31 元，14 户低学历家庭的平均年储蓄增加额为 5 059.36 元，这样会认为高学历家庭每年的储蓄增加额比低学历的家庭平均少 5 059.36–3 009.31 = 2 050.05（元），而用回归法算出的数值是 3 700 元，两者并不相等。

用回归法算出的高学历家庭每年的平均储蓄增加额比低学历的家庭平均少 3 700 元，这是在假设两者的家庭年收入相等的基础上的储蓄增加额差值，或者说是消除了家庭年收入影响后的差值，因而反映不同学历家庭储蓄增加额的真实差异。而直接由

样本计算的差值 2 050.05 元是包含家庭年收入影响在内的差值，是虚假的差值。所调查的 13 户高学历家庭的平均年收入额为 3.838 5 万元，14 户低学历家庭的平均年收入额为 3.407 1 万元，两者并不相等。

通过本例的分析我们看到，在一些问题的分析中，仅依靠平均数是不够的，很可能得到虚假的数值。只有通过对数据的深入分析，才能得到正确结果。

需要指出的是，虽然虚拟变量取某一数值，但这一数值没有任何数量大小的意义，它仅仅用来说明观察单位的性质或属性。

以上定性自变量只取两个可能值：干旱或正常；高学历或低学历。一般情况就是取是或否两个值，只需用一个 0-1 型自变量表示，以下把这种只取两个值的情况推广到取多个值的情况。

10.1.2　复杂情况

某些场合下，定性自变量可能取多类值，如某商厦策划营销方案，需要考虑销售额的季节性影响，季节因素分为春、夏、秋、冬四种情况。为了用定性自变量反映春、夏、秋、冬四季，我们初步设想引入如下四个 0-1 型自变量

$$\begin{cases} x_1 = 1, & 春季 \\ x_1 = 0, & 其他 \end{cases} \qquad \begin{cases} x_2 = 1, & 夏季 \\ x_2 = 0, & 其他 \end{cases}$$

$$\begin{cases} x_3 = 1, & 秋季 \\ x_3 = 0, & 其他 \end{cases} \qquad \begin{cases} x_4 = 1, & 冬季 \\ x_4 = 0, & 其他 \end{cases}$$

可是这样做却产生了一个新的问题，四个自变量 x_1, x_2, x_3, x_4 之和恒等于 1，即 $x_1 + x_2 + x_3 + x_4 = 1$，构成完全多重共线性。解决这个问题的方法很简单，我们只需去掉一个 0-1 型变量，保留三个 0-1 型自变量即可。例如去掉 x_4，只保留 x_1, x_2, x_3。

一般情况下，当一个定性变量有 k 类可能的取值时，需要引入 $k-1$ 个 0-1 型自变量。当 $k = 2$ 时，只需要引入一个 0-1 型自变量即可。

包含多个 0-1 型自变量模型的计算，仍然采用普通的线性最小二乘回归方法，在此就不举例了。

10.2　自变量含定性变量的回归模型与应用

10.2.1　分段回归

在实际问题中，我们会碰到某些变量在影响因素的不同范围内变化趋势截然不同

的情况，例如经济问题在经济政策有较大调整时，调整前与调整后的变化幅度会有很大不同。对于这种问题，有时即使用多种曲线拟合效果也不能令人满意。如果做残差分析，会发现残差不是随机的，而是具有一定的系统性。对于这类问题，人们自然考虑到用分段回归的方法来处理。

例 10-2

表 10-2 给出了某工厂生产批量 x 与单位成本 y（美元）的数据。试用分段回归方法建立回归模型（参见参考文献[3]）。

表 10-2

序 号	y	$x(=x_1)$	x_2
1	2.57	650	150
2	4.40	340	0
3	4.52	400	0
4	1.39	800	300
5	4.75	300	0
6	3.55	570	70
7	2.49	720	220
8	3.77	480	0

这是一个生产批量与生产成本的问题，单位成本 y 对生产批量的回归在某 x_p 点以内服从一种线性关系，而在生产批量超过 x_p 时可能服从另一种线性关系。由图 10-1 可看出数据在生产批量 $x_p = 500$ 时发生较大变化，即批量大于 500 时成本明显下降。我们考虑由两段构成的分段线性回归，这可以通过引入一个 0-1 型虚拟自变量实现。假定回归直线的斜率在 $x_p = 500$ 处改变，建立回归模型

$$y_i = \beta_0 + \beta_1 x_i + \beta_2 (x_i - 500) D_i + \varepsilon_i \tag{10.2}$$

其中

$$\begin{cases} D_i = 1, & \text{当 } x_i > 500 \\ D_i = 0, & \text{当 } x_i \leqslant 500 \end{cases}$$

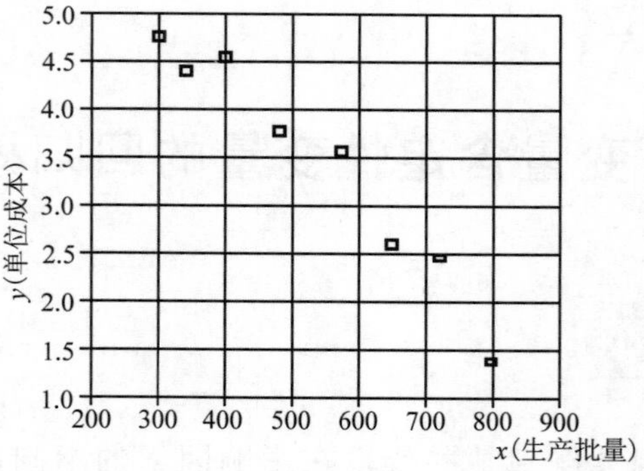

图 10-1 单位成本与生产批量的散点图

回归模型式(10.2)实际上是一个二元线性回归模型，为了更清晰起见，引入两个新的自变量 x_1，x_2。有

$$x_{i1} = x_i$$
$$x_{i2} = (x_i - 500) D_i$$

式中，x_1 为生产批量；x_2 的数值列在表 10-2 中。这样回归模型式(10.2)转化为标准形式的二元线性回归模型

$$y_i = \beta_0 + \beta_1 x_{i1} + \beta_2 x_{i2} + \varepsilon_i \tag{10.3}$$

式(10.3)可以分解为两个线性回归方程：

当 $x_1 \leqslant 500$ 时，得到

$$E(y) = \beta_0 + \beta_1 x_1 \tag{10.4}$$

当 $x_1 > 500$ 时，得到

$$E(y) = (\beta_0 - 500\beta_2) + (\beta_1 + \beta_2) x_1 \tag{10.5}$$

于是 β_1 和 $\beta_1 + \beta_2$ 分别是两条回归直线即式(10.4)和式(10.5)的斜率，β_0 和 $(\beta_0 - 500\beta_2)$ 是两个截距，如图 10-2 所示。

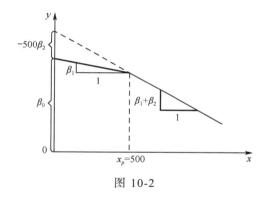

图 10-2

用普通最小二乘法拟合模型式(10.3)得回归方程

$$\hat{y} = 5.895 - 0.003\,95 x_1 - 0.003\,89 x_2 \tag{10.6}$$

利用此模型可说明生产批量小于 500 时，每增加 1 个单位批量，单位成本降低 0.003 95 美元；当生产批量大于 500 时，每增加 1 个单位批量，单位成本降低 0.003 95+0.003 89 = 0.007 84 美元。

上面是参考文献[3]的分析过程。笔者认为，以上只是根据散点图从直观上判断本例数据应该用折线回归拟合，这一点还需要做统计的显著性检验，只需对式(10.2)的回归系数 β_2 做显著性检验即可。回归方程式(10.6)的相关计算代码及输出结果 10.2 如下所示。

```
data10.2<-read.csv("D:/data10.2.csv",head=TRUE)
#data10.2 中存储了表 10-2 中的数据
lm10.2<-lm(y~x+x2,data=data10.2)
```

```
summary(lm10.2)
anova(lm10.2)
```

输出结果 10.2

```
> summary(lm10.2)
Call:
lm(formula = y ~ x + x2, data = data10.2)

Residuals:
      1        2        3        4        5        6        7        8
-0.17160 -0.15117 0.20605 -0.17463 0.04068 0.18068 0.29765 -0.22765

Coefficients:
                Estimate    Std. Error   t value    Pr(>|t|)
(Intercept)     5.895447     0.604213      9.757    0.000192 ***
x              -0.003954     0.001492     -2.650    0.045432 *
x2             -0.003893     0.002310     -1.685    0.152774
---
Signif. codes:  0 '***' 0.001 '**' 0.01 '*' 0.05 '.' 0.1 ' ' 1

Residual standard error: 0.2449 on 5 degrees of freedom
Multiple R-squared: 0.9693,   Adjusted R-squared: 0.9571
F-statistic: 79.06 on 2 and 5 DF,  p-value: 0.0001645

> anova(lm10.2)
                Analysis of Variance Table
Response: y
           Df    SumSq    Mean Sq    F value     Pr(>F)
x           1   9.3159    9.3159    155.2779   5.902e-05 ***
x2          1   0.1704    0.1704      2.8397   0.1528
Residuals   5   0.3000    0.0600
---
Signif. codes:  0 '***' 0.001 '**' 0.01 '*' 0.05 '.' 0.1 ' ' 1
```

    复决定系数 $R^2 = 0.969$，拟合效果很好。对 β_2 的显著性检验的 t 值 $=-1.685$，显著性检验的概率 P 值 $= 0.153$，β_2 没有通过显著性检验，不能认为 β_2 非零。这样，根据显著性检验，还不能认为本例数据适合拟合折线回归。

    用 y 对 x 做一元线性回归，计算代码如下，其运行结果如输出结果 10.3 所示。

```
lms10.2<-lm(y~x,data=data10.2)
summary(lms10.2)
anova(lms10.2)
```

输出结果 10.3

```
> lms10.2<-lm(y~x,data=data10.2)
Call:
lm(formula = y ~ x, data = data10.2)

Residuals:
      Min        1Q     Median        3Q        Max
 -0.34983   -0.17335   -0.05465    0.24673    0.35694

Coefficients:
                  Estimate    Std. Error    t value    Pr(>|t|)
(Intercept)      6.7945511     0.3241223      20.96    7.68e-07 ***
x               -0.0063184     0.0005796     -10.90    3.53e-05 ***
---
Signif. codes:  0 '***' 0.001 '**' 0.01 '*' 0.05 '.' 0.1 ' ' 1

Residual standard error: 0.28 on 6 degrees of freedom
Multiple R-squared:  0.9519,    Adjusted R-squared:  0.9439
F-statistic: 118.8 on 1 and 6 DF,    p-value: 3.534e-05

> anova(lms10.2)
Analysis of Variance Table
Response: y
            Df    Sum Sq    Mean Sq    F value     Pr(>F)
x            1    9.3159     9.3159     118.84    3.534e-05 ***
Residuals    6    0.4703     0.0784
---
Signif. codes:  0 '***' 0.001 '**' 0.01 '*' 0.05 '.' 0.1 ' ' 1
```

y 对 x 的一元线性回归的决定系数 $R^2 = 0.952$，回归方程为

$$\hat{y} = 6.795 - 0.006\,318x \tag{10.7}$$

式（10.7）说明，生产批量每增加 1 个单位，单位成本平均下降 0.006 318 美元，这个结论在自变量的样本范围 300 ~ 800 内都是适用的。

10.2.2　回归系数相等的检验

 例 10-3

回到例 10-1 的问题，例 10-1 引入 0-1 型自变量的方法是假定储蓄增加额 y 对家庭总收入的回归斜率 β_1 与家庭学历无关，家庭学历只影响回归常数项 β_0，这个假设是否合理，还需要做统计检验。

检验方法是引入如下含有交互效应的回归模型

$$y_i = \beta_0 + \beta_1 x_{i1} + \beta_2 x_{i2} + \beta_3 x_{i1} x_{i2} + \varepsilon_i \tag{10.8}$$

其中，y 为上一年家庭储蓄增加额；x_1 为上一年家庭总收入；x_2 为家庭学历，高学历家庭 $x_2 = 1$，低学历家庭 $x_2 = 0$。回归模型式(10.8)可以分解为对高学历和对低学历家庭的两个线性回归模型，分别为

高学历家庭 $x_2 = 1$：

$$y_i = \beta_0 + \beta_1 x_{i1} + \beta_2 + \beta_3 x_{i1} + \varepsilon_i$$
$$= (\beta_0 + \beta_2) + (\beta_1 + \beta_3) x_{i1} + \varepsilon_i \tag{10.9}$$

低学历家庭 $x_2 = 0$：

$$y_i = \beta_0 + \beta_1 x_{i1} + \varepsilon_i \tag{10.10}$$

可见，高学历家庭的回归常数为 $\beta_0 + \beta_2$，回归系数为 $\beta_1 + \beta_3$；低学历家庭的回归常数为 β_0，回归系数为 β_1。要检验两个回归方程的回归系数是否相等，等价于对回归模型式(10.8)做参数的假设检验

$$H_0: \beta_3 = 0$$

当拒绝 H_0 时，认为 $\beta_3 \neq 0$，这时高学历家庭与低学历家庭的储蓄回归模型实际上被拆分为两个不同的回归模型式(10.9)和式(10.10)。当不拒绝 H_0 时，认为 $\beta_3 = 0$，这时高学历与低学历家庭的储蓄回归模型是如下形式的联合回归模型

$$y_i = \beta_0 + \beta_1 x_{i1} + \beta_2 x_{i2} + \varepsilon_i \tag{10.11}$$

这正是例 10-1 所建立的回归模型。建立式(10.8)的回归模型的计算代码及运行代码的输出结果 10.4 如下所示。

```
lm10.3<-lm(y~x1+x2+I(x1*x2),data=data10.1)
summary(lm10.3)
```

输出结果 10.4

```
Call:
lm(formula = y ~ x1 + x2 + I(x1 * x2), data = data10.1)
Residuals:
    Min      1Q    Median      3Q      Max
-2234.2  -662.0  -281.5    728.8   2239.9

Coefficients:
                Estimate   Std. Error   t value    Pr(>|t|)
(Intercept)     -8763.9      1270.9      -6.896    4.96e-07 ***
x1               4057.2       359.3      11.292    7.36e-11 ***
x2               -776.9      2514.5      -0.309    0.760
I(x1 * x2)       -787.6       663.4      -1.187    0.247
---
Signif. codes:  0 '***' 0.001 '**' 0.01 '*' 0.05 '.' 0.1 ' ' 1

Residual standard error: 1278 on 23 degrees of freedom
```

```
Multiple R-squared:  0.8863,    Adjusted R-squared:  0.8714
F-statistic: 59.75 on 3 and 23 DF,    p-value: 5.187e-11
```

从输出结果 10.4 中看到，对 β_3 显著性检验的显著性概率 $P = 0.247$，应该不拒绝原假设 H_0：$\beta_3 = 0$，认为例 10-1 采用的回归模型式（10.11）是正确的。

另外，输出结果 10.4 中 x_2 的回归系数 β_2 的显著性概率为 0.760，也没有通过显著性检验，并且比 β_3 的显著性更低，是否应该首先剔除 x_2 而保留 x_1x_2？回答是否定的，因为这样做与经济意义不符。对回归模型式（10.9）与式（10.10），若 $\beta_2 = 0$，表明两个回归方程的常数项相等；若 $\beta_3 = 0$，表明两个回归方程的斜率相等。经济学家首先关心的是两个回归方程的斜率是否相等，其次才关心常数项是否相等。通常认为，回归常数项是在自变量为零时 y 的平均值，但在本例中则没有这种现实意义。这是因为本例是对中等收入家庭的储蓄分析，收入为零的家庭的储蓄增加额超出了本模型所包含的范围。本例的回归常数项仅是与储蓄增加额的平均值有关的一个数值。

10.3　因变量是定性变量的回归模型

在许多社会经济问题中，所研究的因变量往往只有两个可能结果，这样的因变量也可用虚拟变量来表示，虚拟变量可取 0 或 1。

例如，在一次住房展销会上，与房地产商签订初步购房意向书的顾客中，在随后的 3 个月内，只有一部分顾客确实购买了房屋。确实购买了房屋的顾客记为 1，没有购买房屋的顾客记为 0。

又如，在是否参加赔偿责任保险的研究中，根据户主的年龄、流动资产额和户主的职业，因变量 y 规定有两种可能的结果：户主有赔偿责任保险，户主没有赔偿责任保险。这种结果也可以用虚拟变量取 1 或 0 来表示。

再如，在一项社会安全问题的调查中，一个人在家是否害怕陌生人来，因变量 $y = 1$ 表示害怕，$y = 0$ 表示不怕（参见参考文献[10]）。

上面的例子说明，因变量的结果只取两种可能情况的应用很广泛。

10.3.1　定性因变量的回归方程的意义

设因变量 y 是只取 0，1 两个值的定性变量，考虑简单线性回归模型

$$y_i = \beta_0 + \beta_1 x_i + \varepsilon_i \tag{10.12}$$

在这种 y 只取 0，1 两个值的情况下，因变量均值 $E(y_i) = \beta_0 + \beta_1 x_i$ 具有特殊的意义。由于 y_i 是 0-1 型贝努利随机变量，得如下概率分布

$$P(y_i = 1) = \pi_i$$
$$P(y_i = 0) = 1 - \pi_i$$

根据离散型随机变量期望值的定义，可得

$$E(y_i) = 1(\pi_i) + 0(1-\pi_i) = \pi_i \tag{10.13}$$

进而得到

$$E(y_i) = \pi_i = \beta_0 + \beta_1 x_i$$

所以，作为由回归函数给定的因变量均值，$E(y_i) = \beta_0 + \beta_1 x_i$ 是自变量水平为 x_i 时 $y_i = 1$ 的概率。对因变量均值的这种解释既适用于这里的简单线性回归函数，也适用于复杂的多元回归函数。当因变量是 0-1 变量时，因变量均值总是代表给定自变量时 $y = 1$ 的概率。

10.3.2　定性因变量回归的特殊问题

(1)离散非正态误差项。对一个取值为 0 和 1 的因变量，误差项 $\varepsilon_i = y_i - (\beta_0 + \beta_1 x_i)$ 只能取两个值

$$当\ y_i = 1\ 时，\varepsilon_i = 1 - \beta_0 - \beta_1 x_i = 1 - \pi_i$$
$$当\ y_i = 0\ 时，\varepsilon_i = -\beta_0 - \beta_1 x_i = -\pi_i$$

显然，误差项 ε_i 是两点型离散分布，当然正态误差回归模型的假定就不适用了。

(2)零均值异方差性。当因变量是定性变量时，误差项 ε_i 仍然保持零均值，这时出现的另一个问题是误差项 ε_i 的方差不相等。由于 y_i 与 ε_i 只相差一个常数 $\beta_0 + \beta_1 x_i$，因而 y_i 与 ε_i 的方差是相等的。0-1 型随机变量 ε_i 的方差为

$$D(\varepsilon_i) = D(y_i) = \pi_i(1-\pi_i) = (\beta_0 + \beta_1 x_i)(1 - \beta_0 - \beta_1 x_i) \tag{10.14}$$

由式(10.14)可看到，ε_i 的方差依赖于 x_i，误差项方差随着 x 的不同水平而变化，是异方差，不满足线性回归方程的基本假定，最小二乘估计的效果也就不会好。

(3)回归方程的限制。当因变量为 0-1 虚拟变量时，回归方程代表概率分布，所以因变量均值受到如下限制

$$0 \leqslant E(y_i) = \pi_i \leqslant 1$$

一般的回归方程本身并不具有这种限制，线性回归方程 $y_i = \beta_0 + \beta_1 x_i$ 将会超出这个限制范围。

对于普通的线性回归所具有的上述三个问题，我们需要构造出能够满足以上限制的回归模型。

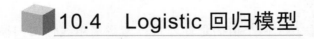

10.4　Logistic 回归模型

10.4.1　分组数据的 Logistic 回归模型

针对 0-1 型因变量产生的问题，我们对回归模型应该做两个方面的改进。

第一，回归函数应该改用限制在[0, 1]区间内的连续曲线，而不能再沿用直线回归方程。限制在[0, 1]区间内的连续曲线有很多，例如所有连续型随机变量的分布函数都符合要求，常用的是 Logistic 函数与正态分布函数。Logistic 函数的形式为

$$f(x) = \frac{e^x}{1 + e^x} = \frac{1}{1 + e^{-x}} \tag{10.15}$$

Logistic 函数的中文名称是逻辑斯谛函数，简称逻辑函数。

第二，因变量 y_i 本身只取 0，1 两个离散值，不适合直接作为回归模型中的因变量。由于回归函数 $E(y_i) = \pi_i = \beta_0 + \beta_1 x_i$ 表示在自变量为 x_i 的条件下 y_i 的平均值，而 y_i 是 0-1 型随机变量，因此 $E(y_i) = \pi_i$ 就是在自变量为 x_i 的条件下 y_i 等于 1 的比例。这提示我们可以用 y_i 等于 1 的比例代替 y_i 本身作为因变量。

下面通过一个例子来说明 Logistic 回归模型的应用。

 例 10-4

在一次住房展销会上，与房地产商签订初步购房意向书的共有 $n = 313$ 名顾客，在随后的 3 个月的时间内，只有一部分顾客确实购买了房屋。购买了房屋的顾客记为 1，没有购买房屋的顾客记为 0，其中顾客的年家庭收入记为 x（万元），这些数据可以按照年家庭收入将其进行分组统计，统计后的数据列于表 10-3 中。以顾客的年家庭收入为自变量 x，对表 10-3 所示的数据建立 Logistic 回归模型。

表 10-3

序号	年家庭收入(万元) x	签订意向书人数 n_i	实际购房人数 m_i	实际购房比例 $p_i = m_i/n_i$	逻辑变换 $p_i' = \ln\left(\dfrac{p_i}{1-p_i}\right)$	权重 $w_i = n_i p_i (1 - p_i)$
1	1.5	25	8	0.320 000	−0.753 77	5.440
2	2.5	32	13	0.406 250	−0.379 49	7.719
3	3.5	58	26	0.448 276	−0.207 64	14.345
4	4.5	52	22	0.423 077	−0.310 15	12.692
5	5.5	43	20	0.465 116	−0.139 76	10.698
6	6.5	39	22	0.564 103	0.257 829	9.590
7	7.5	28	16	0.571 429	0.287 682	6.857
8	8.5	21	12	0.571 429	0.287 682	5.143
9	9.5	15	10	0.666 667	0.693 147	3.333

Logistic 回归方程为

$$p_i = \frac{\exp(\beta_0 + \beta_1 x_i)}{1 + \exp(\beta_0 + \beta_1 x_i)}, \quad i = 1, 2, \cdots, c \tag{10.16}$$

式（10.16）中，c 为分组数据的组数，本例中 $c = 9$。将以上回归方程做线性化变换，令

$$p_i' = \ln\left(\frac{p_i}{1 - p_i}\right) \tag{10.17}$$

式（10.17）的变换称为逻辑（Logit）变换，变换后的线性回归模型为

$$p_i' = \beta_0 + \beta_1 x_i + \varepsilon_i \tag{10.18}$$

式（10.18）是一个普通的一元线性回归模型。式（10.16）没有给出误差项的形式，我们认为其误差项的形式就是做线性化变换所需的形式。根据表 10-3 中的数据，算出经验回归方程为

$$\hat{p}' = -0.886 + 0.156x \tag{10.19}$$

决定系数 $R^2 = 0.924\,3$，显著性检验 P 值 ≈ 0，高度显著。将式（10.19）还原为式（10.16）的 Logistic 回归方程为

$$\hat{p} = \frac{\exp(-0.886 + 0.156x)}{1 + \exp(-0.886 + 0.156x)} \tag{10.20}$$

利用式（10.20）可以对购房比例做预测，例如由 $x_0 = 8$ 可得

$$\hat{p}_0 = \frac{\exp(-0.886 + 0.156 \times 8)}{1 + \exp(-0.886 + 0.156 \times 8)} = \frac{1.436}{1 + 1.436} = 0.590$$

可知年收入 8 万元的家庭预计实际购房比例为 59%。

我们用 Logistic 回归模型成功地拟合了因变量为定性变量的回归模型，但是仍然存在一个不足之处，就是异方差性并没有得到解决，式（10.18）的回归模型不是等方差的，应该对式（10.18）用加权最小二乘估计。当 n_i 较大时，p_i' 的近似方差为

$$D(p_i') \approx \frac{1}{n_i \pi_i (1 - \pi_i)} \tag{10.21}$$

式（10.21）的证明请参见参考文献[6]。其中，$\pi_i = E(y_i)$，因而选取权数为

$$w_i = n_i p_i (1 - p_i) \tag{10.22}$$

对例 10-4 重新用加权最小二乘做估计，计算代码如下所示，其运行结果见输出结果 10.5。

计算代码

```
data10.4<-read.csv("D:/data10.4.csv",head=TRUE)
#data10.4 中保存了表 10-3 中的数据，其中逻辑变换后的变量记为 p1
lm10.4<-lm(p1~x,weights=w,data10.4)     #使用加权最小二乘估计
summary(lm10.4)
```

输出结果 10.5

```
Call:
lm(formula = p1 ~ x, data = data10.4, weights = w)

Weighted Residuals:
    Min       1Q     Median       3Q      Max
-0.47461  -0.30088  0.04359   0.26694  0.44923

Coefficients:
```

	Estimate	Std. Error	t value	Pr(>|t|)	
(Intercept)	-0.84887	0.11358	-7.474	0.000140	***
x	0.14932	0.02071	7.210	0.000176	***

Signif. codes:　0 '***' 0.001 '**' 0.01 '*' 0.05 '.' 0.1 ' ' 1

Residual standard error: 0.3862 on 7 degrees of freedom
Multiple R-squared: 0.8813,　Adjusted R-squared: 0.8644
F-statistic: 51.98 on 1 and 7 DF,　p-value: 0.0001759

用加权最小二乘法得到的 Logistic 回归方程为

$$\hat{p} = \frac{\exp(-0.849 + 0.149x)}{1 + \exp(-0.849 + 0.149x)} \tag{10.23}$$

利用式 (10.23) 可以对购房比例做预测，例如由 $x_0 = 8$ 可得

$$\hat{p}_0 = \frac{\exp(-0.849 + 0.149 \times 8)}{1 + \exp(-0.849 + 0.149 \times 8)} = \frac{1.409}{1 + 1.409} = 0.585$$

可知年收入 8 万元的家庭预计实际购房比例为 58.5%，这个结果与未用加权法的结果很接近。

以上的例子是只有一个自变量的情况，分组数据的 Logistic 回归模型可以很方便地推广到有多个自变量的情况，在此就不举例说明了。

分组数据的 Logistic 回归只适用于样本量大的分组数据，对样本量小的未分组数据不适用，并且以组数 c 为回归拟合的样本量，拟合的精度低。实际上，我们可以用最大似然估计直接拟合未分组数据的 Logistic 回归模型，下面就介绍这种方法。

10.4.2　未分组数据的 Logistic 回归模型

设 y 是 0-1 型变量，x_1, x_2, $\cdots$, x_p 是与 y 相关的确定性变量，n 组观测数据为 $(x_{i1}, x_{i2}, \cdots, x_{ip}; y_i)$ $(i = 1, 2, \cdots, n)$，其中，$y_1, y_2, \cdots, y_n$ 是取 0 或 1 的随机变量，y_i 与 $x_{i1}, x_{i2}, \cdots, x_{ip}$ 的关系如下

$$E(y_i) = \pi_i = f(\beta_0 + \beta_1 x_{i1} + \beta_2 x_{i2} + \cdots + \beta_p x_{ip})$$

式中，函数 $f(x)$ 是值域在 $[0, 1]$ 区间内的单调增函数。对于 Logistic 回归

$$f(x) = \frac{e^x}{1 + e^x}$$

y_i 服从均值为 $\pi_i = f(\beta_0 + \beta_1 x_{i1} + \beta_2 x_{i2} + \cdots + \beta_p x_{ip})$ 的 0-1 型分布，概率函数为

$$P(y_i = 1) = \pi_i$$
$$P(y_i = 0) = 1 - \pi_i$$

可以把 y_i 的概率函数合写为

$$P(y_i) = \pi_i^{y_i}(1-\pi_i)^{1-y_i}, \qquad y_i = 0, 1; \qquad i = 1, 2, \cdots, n \qquad (10.24)$$

于是，$y_1, y_2, \cdots, y_n$ 的似然函数为

$$L = \prod_{i=1}^{n} P(y_i) = \prod_{i=1}^{n} \pi_i^{y_i}(1-\pi_i)^{1-y_i} \qquad (10.25)$$

对似然函数取自然对数，得

$$\ln L = \sum_{i=1}^{n}\left[y_i \ln \pi_i + (1-y_i)\ln(1-\pi_i) \right]$$

$$= \sum_{i=1}^{n}\left[y_i \ln \frac{\pi_i}{(1-\pi_i)} + \ln(1-\pi_i) \right]$$

对于 Logistic 回归，将

$$\pi_i = \frac{\exp(\beta_0 + \beta_1 x_{i1} + \cdots + \beta_p x_{ip})}{1 + \exp(\beta_0 + \beta_1 x_{i1} + \cdots + \beta_p x_{ip})}$$

代入得

$$\ln L = \sum_{i=1}^{n}\left\{ y_i(\beta_0 + \beta_1 x_{i1} + \cdots + \beta_p x_{ip}) - \ln\left[1 + \exp(\beta_0 + \beta_1 x_{i1} + \cdots + \beta_p x_{ip}) \right] \right\} \qquad (10.26)$$

最大似然估计就是选取 $\beta_0, \beta_1, \beta_2, \cdots, \beta_p$ 的估计值 $\hat\beta_0, \hat\beta_1, \hat\beta_2, \cdots, \hat\beta_p$，使式(10.26)达到极大。求解过程需要用数值计算，R 软件会直接给出求解结果。下面将结合例题说明未分组数据 logistic 回归模型的建立方法。

 例 10-5

临床医学中为了研究麻醉剂用量与患者是否保持静止的关系，对 30 名患者在手术前 15 分钟给予一定浓度的麻醉剂后的情况进行了记录。记录数据见表 10-4 中，其中麻醉剂浓度为自变量 x，患者是否保持静止为因变量 y，y 取 1 时表示患者静止，y 取 0 时表示患者有移动，试建立 y 关于 x 的 Logistic 回归模型。本例数据来自 R 软件 DAAG 包中自带的 anesthetic 数据集。

表 10-4

序号	麻醉剂浓度(x)	患者是否保持静止(y)	预测值 $\hat{p}$	序号	麻醉剂浓度(x)	患者是否保持静止(y)	预测值 $\hat{p}$
1	1.0	1	0.288 7	16	1.4	1	0.790 0
2	1.2	0	0.552 7	17	1.4	1	0.790 0
3	1.4	1	0.790 0	18	0.8	0	0.117 6
4	1.4	0	0.790 0	19	0.8	1	0.117 6
5	1.2	0	0.552 7	20	1.2	1	0.552 7
6	2.5	1	0.999 4	21	0.8	0	0.117 6
7	1.6	1	0.919 7	22	0.8	0	0.117 6
8	0.8	0	0.117 6	23	1.0	0	0.288 7

续表

序号	麻醉剂 浓度(x)	患者是否 保持静止(y)	预测值 $\hat{p}$	序号	麻醉剂 浓度(x)	患者是否 保持静止(y)	预测值 $\hat{p}$
9	1.6	1	0.919 7	24	0.8	0	0.117 6
10	1.4	0	0.790 0	25	1.0	0	0.288 7
11	0.8	0	0.117 6	26	1.2	1	0.552 7
12	1.6	1	0.919 7	27	1.0	0	0.288 7
13	2.5	1	0.999 4	28	1.2	1	0.552 7
14	1.4	1	0.790 0	29	1.0	0	0.288 7
15	1.6	1	0.919 7	30	1.2	1	0.552 7

在 R 软件中对 0-1 型因变量做 logistic 回归的函数为 glm()，该函数主要用来建立广义线性模型，当 glm() 函数中的参数 family=binomial(表明分布族为二项分布)，联系函数 link="logit" 时，建立的回归模型为 Logistic 回归模型。对例 10-5 中的数据建立 Logistic 回归模型的计算代码如下，运行代码后得到输出结果 10.6。

```
install.packages("DAAG")
library(DAAG)
fm<-glm(nomove~conc,family=binomial(link="logit"),data=anesthetic)
#nomove 为表 10-4 中的 y, conc 为 x
summary(fm)
p=predict(fm,type="response")    #计算 y=1 的概率的预测值 p̂
```

输出结果 10.6

```
Call:
glm(formula = nomove ~ conc, family = binomial(link = "logit"),
    data = anesthetic)

Deviance Residuals:
    Min        1Q       Median       3Q         Max
-1.76666   -0.74407    0.03413    0.68666    2.06900

Coefficients:
               Estimate   Std. Error   z value   Pr(>|z|)
(Intercept)    -6.469       2.418       -2.675    0.00748 **
conc            5.567       2.044        2.724    0.00645 **
---
Signif. codes:  0 `***' 0.001 `**' 0.01 `*' 0.05 `.' 0.1 ` ' 1

(Dispersion parameter for binomial family taken to be 1)

Null deviance: 41.455  on 29  degrees of freedom
Residual deviance: 27.754  on 28  degrees of freedom
AIC: 31.754
Number of Fisher Scoring iterations: 5
```

输出结果 10.6 中的 z value 的计算公式类似于线性回归中 t value，即

$$Z = \frac{\hat{\beta}_j}{\sqrt{D(\hat{\beta}_j)}} \tag{10.27}$$

其中，$\hat{\beta}_j$ 是参数的估计值（Estimate），$\sqrt{D(\hat{\beta}_j)}$ 是估计参数的标准差（Std. Error），并且在假设 $\beta_j = 0$ 成立时，Z 近似服从标准正态分布，因此检验的 P 值为 $P(|Z| > |z|) = 2 - 2\Phi(z)$，$\Phi(z)$ 为标准正态分布的分布函数。由该检验可知，回归系数是显著的，回归方程为

$$\hat{p} = \frac{\exp(-6.469 + 5.567x)}{1 + \exp(-6.469 + 5.567x)}$$

因此，易知当麻醉剂的浓度超过 6.469/5.567=1.162 时，患者保持静止的概率大于 0.5。另外，对应于 30 个自变量样本 $\hat{p}$ 的值列于表 10-4 中，如果令 $\hat{p} > 0.5$ 时，$\hat{y} = 1$；$\hat{p} \leqslant 0.5$ 时，$\hat{y} = 0$，将会发现有 6 个样本被误判，此时误判率为 0.2，说明回归模型较理想。

10.4.3　Probit 回归模型

Probit 回归称为单位概率回归，与 Logistic 回归类似，也是拟合 0-1 型因变量回归的方法，其回归函数是

$$\Phi^{-1}(\pi_i) = \beta_0 + \beta_1 x_{i1} + \cdots + \beta_p x_{ip} \tag{10.28}$$

用样本比例 p_i 代替概率 π_i，表示为样本回归模型

$$\Phi^{-1}(p_i) = \beta_0 + \beta_1 x_{i1} + \cdots + \beta_p x_{ip} + \varepsilon_i \tag{10.29}$$

 例 10-6

使用例 10-4 的购房数据，首先计算出 $\Phi^{-1}(p_i)$ 的数值，见表 10-5。以 $\Phi^{-1}(p_i)$ 为因变量，以年家庭收入 x 为自变量做普通最小二乘线性回归，得回归方程

$$\Phi^{-1}(\hat{p}) = -0.552 + 0.097\,0x \tag{10.30}$$

或等价地表示为

$$\hat{p} = \Phi(-0.552 + 0.097\,0x) \tag{10.31}$$

对 $x_0 = 8$，$\hat{p}_0 = \Phi(-0.552 + 0.097\,0 \times 8) = \Phi(0.224) = 0.589$，与用 Logistic 回归计算的预测值很接近。

表 10-5

序号	年家庭收入 x(万元)	签订意向书人数 n_i	实际购房人数 m_i	实际购房比例 $p_i = m_i/n_i$	Probit 变换 $p_i' = \Phi^{-1}(p_i)$
1	1.5	25	8	0.320 000	−0.467 70
2	2.5	32	13	0.406 250	−0.237 20
3	3.5	58	26	0.448 276	−0.130 02
4	4.5	52	22	0.423 077	−0.194 03

续表

序号	年家庭收入 x(万元)	签订意向书 人数 n_i	实际购房 人数 m_i	实际购房比例 $p_i = m_i/n_i$	Probit 变换 $p_i' = \Phi^{-1}(p_i)$
5	5.5	43	20	0.465 116	−0.087 55
6	6.5	39	22	0.564 103	0.161 38
7	7.5	28	16	0.571 429	0.180 01
8	8.5	21	12	0.571 429	0.180 01
9	9.5	15	10	0.666 667	0.430 73

使用 R 软件可以直接做 Probit 回归，做 Probit 回归的函数仍为 glm()，其中只需将联系函数设为 link="probit"，对于已整理的分组数据在使用glm()函数建立 Probit 模型时，需要以购房比例作为因变量，签订意向书人数作为权重，以下为相应的计算代码，运行后得到输出结果 10.7。

```
data10.4<-read.csv("D:/data10.4.csv",head=TRUE)
glm10.6<-glm(p~x,weight=n,family=binomial(link="probit"),data=data10.4)
summary(glm10.6)
```

输出结果 10.7

```
Call:
glm(formula = p ~ x, family = binomial(link = "probit"), data =
data10.4,
      weights = n)

Deviance Residuals:
    Min        1Q       Median       3Q        Max
-0.47599   -0.30254    0.04287    0.27093    0.45008

Coefficients:
                Estimate   Std. Error   z value   Pr(>|z|)
(Intercept)     -0.53177    0.18144      -2.931    0.00338 **
x                0.09354    0.03307       2.829    0.00467 **
---
Signif. codes: 0 '***' 0.001 '**' 0.01 '*' 0.05 '.' 0.1 ' ' 1

(Dispersion parameter for binomial family taken to be 1)

    Null deviance: 9.1386  on 8  degrees of freedom
Residual deviance: 1.0441  on 7  degrees of freedom
AIC: 40.09
Number of Fisher Scoring iterations: 3
```

由输出结果 10.7 得回归方程

$$\Phi^{-1}(\hat{p}) = -0.532 + 0.093\,5x \tag{10.32}$$

该结果与前面普通最小二乘的结果（10.30）很接近，在 R 软件中也可以对该分组数据做 Logistics 回归，具体代码如下：

```
glma10.6<-glm(p~x,weight=n,family=binomial(link="logit"),data=data10.4)
summary(glma10.6)
```

运行代码后，可得到回归方程为

$$\hat{p}' = -0.851\,8 + 0.149\,8x \tag{10.33}$$

这也与用最小二乘法所得到的 Logistic 回归方程式（10.19）很接近。

10.5　多类别 Logistic 回归

当定性因变量 y 取 k 个类别时，记为 $1, 2, \cdots, k$，这里的数字 $1, 2, \cdots, k$ 只是名义代号，并没有大小顺序的含义。因变量 y 取值于每个类别的概率与一组自变量 $x_1, x_2, \cdots, x_p$ 有关，对于样本数据 $(x_{i1}, x_{i2}, \cdots, x_{ip}; y_i)\,(i = 1, 2, \cdots, n)$，多类别 Logistic 回归模型第 i 组样本的因变量 y_i 取第 j 个类别的概率为

$$\pi_{ij} = \frac{\exp(\beta_{0j} + \beta_{1j}x_{i1} + \cdots + \beta_{pj}x_{ip})}{\exp(\beta_{01} + \beta_{11}x_{i1} + \cdots + \beta_{p1}x_{ip}) + \cdots + \exp(\beta_{0k} + \beta_{1k}x_{i1} + \cdots + \beta_{pk}x_{ip})} \tag{10.34}$$
$$i = 1, 2, \cdots, n;\ j = 1, 2, \cdots, k$$

式（10.34）中各回归系数不是唯一确定的，每个回归系数同时加减一个常数后 π_{ij} 的数值保持不变。为此，把分母的第一项 $\exp(\beta_{01} + \beta_{11}x_{i1} + \cdots + \beta_{p1}x_{ip})$ 中的系数都设为 0，得到回归函数的表达式

$$\pi_{ij} = \frac{\exp(\beta_{0j} + \beta_{1j}x_{i1} + \cdots + \beta_{pj}x_{ip})}{1 + \exp(\beta_{02} + \beta_{12}x_{i1} + \cdots + \beta_{p2}x_{ip}) + \cdots + \exp(\beta_{0k} + \beta_{1k}x_{i1} + \cdots + \beta_{pk}x_{ip})} \tag{10.35}$$
$$i = 1, 2, \cdots, n;\ j = 1, 2, \cdots, k$$

这个表达式中每个回归系数都是唯一确定的，第一个类别的回归系数都取 0，其他类别的回归系数数值的大小都以第一个类别为参照。

R 软件中对多分类变量进行 Logistic 回归，可以使用 mlogit 包中的 mlogit() 函数，也可以使用 nnet 包中的 multinom() 函数。此处，使用 mlogit() 函数并以 mlogit 包中自带的数据 Fishing 为例，说明多类别 Logistic 回归的应用。

 例 10-7

本例数据选自 R 软件自带的鸢尾花数据集（iris），它包含了 150 个样本、4 个解

释变量和 1 个响应变量。其中，响应变量为花的类别，分别是山鸢尾（Iris-setosa）、变色鸢尾（Iris-versicolor）和维吉尼亚鸢尾（Iris-virginica）；解释变量分别为花萼长度（Sepal Length）、花萼宽度（Sepal Width）、花瓣长度（Petal Length）和花瓣宽度（Petal Width）。接下来，我们采用该数据建立多类别 logistic 回归模型，模型中仅使用花萼长度做自变量，具体计算代码如下所示。

```
library(mlogit)
irisdata<-mlogit.data(iris,choice="Species",shape = "wide")
#iris 数据框可以直接使用，此处为将其格式按照 mlogit 函数的要求进行转换
mlg<-mlogit(Species~0|Sepal.Length,data = irisdata)  #建立多
类别 logistic 模型
summary(mlg)
```

运行上述代码，得到输出结果 10.8.

输出结果 10.8

```
Call:
mlogit(formula = Species ~ 0 | Sepal.Length, data = irisdata,
    method = "nr")

Frequencies of alternatives:choice
    setosa versicolor  virginica
   0.33333    0.33333    0.33333

nr method
7 iterations, 0h:0m:0s
g'(-H)^-1g = 0.000179
successive function values within tolerance limits

Coefficients:
                          Estimate  Std. Error  z-value   Pr(>|z|)
(Intercept):versicolor    -26.08176    4.88927   -5.3345  9.582e-08 ***
(Intercept):virginica     -38.75882    5.69068   -6.8109  9.697e-12 ***
Sepal.Length:versicolor     4.81566    0.90684    5.3104  1.094e-07 ***
Sepal.Length:virginica      6.84637    1.02222    6.6975  2.120e-11 ***
---
Signif. codes:  0 '***' 0.001 '**' 0.01 '*' 0.05 '.' 0.1 ' ' 1

Log-Likelihood: -91.034
McFadden R^2:  0.44758
Likelihood ratio test : chisq = 147.52 (p.value = < 2.22e-16)
```

由于 150 个样本中 3 种不同类别的鸢尾花样本占比相同，从而由输出结果可看到三个类别的频率均为 0.333 3，而 Coefficients 部分的输出结果中没有 setosa 这一类别的回归系数，实际上是该类别的回归系数均取值为 0。另外，由似然比检验（Likelihood ratio test）的结果可知，回归模型整体上是极其显著的，同时回归系数的显著性检验的 P 值亦均非常小，可知各回归系数亦均是显著的。总体来看，本例所建立的多类别 Logistic 回归模型是有效的，该模型的表达式为：

$$\begin{cases} \pi_1 = \dfrac{1}{1+\exp(-26.082+4.816x)+\exp(-38.759+6.846x)} \\[3mm] \pi_2 = \dfrac{\exp(-26.082+4.816x)}{1+\exp(-26.082+4.816x)+\exp(-38.759+6.846x)} \\[3mm] \pi_3 = \dfrac{\exp(-38.759+6.846x)}{1+\exp(-26.082+4.816x)+\exp(-38.759+6.846x)} \end{cases}$$

10.6 因变量顺序类别的回归

当定性因变量 y 取 k 个顺序类别时，记为 1, 2, $\cdots$, k，这里的数字 1, 2, $\cdots$, k 仅表示顺序的先后。例如，对居住状况分为非常不满意、不满意、一般、满意、非常满意 5 个顺序类别。因变量 y 取值于每个类别的概率仍与一组自变量 $x_1, x_2, \cdots, x_p$ 有关，对于样本数据 $(x_{i1}, x_{i2}, \cdots, x_{ip}; y_i)$ $(i = 1, 2, \cdots, n)$，顺序类别回归模型主要有两种类型，一种是位置结构（Location Component）模型；另一种是规模结构（Scale Component）模型。

（1）位置结构模型

$$\mathrm{link}(\gamma_{ij}) = \theta_j - (\beta_1 x_{i1} + \beta_2 x_{i2} + \cdots + \beta_p x_{ip}) \tag{10.36}$$

式（10.36）中，link($\cdot$) 是联系函数；$\gamma_{ij} = \pi_{i1} + \cdots + \pi_{ij}$ 是第 i 个样品小于等于 j 的累积概率，由于 $\gamma_{ik} = 1$，所以式（10.36）只针对 $i = 1, 2, \cdots, n$；$j = 1, 2, \cdots, k-1$。θ_j 是类别界限值（Threshold）。

（2）规模结构模型

$$\mathrm{link}(\gamma_{ij}) = \frac{\theta_j - (\beta_1 x_{i1} + \beta_2 x_{i2} + \cdots + \beta_p x_{ip})}{\exp(\tau_1 z_{i1} + \tau_2 z_{i2} + \cdots + \tau_m z_{im})} \tag{10.37}$$

式（10.37）中，$z_1, z_2, \cdots, z_m$ 是 $x_1, x_2, \cdots, x_p$ 的一个子集，作为规模结构解释变量。

联系函数的几种主要类型见表 10-6。

表 10-6

联系函数类型	形 式	应用场合
Logit	$\ln(\gamma/(1-\gamma))$	各类别均匀分布
Complementary log-log	$\ln(-\ln(1-\gamma))$	高层类别出现概率大
Negative log-log	$-\ln(-\ln(\gamma))$	低层类别出现概率大
Probit	$\Phi^{-1}(\gamma)$	正态分布
Cauchit（inverse Cauchy）	$\tan(\pi(\gamma-0.5))$	两端的类别出现概率大

在 R 软件中对有序分类因变量做 Logistic 或 Probit 回归，可以采用 MASS 包里的 polr 函数进行建模，此函数中使用的是位置结构模型。该函数的使用格式如下：

```
polr(formula, data, weights, method = c("logistic", "probit", "loglog",
        "cloglog", "cauchit"))
```

其中，method 的 5 种可选择的类型即为表10-6中的5种联系函数，默认情况下 method="logistic"。下面使用 R 软件自带的数据，介绍当因变量为顺序数据时的回归模型。

 例 10-8

本例使用 MASS 包中的 housing 数据集，它是关于哥本哈根住户居住情况的调查数据统计表，其包括 72 行和 5 个属性变量，分别记做：Sat、Infl、Type、Cont 和 Freq。Sat 表示住户对当前住房的满意程度，包含高、中、低三种有序类别；Infl 表示住户对物业管理的影响程度，包含高、中、低三种类别；Type 表示住户所租赁住房的类型，包含塔式、中庭、公寓和露台四种类别；Cont 表示与其他住户的沟通交流程度，包含高和低两种类别；Freq 表示前四个变量的不同类别组合情况下所对应的住户人数。

下面我们以 Sat 为因变量，Infl、Type 和 Cont 为自变量，Freq 为权重建立 Logistic 回归模型，相应的计算代码及其运行结果如下所示。

计算代码

```
library(MASS)
house.plr <- polr(Sat ~ Infl + Type + Cont, weights = Freq, data = housing)
summary(house.plr)
```

输出结果 10.9

```
Re-fitting to get Hessian

Call:
polr(formula = Sat ~ Infl + Type + Cont, data = housing, weights = Freq)

Coefficients:
                    Value     Std. Error   t value
InflMedium          0.5664    0.10465       5.412
InflHigh            1.2888    0.12716      10.136
TypeApartment      -0.5724    0.11924      -4.800
TypeAtrium         -0.3662    0.15517      -2.360
TypeTerrace        -1.0910    0.15149      -7.202
ContHigh            0.3603    0.09554       3.771

Intercepts:
```

```
                      Value    Std. Error    t value
     Low|Medium      -0.4961    0.1248       -3.9739
     Medium|High      0.6907    0.1255        5.5049

     Residual Deviance: 3479.149
     AIC: 3495.149
```

输出结果 10.9 中未输出 InflLow，TypeTower，ContLow 对应的系数，因为它们对应的系数为0，由上面的回归系数可以写出回归模型。另外，我们使用函数 predict(house.plr)输出有序变量的预测值 $\hat{p}$，并与真实值 Sat 进行对比，以分析能够做出正确判断的概率，现将 R 软件的输出结果进行整理，列于表 10-7 中。表中 1 代表低，2 代表中，3 代表高，对比预测值和真实值容易看出正确判断的概率为 1/3，说明该模型不够理想，可能是由于自变量对因变量的影响不够显著，若要得到更好的结果，需要考虑加入重要的自变量。

表 10-7

真实值	预测值	真实值	预测值	真实值	预测值	真实值	预测值
1	1	1	1	1	3	1	1
2	1	2	1	2	3	2	1
3	1	3	1	3	3	3	1
1	3	1	3	1	3	1	3
2	3	2	3	2	3	2	3
3	3	3	3	3	3	3	3
1	3	1	3	1	3	1	3
2	3	2	3	2	3	2	3
3	3	3	3	3	3	3	3
1	1	1	1	1	1	1	1
2	1	2	1	2	1	2	1
3	1	3	1	3	1	3	1
1	1	1	1	1	3	1	1
2	1	2	1	2	3	2	1
3	1	3	3	3	3	3	1
1	3	1	3	1	3	1	3
2	3	2	3	2	3	2	3
3	3	3	3	3	3	3	3

有序数据比分类数据含有更多的信息量，从理论上说有序数据因变量回归的效果应该比类别数据因变量的回归效果好。但是从实际应用效果看，有序数据因变量的效果往往不尽如人意，因此关于该类回归模型的研究也在逐步的深入和不断发展中。

10.7 本章小结与评注

在这一章我们主要介绍了自变量含定性变量和因变量是定性变量的两大类回归模型。

对于自变量含定性变量的回归模型，我们用两个例子介绍了这类问题的处理方法。也许有的读者会问，像例 10-1 的问题，为什么不对它分别拟合高学历家庭储蓄回归方程和低学历家庭储蓄回归方程，而是拟合带有一个虚拟变量的回归方程呢？这样做的原因有两个：一是因为模型假设对每类家庭具有相同的斜率和误差方差，把两类家庭放在一起可以对公共斜率 β_1 做出最佳估计；二是用带有一个虚拟变量的回归模型进行其他统计推断也会更加精确，这是因为均方误差的自由度更大。

推断统计中的单因素方差分析模型、无交互作用的双因素方差分析模型和有交互作用的双因素方差分析模型，都可以转化为 0-1 型自变量的回归分析模型。以单因素方差分析为例，设 $y_{ij}(i = 1, 2, \cdots, n_j)$ 是正态总体 $N(\mu_j, \sigma^2)$ $(j = 1, 2, \cdots, c)$ 的样本，原假设为

$$H_0: \quad \mu_1 = \mu_2 = \cdots = \mu_c \tag{10.38}$$

记 $\varepsilon_{ij} = y_{ij} - \mu_j$，则有 $\varepsilon_{ij} \sim N(0, \sigma^2)$，进而有

$$y_{ij} = \mu_j + \varepsilon_{ij}, \quad i = 1, 2, \cdots, n_j; \quad j = 1, 2, \cdots, c \tag{10.39}$$

记 $\mu = \dfrac{1}{c}\sum_{j=1}^{c}\mu_j$，$a_j = \mu_j - \mu$，则式（10.39）改写为

$$y_{ij} = \mu + a_j + \varepsilon_{ij}, \quad i = 1, 2, \cdots, n_j; \quad j = 1, 2, \cdots, c \tag{10.40}$$

引入 0-1 型自变量 x_{ij}，将式（10.40）表示为

$$y_{ij} = \mu + a_1 x_{i1} + a_2 x_{i2} + \cdots + a_c x_{ic} + \varepsilon_{ij}, \quad i = 1, 2, \cdots, n_j; \quad j = 1, 2, \cdots, c \tag{10.41}$$

其中

$$\begin{cases} x_{i1} = 1, & \text{当 } j = 1 \\ x_{i1} = 0, & \text{当 } j \neq 1 \end{cases}$$

$$\begin{cases} x_{i2} = 1 & \text{当 } j = 2 \\ x_{i2} = 0 & \text{当 } j \neq 2 \end{cases}$$

$$\cdots\cdots$$

$$\begin{cases} x_{ic} = 1, & \text{当 } j = c \\ x_{ic} = 0, & \text{当 } j \neq c \end{cases}$$

式（10.41）即我们熟悉的多元线性回归模型。但是其中还存在一个问题，就是 c 个自变量 $x_1, x_2, \cdots, x_c$ 之和恒等于 1，存在完全的多重共线性。为此，剔除 x_c，建立回归模型

$$y_{ij} = \mu + a_1 x_{i1} + a_2 x_{i2} + \cdots + a_{c-1} x_{i,c-1} + \varepsilon_{ij}$$
$$i = 1, 2, \cdots, n_j; \quad j = 1, 2, \cdots, c \tag{10.42}$$

式（10.42）回归方程显著性检验的原假设为

$$H_0: \quad a_1 = a_2 = \cdots = a_{c-1} = 0 \tag{10.43}$$

由 $a_j = \mu_j - \mu = \mu_j - \dfrac{1}{c} \sum\limits_{j=1}^{c} \mu_j$ 可知，式（10.38）与式（10.43）两个原假设是等价的。做式（10.43）的显著性 F 检验，这个检验与单因素方差分析的 F 检验是等价的。

对于无交互作用的双因素方差分析模型和有交互作用的双因素方差分析模型，也可以用类似的方法转化为 0-1 型自变量的回归分析模型，在此就不多做介绍了。

如果所建立的回归模型其中的自变量全是定性变量，我们称这样的回归模型为方差分析模型；如果模型中既包含数量变量，又包含定性变量，其中以定性自变量为主，则称为协方差模型。例 10-1 实际上就是一个协方差模型，对这些模型有兴趣的读者请参见参考文献[6]。

分组数据的 Logistic 回归首先要对频率做逻辑变换，变换公式为 $p_i' = \ln(p_i / 1 - p_i)$，这个变换要求 $p_i = m_i / n_i \neq 0$ 或 1，即要求 $m_i \neq 0$，$m_i \neq n_i$。当 $m_i = 0$ 或 $m_i = n_i$ 时，可以用如下的修正公式计算样本频率

$$p_i = \frac{m_i + 0.5}{n_i + 1} \tag{10.44}$$

分组数据的 Logistic 回归存在异方差性，需要采用加权最小二乘估计。除了式（10.22）给出的权函数 $w_i = n_i p_i (1 - p_i)$ 之外，也可以通过两阶段最小二乘法确定权函数：

第一阶段是用普通最小二乘法拟合回归模型。

第二阶段是从第一阶段的结果估计出组比例 $\hat{p}_i$，用权数 $w_i = n_i \hat{p}_i (1 - \hat{p}_i)$ 做加权最小二乘回归（见参考文献[3]）。

因变量是定性变量的情况有广泛的应用，这种情况属于广义线性模型（Generalized Linear Model，GLM）的研究范畴。GLM 的内容很广泛，其基本内容是假定因变量分布中的某个参数与一组自变量有关。例如，以 y 表示产品的缺陷数，$x_1, x_2, \cdots, x_p$ 是与 y 相关的变量，假定 y 服从泊松分布 $P(\mu)$，$\mu = E(y) > 0$，$\ln\mu$ 的取值范围是整个实轴，可以建立 $\ln\mu$ 对 $x_1, x_2, \cdots, x_p$ 的线性回归模型

$$\ln\mu = \beta_0 + \beta_1 x_1 + \beta_2 x_2 + \cdots + \beta_p x_p + \varepsilon$$

这就是所谓对数线性模型的一个例子。

Logistic 回归的应用非常广泛。我们将 Logistic 回归建模方法用于标准化试题的评价也得到了很有意义的结果，详见参考文献[12]。

思考与练习

10.1　一个学生使用含有季节定性自变量的回归模型，对春、夏、秋、冬四个季节引入四个 0-1 型自变量，用 R 软件计算的结果中总是自动剔除其中的一个自变量，他为此感到困惑不解。出现这种情况的原因是什么？

10.2　对自变量中含定性变量的问题，为什么不对同一属性分别建立回归模型，而采取设虚拟变量的方法建立回归模型？

10.3　研究者想研究采取某项保险革新措施的速度 y 与保险公司的规模 x_1 和保险公司类型的关系（参见参考文献[3]）。因变量的计量是第一个公司采纳这项革新和给定公司采纳这项革新在时间上先后间隔的月数。第一个自变量公司的规模是数量型的，用公司的总资产额（百万美元）来计量；第二个自变量公司的类型是定性变量，由两种类型构成，即股份公司和互助公司。数据资料如表 10-8 所示，试建立 y 对公司规模和公司类型的回归。

表 10-8

i	y	x_1	公司类型
1	17	151	互助
2	26	92	互助
3	21	175	互助
4	30	31	互助
5	22	104	互助
6	0	277	互助
7	12	210	互助
8	19	120	互助
9	4	290	互助
10	16	238	互助
11	28	164	股份
12	15	272	股份
13	11	295	股份
14	38	68	股份
15	31	85	股份
16	21	224	股份
17	20	166	股份
18	13	305	股份
19	30	124	股份
20	14	246	股份

10.4　表 10-9 的数据是我国 1980—2004 年铁路里程数据，根据散点图观察在 1995 年（$t = 16$）有折点，用折线回归拟合这些数据。

表 10-9　我国 1980—2004 年铁路里程数据　　　　单位：万千米

年份	t	y	年份	t	y
1980	1	5.33	1993	14	5.86
1981	2	5.39	1994	15	5.90
1982	3	5.29	1995	16	5.97
1983	4	5.41	1996	17	6.49
1984	5	5.45	1997	18	6.60
1985	6	5.50	1998	19	6.64
1986	7	5.57	1999	20	6.74
1987	8	5.58	2000	21	6.87
1988	9	5.61	2001	22	7.01
1989	10	5.69	2002	23	7.19
1990	11	5.78	2003	24	7.30
1991	12	5.78	2004	25	7.44
1992	13	5.81			

10.5　某省统计局 2020 年 9 月在全省范围内进行了一次公众安全感问卷调查，参考文献[10]选取了调查表中的一个问题进行分析。本题对其中的数据做了适当的合并。对 1 391 人填写的问卷统计"一人在家是否害怕陌生人来"。因变量 $y = 1$ 表示害怕，$y = 0$ 表示不害怕。两个自变量：x_1 是年龄；x_2 是文化程度。各变量的取值含义见表 10-10。

表 10-10

是否害怕　y	年龄 x_1	文化程度 x_2
害怕　1	16~28 岁　22	文盲　0
不害怕　0	29~45 岁　37	小学　1
	46~60 岁　53	中学　2
	61 岁及以上　68	中专及以上　3

现在的问题是："公民一人在家害怕陌生人来"这个事件，与公民的年龄 x_1、文化程度 x_2 有没有关系？调查数据见表 10-11。

表 10-11

序　号	x_1	x_2	n_i	$y = 1$	$y = 0$	p_i
1	22	0	3	0	3	0.125 00
2	22	1	11	3	8	0.291 67
3	22	2	389	146	243	0.375 64
4	22	3	83	26	57	0.315 48
5	37	0	4	3	1	0.700 00
6	37	1	27	18	9	0.660 71
7	37	2	487	196	291	0.402 66
8	37	3	103	27	76	0.264 42
9	53	0	9	4	5	0.450 00
10	53	1	6	3	3	0.500 00
11	53	2	188	73	115	0.388 89
12	53	3	47	18	29	0.385 42
13	68	0	2	0	2	0.166 67
14	68	1	10	3	7	0.318 18
15	68	2	18	7	11	0.394 74
16	68	3	4	0	4	0.100 00

其中，p_i 是根据式 (10.44) 计算的。

(1) 把公民的年龄 x_1、文化程度 x_2 作为数量型变量，建立 y 对 x_1 和 x_2 的 Logistic 回归。

(2) 把公民的年龄 x_1、文化程度 x_2 作为定性变量，用 0-1 型变量将其数量化，建立 y 对公民的年龄和文化程度的 Logistic 回归。

(3) 你对回归的效果是否满意？如果不满意，你认为主要的问题是什么？

10.6　研制一种新型玻璃，对其做耐冲击试验。用一个小球从不同的高度 h 对玻璃做自由落体撞击，玻璃破碎记 $y=1$，玻璃未破碎记 $y=0$。试对表 10-12 的数据建立玻璃耐冲击性对高度 h 的 Logistic 回归，并解释回归方程的含义。

表 10-12

序号	$h(m)$	y	序号	$h(m)$	y
1	1.50	0	14	1.76	1
2	1.52	0	15	1.78	0
3	1.54	0	16	1.80	1
4	1.56	0	17	1.82	0
5	1.58	1	18	1.84	0
6	1.60	0	19	1.86	1
7	1.62	0	20	1.88	1
8	1.64	0	21	1.90	0
9	1.66	0	22	1.92	1
10	1.68	1	23	1.94	0
11	1.70	0	24	1.96	1
12	1.72	0	25	1.98	1
13	1.74	0	26	2.00	1

10.7　使用数据 bankloan 建立 Logistic 回归模型，该数据为 SPSS 软件自带数据，读者可以从该软件中自行导出数据。该数据来源于一家银行，它主要为了研究客户拖欠贷款问题，因变量是客户是否曾经拖欠贷款 Previously defaulted[default]，0 = "No"，1 = "Yes"。数据文件中共有 850 条记录，其中前 700 条记录是过去客户的资料，作为回归的样本。后 150 条记录是潜在客户的资料，希望用回归预测其拖欠贷款倾向。建立两类别 Logistic 回归，定性自变量是 Level of education [ed]，用 Categorical 按钮指定；数值型自变量是 Age in years [age]，Years with current employer [employ]，Years at current address [address]，Household income in thousands [income]，Debt to income ratio [debtinc]，Credit card debt in thousands [creddebt] 和 Other debt in thousands [othdebt]。

10.8　用数据 Cereal 做多类别 Logistic 回归。该数据为 SPSS 软件自带的数据，读者可以从该软件自行导出数据。这个数据资料来源是某快餐公司抽选了 880 名顾客，品尝公司的 3 种早餐套餐，分别是 1——Breakfast Bar，2——Oatmeal，3——Cereal。每位顾客从中确定自己最喜欢的套餐，公司记录下顾客的年龄、性别、婚姻状况、健身运动状况。以 Preferred breakfast [bfast] 为因变量，以定性变量 Age category [agecat]，Gender[gender]，Marital status[marital]，Lifestyle[active]为自变量做统计分析。

10.9　对例 10-7，根据输出结果 10.8，手工算出以下两个样本的预测概率：

样品号	鸢尾品种	花萼长度	样本号	鸢尾品种	花萼长度
1	setosa	4.9	2	versicolor	5.6

10.10　某学校对本科毕业学生的去向做了一个调查，分析影响毕业去向的相关因素，结果如表 10-13 所示，其中毕业去向"1"= 工作，"2"= 读研，"3"= 出国留学。性别"1"= 男生，"0"= 女生。用多类别 Logistic 回归分析影响毕业去向的因素。

表 10-13

序号	专业课 x_1	英语 x_2	性别 x_3	月生活费 x_4	毕业去向 y
1	95	65.0	1	600	2
2	63	62.0	0	850	1
3	82	53.0	0	700	2
4	60	88.0	0	850	3
5	72	65.0	1	750	1
6	85	85.0	0	1 000	3
7	95	95.0	0	1 200	2
8	92	92.0	1	950	2
9	63	63.0	0	850	1
10	78	75.0	1	900	1
11	90	78.0	0	500	1
12	82	83.0	1	750	2
13	80	65.0	1	850	3
14	83	75.0	0	600	2
15	60	90.0	0	650	3
16	75	90.0	1	800	2
17	63	83.0	1	700	1
18	85	75.0	0	750	2
19	73	86.0	0	950	2
20	86	66.0	1	1 500	3
21	93	63.0	0	1 300	2
22	73	72.0	0	850	1
23	86	60.0	0	950	2
24	76	63.0	0	1 100	1
25	96	86.0	0	750	2
26	71	75.0	1	1 000	1
27	63	72.0	1	850	2
28	60	88.0	0	650	1
29	67	95.0	1	500	1
30	86	93.0	0	550	1
31	63	76.0	0	650	2
32	86	86.0	0	750	2
33	76	85.0	1	650	2
34	82	92.0	1	950	3
35	73	60.0	0	800	1
36	82	85.0	1	750	2
37	75	75.0	0	750	1
38	72	63.0	1	650	1

续表

序号	专业课 x_1	英语 x_2	性别 x_3	月生活费 x_4	毕业去向 y
39	81	88.0	0	850	3
40	92	96.0	1	950	2

10.11　根据输出结果 10.9，手工计算例 10-8 数据中两个样本的预测概率。两个样本的取值如下：

样本号	Infl	Type	Cont
1	Low	Tower	Low
2	Low	Atrium	Low

部分练习题参考答案

第 2 章

2.2　$\hat{\beta}_1 = \dfrac{\sum\limits_{i=1}^{n} x_i y_i}{\sum\limits_{i=1}^{n} x_i^2}$

2.7　提示

$$\sum_{i=1}^{n}(y_i - \hat{y}_i)(\hat{y}_i - \overline{y}) = \sum_{i=1}^{n} e_i(\hat{\beta}_1 x_i - \hat{\beta}_1 \overline{x}) = \hat{\beta}_1 \sum_{i=1}^{n} e_i x_i - \hat{\beta}_1 \overline{x} \sum_{i=1}^{n} e_i = 0$$

2.9　提示

$$
\begin{aligned}
\mathrm{var}(e_i) &= \mathrm{var}(y_i - \hat{y}_i) \\
&= \mathrm{var}(y_i) + \mathrm{var}(\hat{y}_i) - 2\mathrm{cov}(y_i, \hat{y}_i) \\
&= \mathrm{var}(y_i) + \mathrm{var}(\hat{\beta}_0 + \hat{\beta}_1 x_i) - 2\mathrm{cov}[y_i, \overline{y} + \hat{\beta}_1(x_i - \overline{x})] \\
&= \sigma^2 + \sigma^2\left[\frac{1}{n} + \frac{(x_i - \overline{x})^2}{L_{xx}}\right] - 2\sigma^2\left[\frac{1}{n} + \frac{(x_i - \overline{x})^2}{L_{xx}}\right] \\
&= \left[1 - \frac{1}{n} - \frac{(x_i - \overline{x})^2}{L_{xx}}\right]\sigma^2
\end{aligned}
$$

2.14　估计方程为 $\hat{y} = -1 + 7x$，回归标准误差 $\hat{\sigma} = 6.06$，$\hat{\beta}_0$ 置信水平为 95%的置信区间为 $(-21.21, 19.21)$，$\hat{\beta}_1$ 置信水平为 95%的置信区间为 $(0.91, 13.09)$，决定系数为 $r^2 = 0.82$，调整后 $r^2 = 0.76$，β_1 在 0.05 的显著性水平下显著不为 0，x 与 y 在 0.05 的显著性水平下有高度显著的线性依赖关系，$x_0 = 4.20$ 时 $y_0 = 28.40$，y_0 置信水平为 95%的区间估计为 $(6.06, 50.74)$，$E(y_0)$ 置信水平为 95%的区间估计为 $(17.10, 39.70)$。本例样本量 $n = 5$ 很小，所以区间估计的误差很大。

2.15　估计方程为 $\hat{y} = 0.12 + 0.0036x$，回归标准误差 $\hat{\sigma} = 0.48$，$\hat{\beta}_0$ 置信水平为 95%

的置信区间为 $(-0.70, 0.94)$ ，$\hat{\beta}_1$ 置信水平为 95% 的置信区间为 $(0.0026, 0.0046)$ ，决定系数为 $r^2 = 0.90$ ，调整后 $r^2 = 0.89$ ，β_1 显著不为 0 ，x 与 y 有高度显著的线性依赖关系，$x_0 = 1000.00$ 时 $y_0 = 3.70$ ，y_0 置信水平为 95% 的区间估计为 $(2.52, 4.89)$ ，y_0 置信水平为 95% 的近似区间估计为 $(2.74, 4.66)$ ，$E(y_0)$ 置信水平为 95% 的区间估计为 $(3.28, 4.12)$ 。

2.16　（1）散点图（略），可以用直线反映两变量之间的关系。

（2）$\hat{y} = 71.967 + 14.862x$

（3）从残差的直方图看，略呈右偏分布；从正态概率图看，散点基本呈直线趋势，可以认为残差服从正态分布。

第 3 章

3.11　x_3 的 $P = 0.28$ ，最不显著，因此予以剔除。$x_{01} = 75$ ，$x_{02} = 42$ 时 $\hat{y}_0 = 267.83$ ，y_0 置信水平为 95% 的区间估计是 $(204.44, 331.22)$ ，y_0 置信水平 95% 的近似区间估计是 $(219.67, 315.99)$ ，本例样本量 $n = 10$ 较小，所以近似区间估计的误差较大。$E(y_0)$ 置信水平为 95% 的区间估计为 $(239.97, 295.69)$ 。

3.12　x_1 回归系数 0.80 明显不合理。

第 4 章

4.9　（1）普通最小二乘 $\hat{y} = -0.83 + 0.0037x, R^2 = 0.71$ ，残差图略。

（2）$|e_i|$ 与 x_i 的等级相关系数为 0.32 ，P 值为 0.021 ，存在异方差。

（3）加权最小二乘幂指数 m 的最优取值为 $m = 1.5$ ，得：$\hat{y}_w = -0.68 + 0.0036x$

计算出加权变换残差 $e'_{iw} = \sqrt{w_i} \cdot e_{iw}$ ，绘制加权变换残差图（略），$|e'_{iw}|$ 与 x_i 的等级相关系数为 -0.076 ，P 值为 0.59 ，说明异方差已经消除。但是加权最小二乘的 $R^2 = 0.66$ ，小于普通最小二乘的 $R^2 = 0.705$ ，说明加权最小二乘的效果并不好。

（4）对因变量做变换 $y' = \sqrt{y}$ ，得回归方程 $\hat{y}' = 0.58 + 0.00095x$ ，保存预测值 $\hat{y}'_i$ ，将其平方得到因变量 y_i 的预测值，进而计算出残差。等级相关系数为 -0.17 ，P 值为 0.21 ，说明异方差已经消除。用公式 $R^2 = 1 - SSE / SST$ 计算出 $R^2 = 0.710$ ，优于普通最小二乘的效果。

4.13　（1）普通最小二乘 $\hat{y} = -1.43 + 0.18x, R^2 = 0.999$ 。

（2）普通最小二乘 $DW = 0.66 < d_L = 1.120$ ，P 值为 0.00013 ，存在正的序列相关。

（3）迭代法 $\hat{\rho} = 1 - 0.66325 / 2 = 0.668375$ ，对自变量与因变量进行变换后建立回归模型 $\hat{y}' = -0.30 + 0.17x'$ ，此时 DW=1.36 ，P 值为 0.09 ，在 0.05 的显著性水平下可以认为已不存在序列相关。还原为原始方程

$$\hat{y}_t = -0.30 + 0.67y_{t-1} + 0.17(x_t - 0.67x_{t-1})$$

（4）差分法对自变量与因变量进行变换后建立回归模型 $\Delta\hat{y} = 0.17\Delta x$ ，此时 $DW = 1.46$ ，P 值为 0.27 ，在 0.05 的显著性水平下可以认为已不存在序列相关。还原

为原始方程

$$\hat{y}_t = y_{t-1} + 0.17(x_t - x_{t-1})$$

（5）在都消除了自相关的前提下，迭代法的拟合优度更大，故迭代法较优。

4.14 普通最小二乘 $\hat{\sigma} = 329.69$，DW $= 0.75 < d_L = 1.50$，存在正的序列相关。各种自回归方法主要结果见下表：

自回归方法	$\hat{\rho}$	$\hat{\beta}_0$	$\hat{\beta}_0'$	$\hat{\beta}_1 = \hat{\beta}_1'$	$\hat{\beta}_2 = \hat{\beta}_2'$	DW	$\hat{\sigma}_u$
迭代法	0.63	—	−178.84	211.11	1.44	1.72	257.90
差分法	—	—	0	210.12	1.40	2.04	281.00

第 5 章

5.9 后退法依次剔除 x_2，x_4，x_6，最终模型中保留了 x_1，x_3，x_5，逐步回归法与后退法的结果一致。两个方法的最终模型是

$$\hat{y} = -33\,250 - 1.356x_1 + 0.968\,3x_3 + 12.12x_5$$

但是回归模型中变量 x_3 未通过显著性检验，且回归系数的符号与定性分析不相符，因此可以考虑进一步删除 x_3。

第 6 章

6.6 方差扩大因子最大的为 $\text{VIF}_5 = 836.739$，其次是 $\text{VIF}_1 = 472.702$，说明变量间存在多重共线性。先剔除 x_5，重新做回归，计算得最大的是 $\text{VIF}_3 = 192.102$，而这两个变量恰好是后退法和逐步回归法所保留的变量，可见按照共线性剔除变量与逐步回归法剔除变量的结果可能会存在较大差别。

接下来，剔除 x_3 再次做回归，计算此时的方差扩大因子，其中最大的是 $\text{VIF}_2 = 66.054$；剔除 x_2 后计算得最大的是 $\text{VIF}_4 = 19.35$；再剔除 x_4 后得到 VIF 均小于 10，说明此时变量间的共线性已经消除。最终模型保留了变量 x_1 和 x_6，而且检验结果显示回归模型整体显著，各回归系数也显著，回归模型为

$$\hat{y} = 75\,167 + 1.792x_1 - 11.861x_6$$

其中，回归系数也可以得到合理的解释。

第 7 章

7.5 用标准化岭回归系数绘制岭迹图，可以看到当岭参数取 $k = 2.5$ 时，三个自变量的岭估计已基本稳定。此时，一般的岭回归方程为

$$\hat{y} = -5\,946.86 + 0.640\,8x_1 + 0.998x_3 + 3.306x_5$$

各回归系数可以得到合理的解释。

7.6 普通最小二乘 $\hat{y} = 5\,377.00 + 1.22x_2 + 0.98x_3$，其中回归系数 $\hat{\beta}_3 = 0.98$ 明显不合理。当岭参数取 $k = 0.6$ 时，两个自变量的岭估计已经基本平稳，且各系数的估计合理，

此时岭回归方程为

$$\hat{y} = 8\,235.053 + 1.073x_2 + 1.095x_3$$

7.7 采用后退法与逐步回归法，得回归方程 $\hat{y} = -0.97 + 0.04x_1 + 0.15x_2 - 0.029x_4$，其中 x_4 的系数是负数不合理，说明仍然存在共线性。

当岭参数取 $k = 20$ 时，三个自变量的岭估计已经基本平稳，且各系数的估计合理，此时岭回归方程为

$$\hat{y} = 0.074 + 0.015x_1 + 0.15x_2 + 0.006\,6x_4$$

用 y 对 x_1, x_2, x_3 做岭回归，当岭参数取 $k = 15$ 时，三个自变量的岭估计已经基本平稳，且各系数的估计合理，此时岭回归方程为

$$\hat{y} = -0.54 + 0.015x_1 + 0.15x_2 + 0.072x_3$$

回归系数都能有合理解释。

第 8 章

8.3 R 代码及部分输出如下：

```
> pr1=princomp(~x1+x2+x3+x4,data=data,cor=T)
> summary(pr1,loadings=TRUE)
Importance of components:
                       Comp.1     Comp.2     Comp.3       Comp.4
Standard deviation    1.495227  1.2554147  0.43197934  0.0402957285
Proportion of Variance 0.558926 0.3940165  0.04665154  0.0004059364
Cumulative Proportion 0.558926 0.9529425  0.99959406  1.0000000000
Loadings:
    Comp.1 Comp.2 Comp.3 Comp.4
x1   0.476  0.509  0.676  0.241
x2   0.564 -0.414 -0.314  0.642
x3  -0.394 -0.605  0.638  0.268
x4  -0.548  0.451 -0.195  0.677
> score=pr1$scores[,1:4]
> score
        Comp.1       Comp.2       Comp.3       Comp.4
1   -1.5271495    1.9807424   -0.55164170   0.040103254
2   -2.2230410    0.2480864   -0.30203549  -0.031050987
3    1.1760065    0.1913854   -0.01115003  -0.097526922
4   -0.6868410    1.6411586    0.18652107  -0.034468601
5    0.3734140    0.5032822   -0.77034369   0.019970580
6    1.0061104    0.1768834    0.08920187  -0.012663900
7    0.9687086   -2.2219875   -0.18004962   0.008634104
8   -2.3232829   -0.7199137    0.47849150   0.023528803
9   -0.3658690   -1.4907279   -0.03285325  -0.046824608
```

```
10   1.7304296      1.9027433      0.88594988     0.020646667
11  -1.7071534     -1.3479961      0.51435724     0.032670741
12   1.7617078     -0.4082655     -0.02061897     0.038703589
13   1.8169600     -0.4553910     -0.28582880     0.038277280
```

为消除各变量之间的量纲影响，我们选择从相关阵入手求解主成分。由输出可知，选取前两个主成分即可解释大部分变差。现在用 y 对前两个主成分做最小二乘回归，得主成分回归的方程

$$\hat{y} = 95.42 + 9.50\text{Factor1} - 0.12\text{Factor2}$$

分别以两个主成分 Factor1 和 Factor2 做因变量，以四个原始变量为自变量做线性回归，所得的回归系数就是所需要的线性组合的系数。

$$\text{Factor1} = -0.67 + 0.084x_1 + 0.037x_2 - 0.064x_3 - 0.034x_4$$

$$\text{Factor2} = 0.98 + 0.090x_1 - 0.028x_2 - 0.098x_3 + 0.028x_4$$

还原后的主成分回归方程为

$$\hat{y} = 88.96 + 0.79x_1 + 0.36x_2 - 0.60x_3 - 0.33x_4$$

逐步回归法得到的回归方程为

$$\hat{y} = 71.65 + 1.45x_1 + 0.42x_2 - 0.24x_4$$

两种方法的主要区别在于：普通最小二乘法认为自变量对因变量直接起作用，故要剔除对因变量作用不大的自变量；而主成分回归方程则是寻找影响自变量的主要因子，关注这些因子对因变量的作用。两种方法的选择应结合实际情况出发，从而选取更优的解决方案。

8.4　R 代码及部分输出如下：

```
> datanew=scale(data)
> datanew=data.frame(datanew)
> library(pls)
> fit1=lm(y~.,data=datanew)
> pls1=plsr(y~.,data=datanew,validation="LOO",jackknife=TRUE,
            method= "widekernelpls")
> summary(pls1,what="all")    #输出回归结果：预测误差均方根 RMSEP 和变异解释度
Data:   X dimension: 13 4
        Y dimension: 13 1
Fit method: widekernelpls
Number of components considered: 4
VALIDATION: RMSEP
Cross-validated using 13 leave-one-out segments.
        (Intercept)  1 comps  2 comps  3 comps  4 comps
CV          1.041     0.2644   0.2239   0.1751   0.1937
adjCV       1.041     0.2561   0.2059   0.1732   0.1910
```

```
TRAINING: % variance explained
      1 comps   2 comps   3 comps   4 comps
X     55.89     62.12     99.96     100.00
y     96.78     98.16     98.21      98.24
> pls2=plsr(y~.,data=datanew,ncomp=3,validation="LOO",
          jackknife=TRUE)
> coef(pls2)#得到方程的回归系数
, , 3 comps
         y
x1  0.51398740
x2  0.28126396
x3 -0.05967267
x4 -0.42014716
```

为消除量纲影响，我们首先将数据进行标准化。普通最小二乘法得到的回归方程为

$$\hat{y} = 62.41 + 1.55x_1 + 0.51x_2 + 0.10x_3 - 0.14x_4$$

从系数上看可以发现明显不合理的地方，x_3 与 y 是负相关的，但它的系数却是正的。

从使用了所有主成分进行回归所得到的结果可以看出，主成分个数为 3 个时，模型在经过留一交叉验证法后求得的 RMSEP 总和较小，且随着成分个数的增加，RMSEP 值未出现明显减少，同时 3 个主成分对各个因变量的累积贡献率均高于 98%，因此将回归的主成分个数定为 $m=3$。由以上结果可知，对于标准化后的数据的回归方程为

$$y^* = 0.51x_1^* + 0.28x_2^* - 0.060x_3^* - 0.42x_4^*$$

还原为原始变量为

$$\hat{y} = 85.50 + 1.31x_1 + 0.27x_2 - 0.14x_3 - 0.38x_4$$

从系数上看，x_1, x_2 对 y 起正影响，x_3, x_4 对 y 起负影响，与相关分析得到的结果一致，因此偏最小二乘回归系数的解释比普通最小二乘更合理，又比逐步回归保留了更多的自变量。

第 9 章

9.2　选取二次曲线，得 $\hat{y} = 5.84 - 0.0087x + 4.47 \times 10^{-7}x^2$，也可以使用指数曲线。

9.3　（1）乘性误差项：$\alpha = 0.021$，$\beta = 6.08$。

（2）加性误差项：$\alpha = 0.021$，$\beta = 6.06$。

9.4　（1）$b_0 = 0.689$，$b_1 = 0.805$

（2）$u = 200$，$b_0 = 1$，$b_1 = 0.775$

9.5　（1）线性化模型：$A = 0.17$，$\alpha = 0.80$，$\beta = 0.40$。

（2）非线性化模型：$A = 0.41$，$\alpha = 0.87$，$\beta = 0.27$。

（3）DW $= 0.72$，存在自相关，用迭代法得 $A = 0.080$，$\alpha = 0.73$，$\beta = 0.53$。

（4）两个自变量的方差扩大因子皆大于 13，且条件数大于 870，存在严重多重共线

性。取岭回归参数 =5，得岭估计 $A=0.00083$，$\alpha=0.48$，$\beta=1.13$。

9.6 （1）线性化模型：$A=173.27$，$\mu=0.042$，$\alpha=0.46$，$\beta=-0.027$。

（2）非线性化模型：$A=202.40$，$\mu=0.046$，$\alpha=0.40$，$\beta=-0.0025$。

（3）DW $=1.28$，$P=0.012$，存在自相关，用迭代法得 $A=162.50$，$\mu=0.041$，$\alpha=0.46$，$\beta=-0.020$。

（4）三个自变量的方差扩大因子皆大于 17，且条件数大于 4 840，存在严重多重共线性。取岭回归参数 =5，得岭估计 $A=0.17$，$\mu=0.027$，$\alpha=0.32$，$\beta=0.72$。

第 10 章

10.3 把公司类型为互助型设为 1，股份型设为 0，可得到回归方程
$$\hat{y}=41.93-0.10x_1-8.06x_2$$

10.4 设 $x=\begin{cases} 0, & t\leqslant 16 \\ t-16, & t>16 \end{cases}$，得 $\hat{y}=5.18+0.055t+0.11x$，回归系数都显著非 0，折线回归成立。

10.5 （1）未加权回归：回归方程 F 检验的显著性概率 $P=0.69$，回归方程不显著。x_1,x_2 的 P 值分别为 0.62 和 0.49，也不显著。

加权回归：回归方程 F 检验的显著性概率 $P=0.037$，回归方程显著。x_2 显著，其 P 值为 0.013，回归系数为 -0.33，表明文化程度越高越不害怕。x_1 不显著，应予以剔除。

（2）未加权回归：回归方程 F 检验的显著性概率 $P=0.12$，回归方程不显著，且大部分变量显著性也不高。尝试使用逐步回归法选择变量，step 函数剔除了 x_{11} 和 x_{21}，但是最终方程的拟合优度较低，拟合效果不好。

加权回归：回归方程不显著，与年龄有关的哑变量全部都不显著。尝试使用逐步回归法选择变量，step 函数只留下了 x_{22}，x_{23}，但是拟合优度很低，拟合效果不好。

（3）对回归的效果不满意，主要问题是对年龄 x_1 是否显著的判定，如果能获得年龄的精确值做 Logistic 回归的极大似然估计，可能会改进估计效果。

10.6 Logistic 回归方程为
$$\hat{p}=\frac{\exp(-14.59+7.98h)}{1+\exp(-14.59+7.98h)}$$

10.7 直接拟合 Logistic 回归后，发现大部分变量都不显著，故尝试用逐步回归进行变量选择，最终剔除了不显著的自变量 ed, othdebt, income 和 age。700 个观测值的预测效果见下表：

observed		predicted		
		previous defaulted		percentage correct(%)
		no	yes	
previous defaulted	no	480	37	92.84
	yes	87	96	52.46
overall percentage				82.29

10.8　由似然比检验的 P 值可见，变量 gender 不显著，因此把它剔除，再重新做回归。预测的效果见下表，总正确率是 57.39%。

observed	predicted			
	breakfast bar	oatmeal	cereal	percentage correct
breakfast bar	116	30	85	50.22%
oatmeal	19	239	52	77.10%
cereal	81	108	150	44.25%
overall percentage	24.54%	42.84%	32.61%	57.39%

10.9　由

$$\pi_1 = \frac{1}{1+\exp(-26.082+4.816x)+\exp(-38.759+6.846x)}$$

$$\pi_2 = \frac{\exp(-26.082+4.816x)}{1+\exp(-26.082+4.816x)+\exp(-38.759+6.846x)}$$

$$\pi_3 = \frac{\exp(-38.759+6.846x)}{1+\exp(-26.082+4.816x)+\exp(-38.759+6.846x)}$$

分别可计算各式关于两样本的取值。对于样本 1，得到上面三个式子的分母为 1.088 9，从而容易计算得 $\pi_{11}=0.918$，$\pi_{12}=0.077$，$\pi_{13}=0.005$，故样本 1 的预测值是第一类即 setosa；同理得样本 2 的预测值为第二类即 versicolor。

10.10　R 代码及部分输出如下：

```
> data=read.csv("question10_10.csv",head=TRUE,sep=",")
> data=data[-41,-1]
> library(nnet)
> fit1=multinom(y~.,data=data)
> p=matrix(9999,1,4)
> for(s in 1:4){
+     newdata=data[,-s]
+     fit2=multinom(y~.,data=newdata)
+     z=2*(logLik(fit1)-logLik(fit2))    #loglik ratio chisq=
              #-2*difference between full and reduced model.
+     p[s]=1-pchisq(z,2)
+ }
> p
            [,1]        [,2]       [,3]       [,4]
[1,]  0.0002788577 0.06119863 0.8514241 0.01064628
> newdata=data[,-3]
> fit2=multinom(y~.,data=newdata)
> summary(fit2)
Call:
multinom(formula = y ~ ., data = newdata)
Coefficients:
```

```
        (Intercept)        x1          x2          x4
2     -19.13107   0.16711776 0.03775858 0.003897061
3     -18.02499  -0.01141578 0.12205853 0.010086359
Std. Errors:
        (Intercept)        x1          x2          x4
2 0.0003000582  0.03733777 0.03320348 0.002379768
3 0.0002244710  0.06022549 0.03742735 0.003333900
Residual Deviance: 56.85965
AIC: 72.85965
> p=matrix(9999,1,3)
> for(s in 1:3){
+     newdata1=newdata[,-s]
+     fit3=multinom(y~.,data=newdata1)
+     z=2*(logLik(fit2)-logLik(fit3))   #loglik ratio chisq=
          #-2*difference between full and reduced model.
+     p[s]=1-pchisq(z,2)
+ }
> p
            [,1]          [,2]          [,3]
[1,]   0.0002924786 0.0611242 0.0107883
```

用 R package nnet 做多分类 Logistic 回归时不会输出检验结果，因此可以自己构造似然比统计量对各自变量进行显著性检验。由检验 P 值可见，自变量 x_3 不显著，因此予以剔除。

重新做回归，得到参数估计值如下表：

model	intercept	$\hat{\beta}_1$	$\hat{\beta}_2$	$\hat{\beta}_4$
$y=2$	−19.13	0.17	0.038	0.003 9
$y=3$	−18.02	−0.011	0.12	0.010

对于 $y=2$（读研）

$$\pi_2 = \frac{\exp\left(-19.13+0.17x_1+0.038x_2+0.0039x_4\right)}{1+\exp\left(-19.13+0.17x_1+0.038x_2+0.0039x_4\right) + \exp\left(-18.02-0.011x_1+0.12x_2+0.010x_4\right)}$$

对于 $y=3$（出国留学）

$$\pi_3 = \frac{\exp\left(-18.02-0.011x_1+0.12x_2+0.010x_4\right)}{1+\exp\left(-19.13+0.17x_1+0.038x_2+0.0039x_4\right) + \exp\left(-18.02-0.011x_1+0.12x_2+0.010x_4\right)}$$

10.11 对样本 1，Infl 为 Low，Type 为 Tower，Cont 为 Low，由输出结果 10.9 得：

$$\log(\gamma_{1j}/(1-\gamma_{1j})) = \theta_j - (0+0+0+0+0+0) = \theta_j, j=1,2$$

则

$$\gamma_{1j} = \exp(\theta_j) / (1 + \exp(\theta_j)), j = 1, 2$$

$$\gamma_{11} = \exp(-0.4961) / (1 + \exp(-0.4961)) = 0.38$$

$$\gamma_{12} = \exp(0.6907) / (1 + \exp(0.6907)) = 0.67$$

$$\pi_{11} = 0.38, \pi_{12} = 0.29, \pi_{13} = 0.33$$

易见 π_{11} 最大，故样本 1 给第一类即 Sat 为 Low。同理得 $\pi_{21} = 0.47, \pi_{12} = 0.27, \pi_{13} = 0.26$，样本 2 判给第一类即 Sat 为 Low。

附　　录

表 1　简单相关系数临界值表

$n-2$	5%	1%	$n-2$	5%	1%	$n-2$	5%	1%
1	0.997	1.000	16	0.468	0.590	35	0.325	0.418
2	0.950	0.990	17	0.456	0.575	40	0.304	0.393
3	0.878	0.959	18	0.444	0.561	45	0.288	0.372
4	0.811	0.947	19	0.433	0.549	50	0.273	0.354
5	0.754	0.874	20	0.423	0.537	60	0.250	0.325
6	0.707	0.834	21	0.413	0.526	70	0.232	0.302
7	0.666	0.798	22	0.404	0.515	80	0.217	0.283
8	0.632	0.765	23	0.396	0.505	90	0.205	0.267
9	0.602	0.735	24	0.388	0.496	100	0.195	0.254
10	0.576	0.708	25	0.381	0.487	125	0.174	0.228
11	0.553	0.684	26	0.374	0.478	150	0.159	0.208
12	0.532	0.661	27	0.367	0.470	200	0.138	0.181
13	0.514	0.641	28	0.361	0.463	300	0.113	0.148
14	0.497	0.623	29	0.355	0.456	400	0.098	0.128
15	0.482	0.606	30	0.349	0.449	1 000	0.062	0.081

表 2　t 分布表

例：自由度 f=10, $P(t>1.812)$=0.05, $P(t<-1.812)$=0.05

f \ α	0.25	0.20	0.15	0.10	0.05	0.025	0.01	0.005	0.000 5
1	0.100	1.376	1.963	3.076	6.314	12.706	31.821	63.657	636.619
2	0.816	1.061	1.386	1.886	2.920	4.303	6.965	9.925	31.598
3	0.765	0.978	1.250	1.638	2.353	3.182	4.541	5.841	12.941
4	0.741	0.941	1.190	1.533	2.132	2.776	3.747	4.604	8.610
5	0.727	0.920	1.156	1.476	2.015	2.571	3.365	4.032	6.859
6	0.718	0.906	1.134	1.440	1.943	2.447	3.143	3.707	5.959
7	0.711	0.896	1.119	1.415	1.895	2.365	2.998	3.499	5.405
8	0.706	0.889	1.108	1.397	1.860	2.306	2.896	3.355	5.041
9	0.703	0.883	1.100	1.383	1.833	2.262	2.821	3.250	4.781
10	0.700	0.879	1.093	1.372	1.812	2.228	2.764	3.169	4.587
11	0.697	0.876	1.088	1.363	1.796	2.201	2.718	3.106	4.437
12	0.695	0.873	1.083	1.356	1.782	2.179	2.681	3.055	4.318
13	0.694	0.870	1.079	1.350	1.771	2.160	2.650	3.012	4.221
14	0.692	0.868	1.076	1.345	1.761	2.145	2.624	2.977	4.140
15	0.691	0.866	1.074	1.341	1.753	2.131	2.602	2.947	4.073
16	0.690	0.865	1.071	1.337	1.746	2.120	2.583	2.921	4.015
17	0.689	0.863	1.069	1.333	1.740	2.110	2.567	2.898	3.965
18	0.688	0.862	1.067	1.330	1.734	2.101	2.552	2.878	3.922
19	0.688	0.861	1.066	1.328	1.729	2.093	2.539	2.861	3.883
20	0.687	0.860	1.064	1.325	1.725	2.086	2.528	2.845	3.850
21	0.686	0.859	1.063	1.323	1.721	2.080	2.518	2.831	3.819
22	0.686	0.858	1.061	1.321	1.717	2.074	2.508	2.819	3.792
23	0.685	0.858	1.060	1.319	1.714	2.069	2.500	2.807	3.767
24	0.685	0.857	1.059	1.318	1.711	2.064	2.492	2.397	3.745
25	0.684	0.856	1.058	1.316	1.708	2.060	2.485	2.787	3.725
26	0.684	0.856	1.058	1.315	1.706	2.056	2.479	2.779	3.707
27	0.684	0.855	1.057	1.314	1.703	2.052	2.473	2.771	3.690
28	0.683	0.855	1.056	1.313	1.701	2.048	2.467	2.733	3.674
29	0.683	0.854	1.055	1.311	1.699	2.045	2.462	2.756	3.659
30	0.683	0.854	1.055	1.310	1.697	2.042	2.457	2.750	3.646
40	0.681	0.851	1.050	1.303	1.684	2.021	2.423	2.704	3.551
60	0.679	0.848	1.046	1.296	1.671	2.000	2.390	2.660	3.460
120	0.677	0.845	1.041	1.289	1.658	1.980	2.358	2.617	3.373
∞	0.674	0.842	1.036	1.282	1.645	1.960	2.362	2.576	3.291

表 3 F 分布表

例：自由度 $n_1=5$, $n_2=10$, $P(F>3.33)=0.05$

$P(F>5.64)=0.01$

n_2 中下面的数字是 1% 的显著水平,上面的数字为 5% 的显著水平。

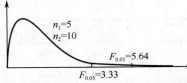

n_2	n_1	分子的自由度											
		1	2	3	4	5	6	7	8	9	10	11	12
1		161	200	216	225	230	234	237	239	241	242	243	244
		4 052	4 999	5 403	5 625	5 764	5 859	5 928	5 981	6 022	6 056	6 082	6 106
2		18.51	19.00	19.16	19.25	19.30	19.33	19.36	19.37	19.38	19.39	19.40	19.41
		98.49	99.00	99.17	99.25	99.30	99.33	99.34	99.36	99.38	99.40	99.41	99.42
3		10.13	9.55	9.28	9.12	9.01	8.94	8.88	8.84	8.81	8.78	8.76	8.74
		34.12	30.82	29.46	28.71	28.24	27.91	27.67	27.49	27.34	27.23	27.13	27.05
4		7.71	6.94	6.59	6.39	6.26	6.16	6.09	6.04	6.00	5.96	5.93	5.91
		21.20	18.01	16.69	15.98	15.52	15.21	14.98	14.80	14.66	14.54	14.45	14.37
5		6.61	5.79	5.41	5.19	5.05	4.95	4.88	4.82	4.78	4.74	4.70	4.68
		16.26	13.27	12.06	11.39	10.97	10.67	10.45	10.27	20.15	10.05	9.96	9.89
6		5.99	5.14	4.76	4.53	4.39	4.28	4.21	4.15	4.10	4.06	4.03	4.00
		13.74	10.92	9.78	9.15	8.75	8.47	8.26	8.10	7.98	7.87	7.79	7.72
7		5.59	4.74	4.35	4.12	3.97	3.87	3.79	3.73	3.68	3.63	3.60	3.57
		12.25	9.55	8.45	7.85	7.46	7.19	7.00	6.84	6.71	6.62	6.54	6.47
8		5.32	4.46	4.07	3.84	3.69	3.58	3.50	3.44	3.39	3.34	3.31	3.28
		11.26	8.65	7.59	7.01	6.63	6.37	6.19	6.03	5.91	5.82	5.74	5.67
9		5.12	4.26	3.86	3.63	3.48	3.37	3.29	3.23	3.18	3.13	3.10	3.07
		10.56	8.02	6.99	6.42	6.06	5.80	5.62	5.47	5.35	5.26	5.18	5.11
10		4.96	4.10	3.71	3.48	3.33	3.22	3.14	3.07	3.02	2.97	2.94	2.91
		10.04	7.56	6.55	5.99	5.64	5.39	5.21	5.06	4.95	4.85	4.78	4.71
11		4.84	3.98	3.59	3.36	3.20	3.09	3.01	2.95	2.90	2.86	2.82	2.79
		9.65	7.20	6.22	5.67	5.32	5.07	4.88	4.74	4.63	4.54	4.46	4.40
12		4.75	3.88	3.49	3.26	3.11	3.00	2.92	2.85	2.80	2.76	2.72	2.69
		9.33	6.93	5.95	5.41	5.06	4.82	4.65	4.50	4.39	4.30	4.22	4.16
13		4.67	3.80	3.41	3.18	3.02	2.92	2.84	2.77	2.72	2.67	2.63	2.60
		9.07	6.70	5.74	5.20	4.86	4.62	4.44	4.30	4.19	4.10	4.02	3.96
14		4.60	3.74	3.34	3.11	2.96	2.85	2.77	2.70	2.65	2.60	2.56	2.53
		8.86	6.51	5.56	5.03	4.69	4.46	4.28	4.14	4.03	3.94	3.86	3.80
15		4.54	3.68	3.29	3.06	2.90	2.79	2.70	2.64	2.59	2.55	2.51	2.48
		8.68	6.36	5.42	4.89	4.56	4.32	4.14	4.00	3.89	3.80	3.73	3.67
16		4.49	3.63	3.24	3.01	2.85	2.74	2.66	2.59	2.54	2.49	2.45	2.42
		8.53	6.23	5.29	4.77	4.44	4.20	4.03	3.89	3.78	3.69	3.61	3.55

分母的自由度

续表

n_2 \ n_1	分子的自由度											
	1	2	3	4	5	6	7	8	9	10	11	12
17	4.45	3.59	3.20	2.96	2.81	2.70	2.62	2.55	2.50	2.45	2.41	2.38
	8.40	6.11	5.18	4.67	4.34	4.10	3.93	3.79	3.68	3.59	3.52	3.45
18	4.41	3.55	3.16	2.93	2.77	2.66	2.58	2.51	2.46	2.41	2.37	2.34
	8.28	6.01	5.09	4.58	4.25	4.01	3.85	3.71	3.60	3.51	3.44	3.37
19	4.38	3.52	3.13	2.90	2.74	2.63	2.55	2.48	2.43	2.38	2.34	2.31
	8.18	5.93	5.01	4.50	4.17	3.94	3.77	3.63	3.52	3.43	3.36	3.30
20	4.35	3.49	3.10	2.87	2.71	2.60	2.52	2.45	2.40	2.35	2.31	2.28
	8.10	5.85	4.94	4.43	4.10	3.87	3.71	3.56	3.45	3.37	3.30	3.23
21	4.32	3.47	3.07	2.84	2.68	2.57	2.49	2.42	2.37	2.32	2.23	2.25
	8.02	5.78	4.87	4.37	4.04	3.81	3.65	3.51	3.40	3.31	3.24	3.17
22	4.30	3.44	3.05	2.82	2.66	2.55	2.47	2.40	2.35	2.30	2.26	2.23
	7.94	5.72	4.82	4.31	3.99	3.76	3.59	3.45	3.35	3.26	3.18	3.12
23	4.28	3.42	3.03	2.80	2.64	2.53	2.45	2.38	2.32	2.28	2.24	2.20
	7.88	5.66	4.76	4.26	3.94	3.71	3.54	3.41	3.30	3.21	3.14	3.07
24	4.26	3.40	3.01	2.78	2.62	2.51	2.43	2.36	2.30	2.26	2.22	2.18
	7.82	5.61	4.72	4.22	3.90	3.67	3.50	3.36	3.25	3.17	3.09	3.03
25	4.24	3.38	2.99	2.76	2.60	2.49	2.41	2.32	2.28	2.24	2.20	2.16
	7.77	5.57	4.68	4.18	3.86	3.63	3.46	3.34	3.21	3.13	3.05	2.99
26	4.22	3.37	2.98	2.74	2.59	2.47	2.39	2.32	2.27	2.22	2.18	2.15
	7.72	5.53	4.64	4.14	3.82	3.59	3.42	3.29	3.17	3.09	3.02	2.96
27	4.21	3.35	2.96	2.73	2.57	2.46	2.37	2.30	2.25	2.20	2.16	2.13
	7.68	5.49	4.60	4.11	3.79	3.56	3.39	3.26	3.14	3.06	2.98	2.93
28	4.20	3.34	2.95	2.71	2.56	2.44	2.36	2.29	2.24	2.19	2.15	2.12
	7.64	5.45	4.57	4.07	3.76	3.53	3.36	3.23	3.11	3.03	2.95	2.90
29	4.18	3.33	2.93	2.70	2.54	2.43	2.35	2.28	2.22	2.18	2.14	2.10
	7.60	5.42	4.54	4.04	3.73	3.50	3.33	3.20	3.08	3.00	2.92	2.87
30	4.17	3.32	2.92	2.69	2.53	2.42	2.34	2.27	2.21	2.16	2.12	2.09
	7.56	5.39	4.51	4.02	3.70	3.47	3.30	3.17	3.06	2.98	2.90	2.84
32	4.15	3.30	2.90	2.67	2.51	2.40	2.32	2.25	2.19	2.14	2.10	2.07
	7.50	5.34	4.46	3.97	3.66	3.42	3.25	3.12	3.01	2.94	2.86	2.80
34	4.13	3.28	2.88	2.65	2.49	2.38	2.30	2.23	2.17	2.12	2.08	2.50
	7.44	5.29	4.42	3.93	6.61	3.38	3.21	3.08	2.97	2.89	2.82	2.76
36	4.11	3.26	2.86	2.63	2.48	2.36	2.28	2.21	2.15	2.10	2.06	2.03
	7.39	5.25	4.38	3.80	3.58	3.35	3.18	3.04	2.94	2.86	2.78	2.72
38	4.10	3.25	2.85	2.62	2.46	2.35	2.26	2.19	2.14	2.09	2.05	2.02
	7.35	5.21	4.34	3.86	3.54	3.32	3.15	3.02	2.91	2.82	2.75	2.69

分母的自由度

续表

n_2 \ n_1	分子的自由度											
	1	2	3	4	5	6	7	8	9	10	11	12
40	4.08	3.23	2.84	2.61	2.45	2.34	2.25	2.18	2.12	2.07	2.04	2.00
	7.31	5.18	4.31	3.83	3.51	3.29	3.12	2.99	2.88	2.80	2.73	2.66
42	4.07	3.22	2.83	2.59	2.44	2.32	2.24	2.17	2.11	2.06	2.02	1.99
	7.27	5.15	4.29	3.80	3.49	3.26	3.10	2.96	2.86	2.77	2.70	2.64
44	4.06	3.21	2.82	2.58	2.43	2.31	2.23	2.16	2.10	2.05	2.01	1.98
	7.24	5.12	4.26	3.78	3.46	3.24	3.07	2.94	2.84	2.75	2.68	2.62
46	4.05	3.20	2.81	2.57	2.42	2.30	2.22	2.14	2.09	2.04	2.00	1.97
	7.21	5.10	4.24	3.76	3.44	3.22	3.05	2.92	2.82	2.73	2.66	2.60
48	4.04	3.19	2.80	2.56	2.41	2.30	2.21	2.14	2.08	2.03	1.99	1.96
	7.19	5.08	4.22	3.74	3.42	3.20	3.04	2.90	2.80	2.71	2.64	2.58
50	4.03	3.18	2.79	2.56	2.40	2.29	2.20	2.13	2.07	2.02	1.98	1.95
	7.17	5.06	4.20	3.72	3.41	3.18	3.02	2.88	2.78	2.70	2.62	2.56
55	4.02	3.17	2.78	2.54	2.38	2.27	2.18	2.11	2.05	2.00	1.97	1.93
	7.12	5.01	4.16	3.68	3.37	3.15	2.98	2.85	2.75	2.66	2.59	2.53
60	4.00	3.15	2.76	2.52	2.37	2.25	2.17	2.10	2.04	1.99	1.95	1.92
	7.08	4.98	4.13	3.65	3.34	3.12	2.95	2.82	2.72	2.63	2.56	2.50
65	3.99	3.14	2.75	2.51	2.36	2.24	2.15	2.08	2.02	1.98	1.94	1.90
	7.04	4.95	4.10	3.62	3.31	3.09	2.93	2.79	2.70	2.61	2.54	2.47
70	3.98	3.13	2.74	2.50	2.35	2.23	2.14	2.07	2.01	1.97	1.93	1.89
	7.01	4.92	4.08	3.60	3.29	3.07	2.91	2.77	2.67	2.59	2.51	2.45
80	3.96	3.11	2.72	2.48	2.33	2.21	2.12	2.05	1.99	1.95	1.91	1.88
	6.96	4.88	4.04	3.56	3.25	3.04	2.87	2.74	2.64	2.55	2.48	2.41
100	3.94	3.09	2.70	2.46	2.30	2.19	2.10	2.03	1.97	1.92	1.88	1.85
	6.90	4.82	3.98	3.51	3.20	2.99	2.82	2.69	2.59	2.51	2.43	2.36
125	3.92	3.07	2.68	2.44	2.29	2.17	2.08	2.01	1.95	1.90	1.86	1.83
	6.84	4.78	3.94	3.47	3.17	2.95	2.79	2.65	2.56	2.47	2.40	2.33
150	3.91	3.06	2.67	2.43	2.27	2.16	2.07	2.00	1.94	1.89	1.85	1.82
	6.81	4.75	3.91	3.44	3.14	2.92	2.76	2.62	2.53	2.44	2.37	2.30
200	3.89	3.04	2.65	2.41	2.26	2.14	2.05	1.98	1.92	1.87	1.83	1.80
	6.76	4.71	3.88	3.41	3.11	2.90	2.73	2.60	2.50	2.41	2.34	2.28
400	3.86	3.02	2.62	2.39	2.23	2.12	2.03	1.96	1.90	1.85	1.81	1.78
	6.70	4.66	3.83	3.36	3.06	2.85	2.69	2.55	2.46	2.37	2.29	2.33
1 000	3.85	3.00	1.61	2.38	2.22	2.10	2.02	1.95	1.89	1.84	1.80	1.76
	6.66	4.62	3.80	3.34	3.04	2.82	2.66	2.53	2.43	2.34	2.26	2.20
∞	3.84	2.99	2.60	2.37	2.21	2.09	2.01	1.94	1.88	1.83	1.79	1.75
	6.64	4.60	3.78	3.32	3.02	2.80	2.64	2.51	2.41	2.32	2.24	2.18

分母的自由度

n_2 \ n_1	分子的自由度											
	14	16	20	24	30	40	50	75	100	200	500	∞
1	245	246	248	249	250	251	252	253	253	254	254	254
	6 142	6 169	6 208	6 234	6 258	6 286	6 302	6 323	6 334	6 352	6 361	6 366
2	19.42	19.43	19.44	19.45	19.46	19.47	19.47	19.48	19.49	19.49	19.50	19.50
	99.43	99.44	99.45	99.46	99.47	99.48	99.48	99.49	99.49	99.49	99.50	99.50
3	8.71	8.69	8.66	8.64	8.62	8.60	8.58	8.57	8.56	8.54	8.54	8.53
	26.92	26.83	26.69	26.60	26.50	26.41	26.35	26.27	26.23	26.18	26.14	26.12
4	5.87	5.84	5.80	5.77	5.74	5.71	5.70	5.68	5.66	5.65	5.64	5.63
	14.24	14.15	14.02	13.93	13.83	13.74	13.69	13.61	13.57	13.52	13.48	13.46
5	4.64	4.60	4.56	4.53	4.50	4.46	4.44	4.42	4.40	4.38	4.37	4.36
	9.77	9.68	9.55	9.47	9.38	9.29	9.24	9.17	9.13	9.07	9.04	9.02
6	3.96	3.92	3.87	3.84	3.81	3.77	3.75	3.72	3.71	3.69	3.68	3.67
	7.60	7.52	7.39	7.31	7.23	7.14	7.09	7.02	6.99	6.94	6.90	6.88
7	3.52	3.49	3.44	3.41	3.38	3.34	3.32	3.29	3.28	3.25	3.24	3.23
	6.35	6.27	6.15	6.07	5.98	5.90	5.85	5.78	5.75	5.70	5.67	5.65
8	3.23	3.20	3.15	3.12	3.08	3.05	3.03	3.00	2.98	2.96	2.94	2.93
	5.56	5.48	5.36	5.28	5.20	5.11	5.06	5.00	4.96	4.91	4.88	4.86
9	3.02	2.98	2.93	2.90	2.86	2.82	2.80	2.77	2.76	2.73	2.72	2.71
	5.00	4.92	4.80	4.73	4.64	4.56	4.51	4.45	4.41	4.36	4.33	4.31
10	2.86	2.82	2.77	2.74	2.70	2.67	2.64	2.61	2.59	2.56	2.55	2.54
	4.60	4.52	4.41	4.33	4.25	4.17	4.12	4.05	4.01	3.96	3.93	3.94
11	2.74	2.70	2.65	2.61	2.57	2.53	2.50	2.47	2.45	2.42	2.41	2.40
	4.29	4.21	4.10	4.02	3.94	3.86	3.80	3.74	3.70	3.66	3.62	3.60
12	2.64	2.60	2.54	2.50	2.46	2.42	2.40	2.36	2.35	2.32	2.31	2.30
	4.05	3.98	3.86	3.78	3.70	3.61	3.56	3.49	3.46	3.41	3.38	3.36
13	2.55	2.51	2.46	2.42	2.38	2.34	2.32	2.28	2.26	1.24	2.22	2.21
	3.85	3.78	3.67	3.59	3.15	3.42	3.37	3.30	3.27	3.21	3.18	3.16
14	2.48	2.44	2.39	2.35	2.31	2.27	2.24	2.21	2.19	2.16	2.14	2.13
	3.70	3.62	3.51	3.43	3.34	3.26	3.21	3.14	3.11	3.06	3.02	3.00
15	2.43	2.39	2.33	2.29	2.25	2.21	2.18	2.15	2.12	2.10	2.08	2.07
	3.56	3.48	3.36	3.29	3.20	3.12	3.07	3.00	2.97	2.92	2.89	2.87
16	2.37	2.33	2.28	2.24	2.20	2.16	2.13	2.09	2.07	2.04	2.02	2.01
	3.45	3.37	3.25	3.18	3.10	3.01	2.96	2.89	2.86	2.80	2.77	2.75
17	2.33	2.29	2.23	2.19	2.15	2.11	2.08	2.04	2.02	1.99	1.97	1.96
	3.35	3.27	3.16	3.08	3.00	2.92	2.86	2.79	2.76	2.70	2.67	2.65
18	2.29	2.25	2.19	2.15	2.11	2.07	2.04	2.00	1.98	1.95	1.93	1.92
	3.27	3.19	3.07	3.00	2.91	2.83	2.78	2.71	2.68	2.62	2.59	2.57
19	2.26	2.21	2.15	2.11	2.07	2.02	2.00	1.96	1.94	1.91	1.90	1.88
	3.19	3.12	3.00	2.92	2.84	2.76	2.70	2.63	2.60	2.54	2.51	2.49

续表

n_2 \ n_1	分子的自由度											
	14	16	20	24	30	40	50	75	100	200	500	∞
20	2.23	2.18	2.12	2.08	2.04	1.99	1.96	1.92	1.90	1.87	1.85	1.84
	3.13	3.05	2.94	2.86	2.77	2.69	2.63	2.56	2.53	2.47	2.44	2.42
21	2.20	2.15	2.09	2.05	2.00	1.96	1.93	1.89	1.87	1.84	1.82	1.81
	3.07	2.99	2.88	2.80	2.72	2.63	2.58	2.51	2.47	2.42	2.38	2.36
22	2.18	2.13	2.07	2.03	1.98	1.93	1.91	1.87	1.84	1.81	1.80	1.78
	3.02	2.94	2.83	2.75	2.67	2.58	2.53	2.46	2.42	2.37	2.33	2.31
23	2.14	2.10	2.04	2.00	1.96	1.91	1.88	1.84	1.82	1.79	1.77	1.76
	2.97	2.89	2.78	2.79	2.62	2.53	2.48	2.41	2.37	2.32	2.28	2.26
24	2.13	2.09	2.02	1.98	1.94	1.89	1.86	1.82	1.80	1.76	1.74	1.73
	2.93	2.85	2.74	2.66	2.58	2.49	2.44	2.36	2.33	2.27	2.23	2.21
25	2.11	2.06	2.00	1.96	1.92	1.87	1.84	1.80	1.77	1.74	1.72	1.71
	2.89	2.81	2.70	2.62	2.54	2.45	2.40	2.32	2.29	2.23	2.19	2.17
26	2.10	2.05	1.99	1.95	1.90	1.85	1.82	1.78	1.76	1.72	1.70	1.69
	2.86	2.77	2.66	2.58	2.50	2.41	2.36	2.28	2.25	2.19	2.15	2.13
27	2.08	2.03	1.97	1.93	1.88	1.84	1.80	1.76	1.74	1.71	1.68	1.67
	2.83	2.74	2.63	2.55	2.47	2.38	2.33	2.25	2.21	2.16	2.12	2.10
28	2.06	2.02	1.96	1.91	1.87	1.81	1.78	1.75	1.72	1.69	1.67	1.65
	2.80	2.71	2.60	2.52	2.44	2.35	2.30	2.22	2.18	2.13	2.09	2.06
29	2.05	2.00	1.94	1.90	1.85	1.80	1.77	1.73	1.71	1.68	1.65	1.64
	2.77	2.68	2.57	2.49	2.41	2.32	2.27	2.19	2.15	2.10	2.06	2.03
30	2.04	1.99	1.93	1.89	1.84	1.79	1.76	1.72	1.69	1.66	1.64	1.62
	2.74	2.66	2.55	2.47	2.38	2.29	2.24	2.16	2.13	2.07	2.03	2.01
32	2.02	1.97	1.91	1.86	1.82	1.76	1.74	1.69	1.67	1.64	1.61	1.59
	2.70	2.62	2.51	2.42	2.34	2.25	2.20	2.12	2.08	2.02	1.98	1.96
34	2.00	1.95	1.89	1.84	1.80	1.74	1.71	1.67	1.64	1.61	1.59	1.57
	2.66	2.58	2.47	2.38	2.30	2.21	2.15	2.08	2.04	1.98	1.94	1.91
36	1.98	1.93	1.87	1.82	1.78	1.72	1.69	1.65	1.62	1.59	1.56	1.55
	2.62	3.54	2.43	2.35	2.26	2.17	2.12	2.04	2.00	1.94	1.90	1.87
38	1.96	1.92	1.85	1.80	1.76	1.71	1.67	1.63	1.60	1.57	1.54	1.53
	2.59	2.51	2.40	2.32	2.22	2.14	2.08	2.00	1.97	1.90	1.86	1.84
40	1.95	1.90	1.84	1.79	1.74	1.69	1.66	1.61	1.59	1.55	1.53	1.51
	2.56	2.49	2.37	2.29	2.20	2.11	2.05	1.97	1.94	1.88	1.84	1.81
42	1.94	1.89	1.82	1.78	1.73	1.68	1.64	1.60	1.57	1.54	1.51	1.49
	2.54	2.46	2.35	2.26	2.17	2.08	2.02	1.94	1.91	1.85	1.80	1.78
44	1.92	1.88	1.81	1.76	1.72	1.66	1.63	1.58	1.56	1.52	1.50	1.48
	2.52	2.44	2.32	2.24	2.15	2.06	2.00	1.92	1.88	1.82	1.78	1.75
46	1.91	1.87	1.80	1.75	1.71	1.65	1.62	1.57	1.54	1.51	1.48	1.46
	2.50	2.42	2.30	2.22	2.13	2.04	1.98	1.90	1.86	1.80	1.76	1.72

（表格左侧：分母的自由度）

n_2 \ n_1	分子的自由度											
	14	16	20	24	30	40	50	75	100	200	500	∞
48	1.90	1.86	1.79	1.74	1.70	1.64	1.61	1.56	1.53	1.50	1.47	1.45
	2.48	2.40	2.28	2.20	2.11	2.02	1.96	1.88	1.84	1.78	1.73	1.70
50	1.90	1.85	1.78	1.74	1.69	1.63	1.60	1.55	1.52	1.48	1.46	1.44
	2.46	2.39	2.26	2.18	2.10	2.00	1.94	1.86	1.82	1.76	1.71	1.68
55	1.88	1.83	1.76	1.72	1.67	1.61	1.58	1.52	1.50	1.46	1.43	1.41
	2.43	2.35	2.23	2.15	2.06	1.96	1.90	1.82	1.78	1.71	1.66	1.64
60	1.86	1.81	1.75	1.70	1.65	1.59	1.56	1.50	1.48	1.44	1.41	1.39
	2.40	2.32	2.20	2.12	2.03	1.93	1.87	1.79	1.74	1.68	1.63	1.60
65	1.85	1.80	1.73	1.68	1.63	1.57	1.54	1.49	1.46	1.42	1.39	1.37
	2.37	2.30	2.18	2.09	2.00	1.90	1.84	1.76	1.71	1.64	1.60	1.56
70	1.84	1.79	1.72	1.67	1.62	1.56	1.53	1.47	1.45	1.40	1.37	1.35
	2.35	2.28	2.15	2.07	1.98	1.88	1.82	1.74	1.69	1.62	1.56	1.53
80	1.82	1.77	1.70	1.65	1.60	1.54	1.51	1.45	1.42	1.38	1.35	1.32
	2.32	2.24	2.11	2.03	1.94	1.84	1.78	1.70	1.65	1.57	1.52	1.49
100	1.79	1.75	1.68	1.63	1.57	1.51	1.48	1.42	1.39	1.34	1.30	1.28
	2.26	2.19	2.06	1.98	1.89	1.79	1.73	1.64	1.59	1.51	1.46	1.43
125	1.77	1.72	1.65	1.60	1.55	1.49	1.45	1.39	1.36	1.31	1.27	1.25
	2.23	2.15	2.03	1.94	1.85	1.75	1.68	1.59	1.54	1.46	1.40	1.37
150	1.76	1.71	1.64	1.59	1.54	1.47	1.44	1.37	1.34	1.29	1.25	1.22
	2.20	2.12	2.00	1.91	1.83	1.72	1.66	1.56	1.51	1.43	1.37	1.33
200	1.74	1.69	1.62	1.57	1.52	1.45	1.42	1.35	1.32	1.26	1.22	1.19
	2.17	2.09	1.97	1.88	1.79	1.69	1.62	1.53	1.48	1.39	1.33	1.28
400	1.72	1.67	1.60	1.54	1.49	1.42	1.38	1.32	1.28	1.22	1.16	1.13
	2.12	2.04	1.92	1.84	1.74	1.64	1.57	1.47	1.42	1.32	1.24	1.19
1 000	1.70	1.65	1.58	1.53	1.47	1.41	1.36	1.30	1.26	1.19	1.13	1.08
	2.09	2.01	1.89	1.81	1.71	1.61	1.54	1.44	1.38	1.28	1.19	1.11
∞	1.67	1.64	1.57	1.52	1.46	1.40	1.35	1.28	1.24	1.17	1.11	1.00
	2.07	1.99	1.87	1.79	1.69	1.59	1.52	1.41	1.36	1.25	1.15	1.00

（分母的自由度 n_2）

表 4　DW 检验上下界表

n 是观测值的数目；k 是解释变量的数目，包括常数项。　　　　　　　　　5%的上下界

n	$k=2$		$k=3$		$k=4$		$k=5$		$k=6$	
	d_L	d_U	d_L	d_U	d_L	d_U	d_L	d_U	d_L	d_U
15	1.08	1.36	0.95	1.54	0.82	1.75	0.69	1.97	0.56	2.21
16	1.10	1.37	0.98	1.54	0.86	1.73	0.74	1.93	0.62	2.15
17	1.13	1.38	1.02	1.54	0.90	1.71	0.78	1.90	0.67	2.10
18	1.16	1.39	1.05	1.53	0.93	1.69	0.82	1.87	0.71	2.06
19	1.18	1.40	1.08	1.53	0.97	1.68	0.86	1.85	0.75	2.02
20	1.20	1.41	1.10	1.54	1.00	1.68	0.90	1.83	0.79	1.99
21	1.22	1.42	1.13	1.54	1.03	1.67	0.93	1.81	0.83	1.96
22	1.24	1.43	1.15	1.54	1.05	1.66	0.96	1.80	0.86	1.94
23	1.26	1.44	1.17	1.54	1.08	1.66	0.99	1.79	0.90	1.92
24	1.27	1.45	1.19	1.55	1.10	1.66	1.01	1.78	0.93	1.90
25	1.29	1.45	1.21	1.55	1.12	1.66	1.04	1.77	0.95	1.89
26	1.30	1.46	1.22	1.55	1.14	1.65	1.06	1.76	0.98	1.88
27	1.32	1.47	1.24	1.56	1.16	1.65	1.08	1.76	1.01	1.86
28	1.33	1.48	1.26	1.56	1.18	1.65	1.10	1.75	1.03	1.85
29	1.34	1.48	1.27	1.56	1.20	1.65	1.12	1.74	1.05	1.84
30	1.35	1.49	1.28	1.57	1.21	1.65	1.14	1.74	1.07	1.83
31	1.36	1.50	1.30	1.57	1.23	1.65	1.16	1.74	1.09	1.83
32	1.37	1.50	1.31	1.57	1.24	1.65	1.18	1.73	1.11	1.82
33	1.38	1.51	1.32	1.58	1.26	1.65	1.19	1.73	1.13	1.81
34	1.39	1.51	1.33	1.58	1.27	1.65	1.21	1.73	1.15	1.81
35	1.40	1.52	1.34	1.58	1.28	1.65	1.22	1.73	1.16	1.80
36	1.41	1.52	1.35	1.59	1.29	1.65	1.24	1.73	1.18	1.80
37	1.42	1.53	1.26	1.59	1.31	1.66	1.25	1.72	1.19	1.80
38	1.43	1.54	1.37	1.59	1.32	1.66	1.26	1.72	1.21	1.79
39	1.43	1.54	1.38	1.60	1.33	1.66	1.27	1.72	1.22	1.79
40	1.44	1.54	1.39	1.60	1.34	1.66	1.29	1.72	1.23	1.79
45	1.48	1.57	1.43	1.62	1.38	1.67	1.34	1.72	1.29	1.78
50	1.50	1.59	1.46	1.63	1.42	1.67	1.38	1.72	1.34	1.77
55	1.53	1.60	1.49	1.64	1.45	1.68	1.41	1.72	1.38	1.77
60	1.55	1.62	1.51	1.65	1.48	1.69	1.44	1.73	1.41	1.77
65	1.57	1.63	1.54	1.66	1.50	1.70	1.47	1.73	1.44	1.77
70	1.58	1.64	1.55	1.67	1.52	1.70	1.49	1.74	1.46	1.77
75	1.60	1.65	1.57	1.68	1.54	1.71	1.51	1.74	1.49	1.77
80	1.61	1.66	1.59	1.69	1.56	1.72	1.53	1.74	1.51	1.77
85	1.62	1.67	1.60	1.70	1.57	1.72	1.55	1.75	1.52	1.77
90	1.63	1.68	1.61	1.70	1.59	1.73	1.57	1.75	1.54	1.78
95	1.64	1.69	1.62	1.71	1.60	1.73	1.58	1.75	1.56	1.78
100	1.65	1.69	1.63	1.72	1.61	1.74	1.59	1.76	1.57	1.78

1%的上下界　　　　　　　　　　　　　　　　　　　　　　　　　　续表

n	k=2		k=3		k=4		k=5		k=6	
	d_L	d_U	d_L	d_U	d_L	d_U	d_L	d_U	d_L	d_U
15	0.81	1.07	0.70	1.25	0.59	1.46	0.49	1.70	0.39	1.96
16	0.84	1.09	0.74	1.25	0.63	1.44	0.53	1.66	0.44	1.90
17	0.87	1.10	0.77	1.25	0.67	1.43	0.57	1.63	0.48	1.85
18	0.90	1.12	0.80	1.26	0.71	1.42	0.61	1.60	0.52	1.80
19	0.93	1.13	0.83	1.26	0.74	1.41	0.65	1.58	0.56	1.77
20	0.95	1.15	0.86	1.27	0.77	1.41	0.68	1.57	0.60	1.74
21	0.97	1.16	0.89	1.27	0.80	1.41	0.72	1.55	0.63	1.71
22	1.00	1.17	0.91	1.28	0.83	1.40	0.75	1.54	0.66	1.69
23	1.02	1.19	0.94	1.29	0.86	1.40	0.77	1.53	0.70	1.67
24	1.04	1.20	0.96	1.30	0.88	1.41	0.80	1.53	0.72	1.66
25	1.05	1.21	0.98	1.30	0.90	1.41	0.83	1.52	0.75	1.65
26	1.07	1.22	1.00	1.31	0.93	1.41	0.85	1.52	0.78	1.64
27	1.09	1.23	1.02	1.32	0.95	1.41	0.88	1.51	0.81	1.63
28	1.10	1.24	1.04	1.32	0.97	1.41	0.90	1.51	0.83	1.62
29	1.12	1.25	1.05	1.33	0.99	1.42	0.92	1.51	0.85	1.61
30	1.13	1.26	1.07	1.34	1.01	1.42	0.94	1.51	0.88	1.61
31	1.15	1.27	1.08	1.34	1.02	1.42	0.96	1.51	0.90	1.60
32	1.16	1.28	1.10	1.35	1.04	1.43	0.98	1.51	0.92	1.60
33	1.17	1.29	1.11	1.36	1.05	1.43	1.00	1.51	0.94	1.59
34	1.18	1.30	1.13	1.36	1.07	1.43	1.01	1.51	0.95	1.59
35	1.19	1.31	1.14	1.37	1.08	1.44	1.03	1.51	0.97	1.59
36	1.21	1.32	1.15	1.38	1.10	1.44	1.04	1.51	0.99	1.59
37	1.22	1.32	1.16	1.38	1.11	1.45	1.06	1.51	1.00	1.59
38	1.23	1.33	1.18	1.39	1.12	1.45	1.07	1.52	1.02	1.58
39	1.24	1.34	1.19	1.39	1.14	1.45	1.09	1.52	1.03	1.58
40	1.25	1.34	1.20	1.40	1.15	1.46	1.10	1.52	1.05	1.58
45	1.29	1.38	1.24	1.42	1.20	1.48	1.16	1.53	1.11	1.58
50	1.32	1.40	1.28	1.45	1.24	1.49	1.20	1.54	1.16	1.59
55	1.36	1.43	1.32	1.47	1.28	1.51	1.25	1.55	1.21	1.59
60	1.38	1.45	1.35	1.48	1.32	1.52	1.28	1.56	1.25	1.60
65	1.41	1.47	1.38	1.50	1.35	1.53	1.31	1.57	1.28	1.61
70	1.43	1.49	1.40	1.52	1.37	1.55	1.34	1.58	1.31	1.61
75	1.45	1.50	1.42	1.53	1.39	1.56	1.37	1.59	1.34	1.62
80	1.47	1.52	1.44	1.54	1.42	1.57	1.39	1.60	1.36	1.62
85	1.48	1.53	1.46	1.55	1.43	1.58	1.41	1.60	1.39	1.63
90	1.50	1.54	1.47	1.56	1.45	1.59	1.43	1.61	1.41	1.64
95	1.51	1.55	1.49	1.57	1.47	1.60	1.45	1.62	1.42	1.64
100	1.52	1.56	1.50	1.58	1.48	1.60	1.46	1.63	1.44	1.65

参考文献

[1] 何晓群. 回归分析与经济数据建模[M]. 北京: 中国人民大学出版社, 1997.

[2] 陈希孺, 王松桂. 近代回归分析[M]. 合肥: 安徽教育出版社, 1987.

[3] [美]约翰·内特. 应用线性回归模型[M]. 张勇, 王国明, 赵秀珍, 译. 北京: 中国统计出版社, 1990.

[4] [美]达摩达尔·N·古扎拉蒂. 计量经济学基础(第四版)[M]. 费建平, 孙春霞, 等译. 北京: 中国人民大学出版社, 2005.

[5] 方开泰. 实用回归分析[M]. 北京: 科学出版社, 1988.

[6] 张尧庭, 等. 定性资料的统计分析[M]. 桂林: 广西师范大学出版社, 1991.

[7] 周纪芗. 回归分析[M]. 上海: 华东师范大学出版社, 1993.

[8] 张寿, 于清文. 计量经济学[M]. 上海: 上海交通大学出版社, 1984.

[9] 李子奈. 计量经济学——方法和应用[M]. 北京: 清华大学出版社, 1992.

[10] 王国梁, 等. 问卷调查资料的一种统计分析方法——Logistic 回归模型[J]. 统计研究, 1991 (2).

[11] 卢文岱. SPSS for Windows 统计分析(第三版)[M]. 北京: 电子工业出版社, 2006.

[12] 何晓群, 等. 多元统计分析在考试评价中的应用[R]. 教育部课题报告, 2000.

[13] 陆游, 等. 维生素 C 注射液抗变色配方的优选[C]. 均匀设计应用论文选(第一辑), 1995.

[14] 徐秀兰, 等. 均匀设计试验法在内燃机试验中的应用[J]. 农业工程学报, 1998(12).

[15] 何晓群, 刘文卿. 关于加权最小二乘法的探讨[J]. 统计研究, 2006(4).

[16] 何晓群, 刘文卿. 应用回归分析(第四版)[M]. 北京: 中国人民大学出版社, 2015.

[17] HOERL A E, KENNARD R W. Ridge Regression:Biased Estimation for Non-orthogonal Problems [J]. Technometrics, 1970, 12: 55-88.

[18] MCDONAID G C, SCHWING R C. Instabilities of Regression Estimates Relating Air Pollution to Mortality[J].Technometrics, 1973, 15: 463-481.

[19] He Xiaoqun.The Applications of Principal Component Estimation to Grain Production Analysis Model[R].50th Session of the International Statistical Institute, Beijing,1995.

[20] SEBER G A F. Linear Regression Analysis[M].John Wiley, 1977.

[21] He Xiaoqun.Multiple Variable Statistical Analysis of the Causes of National Income Growth in China[R].IS MAA,Hong Kong, 1992.

[22] DRAPER N R, SMITH H. Applied Regression Analysis[M]. New York, 1981.

[23] FRANK L E, FRIEDMAN J H. A Statistical View of Some Chemometrics Regression Tools[J]. Technometrics, 1993, 35: 109-148.

[24] RATKOWSKY D A. Handbook of Nonlinear Regression Models[M]. New York: Marcel Dekker, 1990

[25] DURBIN J, WATSON G S. Testing for Serial Correlation in Least Squares Regression. II [J]. Biometrika, 1951, 38: 159-177.

[26] de Jong, S. and ter Braak, C. J. F. Comments on the PLS kernel algorithm[J]. Journal of Chemometrics, 1994, 8: 169-174.

[27] Dayal, B. S. and MacGregor, J. F. Improved PLS algorithms[J]. Journal of Chemometrics, 1997, 11: 73-85.

[28] Rännar, S., Lindgren, F., Geladi, P. and Wold, S. A PLS Kernel Algorithm for Data Sets with Many Variables and Fewer Objects[J]. Part 1: Theory and Algorithm. Journal of Chemometrics, 1994, 8: 111-125.

[29] de Jong, S. SIMPLS: an alternative approach to partial least squares regression[J]. Chemometrics and Intelligent Laboratory Systems, 1993, 18: 251-263.

[30] Martens, H., Næs, T. Multivariate calibration[M]. Chichester: Wiley, 1989.